AF459910

8679

BIBLIOTHÈQUE SCIENTIFIQUE CONTEMPORAINE

L'ÉVOLUTION

ET

L'ORIGINE DES ESPÈCES

PAR

TH. HUXLEY

Membre de la Société royale de Londres
Correspondant de l'Institut de France

AVEC UNE PRÉFACE DE L'AUTEUR
POUR L'ÉDITION FRANÇAISE

20 FIGURES INTERCALÉES DANS LE TEXTE

PARIS
LIBRAIRIE J.-B. BAILLIÈRE ET FILS
19, RUE HAUTEFEUILLE, près du boulevard Saint-Germain

1892

BIBLIOTHÈQUE SCIENTIFIQUE CONTEMPORAINE

L'ÉVOLUTION

ET

L'ORIGINE DES ESPÈCES

8° S
1396

LIBRAIRIE J.-B. BAILLIÈRE ET FILS

BIBLIOTHÈQUE SCIENTIFIQUE CONTEMPORAINE

A 3 FR. 50 LE VOLUME

Nouvelle collection de volumes in-16, comprenant 300 à 400 pages, imprimés en caractères elzéviriens et illust. de fig. intercalées dans le texte.

100 Volumes sont publiés

Les sciences naturelles et l'éducation, par Th. HUXLEY, membre de la Société royale de Londres. 1 vol. in-16 de 320 p. . . 3 fr. 50

La place de l'homme dans la nature, par Th. HUXLEY. 1 vol. in-16 de 320 pages, avec 84 figures. . . . . 3 fr. 50

Les problèmes de la géologie et de la paléontologie, par Th. HUXLEY. 1 vol. in-16, avec 34 figures. . . . . 3 fr. 50

Les problèmes de la biologie, par Th. HUXLEY. 1 vol. in-16, 320 pages. . . . . 3 fr. 50

L'évolution et l'origine des espèces, par Th. HUXLEY. 1 vol. in-16, avec fig. . . . . 3 fr. 50

La géographie zoologique, par le docteur E.-L. TROUESSART. 1 vol. in-16 de 320 pages, avec 50 figures. . . . . 3 fr. 50

La lutte pour l'existence chez les animaux marins, par L. FREDERICQ, professeur à l'Université de Liège. 1 vol. in-16 de 303 pages, avec 37 figures. . . . . 3 fr. 50

Les facultés mentales des animaux, par le docteur FOVEAU de COURMELLES. 1 vol. in-16 de 330 pages, avec figures. . . . . . 3 fr. 50

Le transformisme, par Edmond PÉRIER, professeur au Muséum. 1 vol. in-16, avec 80 figures. . . . . 3 fr. 50

Sous les mers, campagnes d'explorations du *Travailleur* et du *Talisman*, par le marquis de FOLIN. 1 vol. in-16, avec 46 fig. 3 fr. 50

L'huître et les mollusques comestibles, histoire naturelle, culture industrielle et hygiène alimentaire, par A. LOCARD. 1 vol. in-16 de 320 pages, avec 50 figures. . . . . 3 fr. 50

Les parasites de l'homme, par R.-L. MONIEZ, professeur à la Faculté de médecine de Lille. 1 vol. in-16 de 320 pages, avec figures. . . . . 3 fr. 50

Les industries des animaux, par F. HOUSSAY, maître de conférences à l'École normale supérieure. 1 vol in-16 de 312 pages, avec 38 figures . . . . 3 fr. 50

Les sens chez les animaux inférieurs, par E. JOURDAN, professeur à la Faculté des sciences de Marseille. 1 vol. in-16 de 314 pages, avec 48 figures. . . . . 3 fr. 50

Les animaux et les végétaux lumineux, par H. GADEAU de KERVILLE. 1 vol in-16 de 327 pages, avec 49 figures. . . . . 3 fr. 50

Les sociétés chez les animaux, par Paul GIROD, professeur à la Faculté des sciences de Clermont-Ferrand. 1 vol in-16, avec 50 figures. . . . . 3 fr. 50

La science expérimentale, par Claude BERNARD. Nouvelle édition. 1 vol in-16 de 450 pages, avec 200 figures. . . . . 3 fr. 50

L'évolution du système nerveux, par H. BEAUNIS, professeur à la Faculté de médecine de Nancy. 1 vol in-16 de 320 pages, avec 200 figures. . . . . 3 fr. 50

Les poisons de l'air. L'acide carbonique et l'oxyde de carbone, par N. GRÉHANT, aide naturaliste au Muséum, lauréat de l'Institut. 1 vol. in-16 de 320 pages, avec 21 figures. . . . . 3 fr. 50

Tours, imp. Deslis Frères, rue Gambetta, 6.

L'ÉVOLUTION

ET

L'ORIGINE DES ESPÈCES

PAR

TH. HUXLEY

Membre de la Société royale de Londres
Correspondant de l'Institut de France

AVEC UNE PRÉFACE DE L'AUTEUR
POUR L'ÉDITION FRANÇAISE

20 FIGURES INTERCALÉES DANS LE TEXTE

PARIS
LIBRAIRIE J.-B. BAILLIÈRE ET FILS
19, RUE HAUTEFEUILLE, près du boulevard Saint-Germain

1892

PRÉFACE DE L'AUTEUR

POUR L'ÉDITION FRANÇAISE

Le grand ouvrage de Darwin, *l'Origine des Espèces* parut en 1859, et les sept Essais contenus dans ce volume, dont le premier parut en 1860 et le dernier en 1887, n'ont d'autre but que de rendre, non seulement le Darwinisme, mais aussi la théorie générale de l'Evolution des Êtres vivants, intelligible au public, et d'écarter les malentendus, en réfutant les erreurs d'interprétation.

Tout ce que j'ai désiré a été de fournir aux nouvelles doctrines le moyen de se produire devant le public en toute liberté. La partialité est plus blâmable encore en matière de science qu'en toute autre, et si j'y ai succombé, à un moment quelconque, ce ne sera pas pour avoir perdu de vue le danger auquel s'expose quiconque se mêle à une controverse. Mais, j'espère que nul ne pourra m'accuser d'avoir versé dans cette erreur. On peut être assez impartial à l'égard de ses propres écrits, quand ils ont plus de quinze ans de date, et en relisant les quatre premiers

Essais (1860-1876), je ne trouve rien à modifier dans aucun des arguments que j'ai employés; et je ne vois pas que j'aie avancé une seule proposition qui par la suite n'ait paru bien fondée.

A l'époque actuelle, je considère que la Paléontogie a mis hors de doute le fait de l'Evolution des Êtres organisés. Jusqu'ici la doctrine de l'Evolution est une simple généralisation des observations des paléontologistes, comme la loi de Kepler est une généralisation des observations des astronomes.

La théorie Darwinienne ne se rapporte pas autant à l'Evolution en général qu'aux causes qui ont déterminé le groupement des organismes en espèces. On pourrait se représenter la production de l'Evolution sans qu'il se fût formé de groupes possédant les caractères de l'espèce. Pourquoi donc rencontrons-nous des groupes de ce genre? Darwin répond en invoquant les faits de la variation, et l'incontestable tendance de la lutte pour l'existence à la conservation de certaines variations et à la destruction de certaines autres.

Je pense, comme je le pensais il y a trente ans, que l'hypothèse de Darwin sert à relier et à expliquer un corps considérable de phénomènes biologiques, et, en outre, nul n'a prouvé qu'elle soit incompatible avec un fait observé quel qu'il soit. Mais je demeure aussi d'avis, comme je le disais en 1860, à la fin du premier des Essais ci-joints, que :

« Les faits étant ce qu'ils sont, il n'est pas absolument prouvé qu'un groupe d'animaux, ayant tous les caractères manifestés par les Espèces, dans la nature, ait jamais pris naissance par sélection, soit-elle naturelle ou artificielle. »

Ce qui nous manque encore, c'est la preuve directe que l'élevage sélectif est capable de déterminer dans une espèce des races présentant, lors de croisement entre elles, un degré quelconque de stérilité.

Le premier article que j'aie écrit sur *l'Origine des Espèces* (publié dans le *Times* du 24 décembre 1859) signale non moins nettement cette lacune dans l'ensemble de la preuve logique de la théorie de la sélection naturelle, mais il se termine ainsi :

« Cette voie où il [M. Darwin] nous convie à le suivre, ce n'est point un chemin aérien, bordé et pavé de toiles d'araignée idéales; c'est un large et solide pont, d'existence positive. S'il en est ainsi, grâce à ce pont nous franchirons maint fossé, et nous arriverons à la région où n'existent plus les pièges de ces sirènes fascinatrices, les Causes Finales, à l'égard desquelles un homme qui s'y connaissait nous a si justement mis en défiance. « Mes fils, creusez dans la vigne! » telles furent les dernières paroles du vieillard de la fable; et si les fils n'y trouvèrent point de trésor, les raisins les firent riches. »

J'en appelle à tout juge compétent et doué de l'esprit de justice : qu'il compare l'état des sciences biologiques en 1892, et leur position en 1859 : j'accepte d'avance son jugement sur la valeur de la récolte fournie par la vigne de Darwin, par nous creusée et retournée en tous sens.

Je remercie à nouveau M. Henry de Varigny des soins qu'il a consacrés à la traduction de mes Essais.

Th. Huxley.

Londres, 20 Novembre 1891.

L'ÉVOLUTION

ET

L'ORIGINE DES ESPÈCES

I

L'ORIGINE DES ESPÈCES

La haute position scientifique, si bien acquise et si bien établie, qu'occupe M. Darwin le rend insensible sans doute à ce genre de notoriété publique qu'on appelle le succès, mais, si le calme de l'esprit philosophique n'a pas encore entièrement remplacé chez lui l'ambition et la vanité de l'homme charnel qui réside en chacun de nous, il doit être satisfait des résultats de la publication de son livre *l'Origine des Espèces*. La question de l'espèce est sortie des bornes étroites des cercles purement scientifiques et occupe l'attention de la société en général, à l'égal des plus graves questions politiques. Tout le monde a lu le livre de M Darwin, ou, du moins, tout le monde a formulé une opinion relativement à ses mérites ou à ses défauts. Des gens fort pieux, soit laïques, soit ecclésiastiques, l'ont mielleusement décrié, sans lui ménager toutefois leurs petits traits d'ironie benoite et charitable ; des bigots ignorants lui ont lancé leurs invectives ; les vieilles femmes des deux sexes le considèrent comme un livre des plus dangereux, et même des savants, à court de boue pour l'asperger, se sont mis à citer des écrivains surannés pour démontrer que l'auteur lui-même ne valait guère mieux qu'un singe. D'autre part, tout esprit philosophique saluait la venue de ce livre comme celle d'un puissant auxiliaire du libéralisme, et tous les naturalistes, tous les physiologistes compétents reconnaissaient, malgré leurs opinions différentes quant aux destinées ultimes des doctrines qu'il professe, que cet ouvrage nous apporte de nouveaux éléments de connaissance des mieux établis et inaugure une ère nouvelle en histoire naturelle.

La discussion de ce sujet n'est pas restée confinée dans les limites de la conversation. Quand le public prend une chose au sérieux et s'y intéresse, les revues périodiques sont là pour satisfaire à ses demandes, et le pur littérateur a si bien l'habitude d'acquérir ses connaissances en les tirant du livre qu'il est appelé à juger, comme les Abyssiniens, dit-on, se procurent de la viande en en prenant au bœuf qui leur sert de monture, que, quand l'écrivain de revues manque des données scientifiques préliminaires dont il aurait besoin pour établir sa critique d'un livre de haute science, il ne s'arrête pas pour si peu ; en même temps, plusieurs savants qui approuvent la nouvelle manière de voir, comme d'autres qui en nient la valeur, ont naturellement cherché les occasions de faire savoir ce qu'ils en pensaient. Il n'est donc pas étonnant que la plupart des journaux de critique aient consacré à l'ouvrage de M. Darwin des articles plus ou moins étendus et, depuis les maigres produits d'une ignorance trop souvent stimulée par le préjugé jusqu'aux essais consciencieux et réfléchis de ceux qui étudient la nature en toute sincérité, on a vu paraitre tant de dissertations qu'aujourd'hui il peut bien sembler impossible de dire sur cette question quelque chose de nouveau.

On peut se demander cependant si le savoir et la finesse d'opposants scientifiques, mais dont l'opinion était faite d'avance, ou si la subtilité des avocats attitrés de l'orthodoxie ont produit déjà toute leur action pour détourner les conclusions inévitables de la grande controverse ainsi soulevée et dont la génération présente ne verra probablement pas la fin. Il peut donc être utile maintenant, à la onzième heure, et sans éléments nouveaux à fournir dans cette discussion, d'exposer encore une fois les vérités de la nouvelle doctrine et de donner aux propositions fondamentales de M. Darwin une forme telle que ceux dont les études spéciales sont dirigées dans une autre voie puissent les saisir. Cela sera d'autant plus utile que, malgré son grand mérite et, en partie, à cause de ce mérite même, l'*Origine des Espèces* n'est nullement un livre dont la lecture soit facile, si ce mot de lecture implique une pleine compréhension de la pensée de l'auteur.

Sans vouloir dire une chose plaisante, je remarque qu'il est, en un certain sens, fâcheux pour M. Darwin qu'il connaisse mieux que personne au monde la question dont il s'occupe. Il a acquis directement des connaissances pratiques étendues en zoologie, en anatomie fine, en géologie ; il n'a pas étudié la distribution géographique sur les cartes et dans les musées seulement ; il l'a étudiée dans de longs voyages, pendant lesquels il amassait laborieusement ses matériaux. Après avoir fait progresser beaucoup chacune de ces branches de la science, après avoir passé de longues années à rassembler et à trier les éléments de son présent ouvrage, l'auteur de l'*Origine des Espèces* s'est trouvé en possession d'une prodigieuse mine de faits bien classés où il n'a plus eu qu'à puiser.

Mais cette richesse même a dû souvent embarrasser un écrivain qui, pour l'instant, ne peut exposer qu'un résumé de sa manière de voir, et c'est sans doute pour cela que, malgré la clarté du style, ceux qui cherchent à se rendre parfaitement compte de ce livre, y trouvent, pour ainsi dire, un aliment intellectuel par trop substantiel, des faits accumulés, condensés et réunis suivant un ordre dont on ne saisit pas tout d'abord les liens logiques. Ces liens se reconnaissent assurément quand on étudie consciencieusement l'ouvrage, mais il est souvent difficile de les saisir.

De même, en raison de la concision du livre, il faut accepter comme prouvées bien des choses qu'il eût été facile de démontrer et, par ce motif, si l'adepte, à même de trouver dans ses propres connaissances l'enchainement d'une évidence qui n'est indiquée que par ses points saillants, reconnaît de plus en plus, chaque fois qu'il relit les pages fécondes de M. Darwin, combien l'auteur a toujours tenu compte de toutes les difficultés, combien il a évité toutes les suppositions qu'il ne pouvait justifier, le biologiste novice est disposé à se plaindre du grand nombre d'hypothèses qui lui semblent gratuites.

Ainsi donc, si nous sommes autorisés à penser que, d'ici à quelques années, personne probablement ne sera à même de juger en toute connaissance de cause les solutions données par M. Darwin, il y a de la besogne toute prête pour celui qui se propose une tâche plus humble, mais tout aussi utile, peut-être, celle de faire comprendre au public l'*Origine des Espèces*, en cherchant à expliquer la nature des problèmes qui y sont discutés, à distinguer les faits avérés et les interprétations théoriques qui y sont exposés et à montrer enfin jusqu'à quel point les explications contenues dans ce livre satisfont aux besoins de la logique scientifique. En tout cas, c'est ce que je me propose de faire maintenant.

Mes lecteurs se rendent compte assurément de la nature des objets auxquels s'applique le mot d'*espèce*, mais sans doute la plupart d'entre eux, en y comprenant même les naturalistes de profession, n'ont pas remarqué que ce mot, dans son acception habituelle, a un double sens et dénote deux ordres de relations très différents.

Quand nous disons d'un groupe d'animaux ou de plantes qu'il constitue *une espèce*, nous pouvons vouloir indiquer par ce terme soit que toutes ces plantes ou tous ces animaux ont en commun certaines particularités de forme ou de structure, ou bien nous pouvons vouloir dire qu'ils possèdent un caractère fonctionnel commun. Cette partie de la science biologique qui traite de la forme ou de la structure s'appelle la *Morphologie;* celle qui s'occupe des fonctions s'appelle la *Physiologie.* Nous pouvons donc parler de l'espèce, en lui donnant pour les besoins du discours et pour rendre compte de ces deux aspects les noms d'*espèce morphologique* ou d'*espèce physiologique.*

Au point de vue de la morphologie, l'espèce est simplement un groupe d'animaux ou de plantes, pouvant se distinguer de tous les autres par certaines particularités morphologiques constantes et indépendantes des différences de sexes. Ainsi les chevaux forment une espèce, parce que le groupe d'animaux auquel on applique ce nom se distingue des autres par les caractères suivants constamment associés. Ils ont : 1° une colonne vertébrale; 2° des mamelles; 3° une gestation placentaire; 4° quatre jambes; 5° une phalange unguéale unique et bien développée à chaque pied qui est garni d'un sabot; 6° une queue fournie; 7° des callosités à la partie interne des membres antérieurs et postérieurs. De même les ânes forment une espèce distincte, parce que, s'ils présentent les cinq premiers caractères spécifiques, ils ont tous une queue à touffe terminale et des callosités à la partie interne des membres antérieurs seulement. Si l'on découvrait des animaux présentant les caractères généraux du cheval, mais n'ayant parfois des callosités qu'aux membres antérieurs et une queue plus ou moins dégarnie dans toute sa hauteur, ou encore des animaux présentant les caractères généraux de l'âne, mais avec une queue plus ou moins fournie et parfois des callosités sur les deux paires de membres, sans parler d'autres caractères intermédiaires qui pourraient encore se présenter, il faudrait réunir les deux espèces en une seule. Au point de vue de la morphologie, on ne pourrait plus les considérer comme espèces distinctes, car il ne serait plus possible de les définir distinctement l'une de l'autre.

Si cette définition de l'espèce paraît bien maigre et bien simple, nous faisons appel en toute confiance à tous les naturalistes pratiques, zoologistes, botanistes ou paléontologistes, pour qu'ils nous disent si, dans la plupart des cas, ils en savent davantage que ce que je viens d'indiquer, quand ils attribuent le nom d'*espèce* à un groupe de plantes ou d'animaux, ou s'ils veulent affirmer autre chose relativement à ce groupe. C'est ce qu'admettent même les partisans les plus absolus des doctrines reçues en ce qui concerne l'espèce.

« Il me semble, dit le professeur Owen, qu'aujourd'hui la plupart des naturalistes, en proposant un nom pour désigner une espèce nouvelle qu'ils viennent de décrire, ne se servent plus de ce mot d'*espèce* pour indiquer ce que l'on entendait par là il y a vingt ou trente ans, c'est-à-dire un groupe d'êtres remontant à une création originellement distincte et qui a maintenu sa distinction primitive par des particularités génératrices telles qu'elles empêchaient la production de caractères différents. Maintenant celui qui nous propose une nouvelle espèce ne veut plus affirmer que ce dont il a une connaissance certaine : ainsi, par exemple, que les différences sur lesquelles il fonde les caractères spécifiques ont été constantes dans les individus des deux sexes partout où l'observation a pu atteindre ; que ces caractères ne sont pas le résultat de la domestication et n'ont pas été produits artificiellement par des circonstances extérieures, par aucune influence étrangère à lui connue ; que cette espèce est sauvage et paraît telle qu'elle est naturellement[1]. »

Si l'on considère, en effet, que la plupart des espèces actuelles classées nous sont connues seulement par l'étude de leurs peaux, de leurs os ou par d'autres reliquats de la vie, qu'à part certaines particularités physiologiques qui peuvent se déduire de leur structure ou se dénotent à un examen superficiel, leurs fonctions nous sont à peu près inconnues, et que nous ne pouvons espérer en savoir davantage relativement à ces formes éteintes de la vie qui constituent actuellement une fort notable proportion de la flore ou de la faune connues du monde, il est dès lors certain que la définition des espèces sera toujours purement structurale ou morphologique. Si les naturalistes n'avaient pas si souvent perdu de vue les bornes fatales de notre connaissance, ils auraient évité, sans doute, de confondre bien des idées. Mais, si l'on peut admettre en toute sécurité que les caractères morphologiques de la plupart des espèces nous sont seuls connus, les particularités fonctionnelles ou physiologiques de quelques-unes de ces espèces ont été étu-

[1] Owen, *On the Osteology of the Chimpanzees and Orangs; Transactions of the zoological Society*, 1858.

liées et les résultats de cette étude forment une portion considérable et fort intéressante de la physiologie de la reproduction.

Quand on étudie la nature, on admire d'autant plus, on s'étonne d'autant moins qu'on arrive à mieux connaître ses opérations ; mais, parmi tous ses miracles incessamment répétés, il n'en est peut-être pas de plus admirable que le développement de l'embryon d'une plante ou d'un animal.

Examinez l'œuf récemment pondu d'un animal bien commun, une salamandre aquatique ou triton, par exemple. C'est un petit sphéroïde, où les plus puissants microscopes ne font reconnaître qu'un sac sans structure définissable, renfermant un fluide glaireux dans lequel des granulations sont suspendues. D'étranges possibilités cependant sont latentes dans ce globule semi-fluide.

Qu'un rayon de soleil vienne un peu réchauffer l'eau où il repose, la matière plastique va subir des changements si rapides, si uniformes pourtant et indiquant si bien une intention qui présiderait à leur succession qu'on les compare involontairement à ceux que produit un sculpteur habile sur une masse informe de glaise. Comme sous un ébauchoir invisible, on voit la masse se diviser et se subdiviser en portions de plus en plus petites, jusqu'à ce qu'elle soit réduite à une aggrégation de granulations assez ténues pour fabriquer les tissus les plus fins de l'organisme naissant. Puis, comme sous l'action d'un doigt délicat, la ligne que va occuper la colonne vertébrale se marque ; le contour du corps se trace ; d'un côté, la tête se renfle ; la queue s'allonge, de l'autre : les flancs, les membres se façonnent et prennent si bien les proportions voulues du corps des salamandres, tout cela s'opère d'une façon si artistique qu'après avoir observé ce processus pendant des heures on en vient à se demander si des instruments plus puissants que le microscope ne nous feraient pas voir l'artiste caché, travaillant avec son plan devant lui pour perfectionner son travail par ses habiles manipulations.

Un peu plus tard, le jeune amphibie parcourra les eaux et sera la terreur de tous les insectes du voisinage ; cette proie va lui procurer les particules alibiles qu'il ajoutera à sa structure pour assurer sa croissance ; ces particules alibiles iront toutes se déposer à l'endroit convenable et dans les proportions relatives voulues pour reproduire la forme, la couleur, les dimensions qui caractérisent les animaux dont il procède.

De plus, cette même tendance directrice contrôle la merveilleuse capacité que possèdent ces animaux de reproduire une partie perdue. Coupez les pattes, la queue, les mâchoires séparément ou toutes ensemble, et, comme l'a fait voir Spallanzani, il y a longtemps, toutes ces parties repoussent et, en outre, le membre réintégré se reforme sur le type du membre perdu. La nouvelle mâchoire, la nouvelle patte sont bien patte ou mâchoire de triton et ne ressemblent jamais à celles d'une grenouille.

Ce qui est vrai du triton, l'est aussi de tout animal et de toute plante : le gland de chêne tend à s'élever, à se transformer en ce géant des forêts de la branche duquel il est tombé; le spore du plus humble lichen reproduit l'incrustation verte ou brune qui lui a donné naissance et, à l'autre extrémité de l'échelle vitale, l'enfant qui n'aurait pas de traits de ressemblance avec ses parents, ni du côté paternel, ni du côté maternel, serait regardé comme une espèce de monstre

Ainsi donc, le but unique vers lequel tend l'impulsion formatrice dans tous les êtres vivants, le plan que l'*Archée* des anciens philosophes cherche à effectuer consiste, semble-t-il, à mouler le rejeton sur l'image de son procréateur. Telle est la première grande loi de la reproduction : le descendant tend à ressembler à celui ou à ceux qui lui ont donné naissance, plus qu'à toute autre chose.

La science nous fera voir, un jour ou l'autre, comment il se fait que cette loi soit une conséquence nécessaire des lois plus générales qui gouvernent la matière; pour le moment, contentons-nous de remarquer qu'elle semble être en harmonie avec ces dernières, nous ne pouvons guère en dire davantage. Nous savons que les phénomènes vitaux ne font qu'un avec les autres phénomènes physiques, loin d'en être nettement séparés, et d'ailleurs la *matière* et la *force* sont deux noms pour indiquer un même artiste qui façonne tout ce qui vit, comme tout ce qui est inanimé. Les corps vivants doivent donc obéir aux mêmes grandes lois que tout le reste de la matière ; or, dans la nature, il n'y en a pas d'une plus large application que celle-ci: un corps poussé par deux forces prend la direction de leur résultante. Mais les corps vivants peuvent être considérés simplement comme un faisceau extrêmement complexe de forces rassemblées dans une masse matérielle, comme les forces complexes de l'aimant sont maintenues dans l'acier par sa force coercible. Puisque les différences sexuelles sont relativement minimes, ou, en d'autres termes, comme les forces totales du mâle et de la femelle ont une tendance fort semblable, il faut nous attendre à voir leur résultante, le rejeton, dévier fort peu d'une voie parallèle à celle que parcourt un de ses deux ascendants ou de celle qu'ils parcourent tous deux ensemble, pour ainsi dire parallèlement.

Qu'on se représente la raison de la loi par telle métaphore physique ou par telle analogie que l'on voudra, ce qu'il y a d'important cependant est d'en reconnaître l'existence et de saisir la portée des conséquences qui peuvent s'en déduire. En effet, les choses qui ressemblent au même se ressemblent entre elles et, si dans une grande série de générations chaque descendant ressemble à son ascendant, il en résulte que toute la descendance et tous les procréateurs doivent se ressembler entre eux. Ainsi donc, étant donnée une réunion originelle de procréateurs ayant toute liberté pour se reproduire et multiplier, la loi en question amène forcément, au bout d'un certain temps, la production d'un groupe indéfiniment grand, dont tous les membres se ressembleront beaucoup et seront alliés par le sang, provenant tous du même ascendant ou du même couple d'ascendants. La preuve que tous les membres d'un groupe donné d'animaux ou de plantes présentent cette filiation serait généralement considérée comme suffisante pour faire de ce groupe une espèce physiologique, car la plupart des physiologistes donnent pour définition de l'espèce : la descendance d'une souche primitive unique.

Il est parfaitement vrai que tous les groupes auxquels nous donnons le nom d'*espèce* peuvent provenir d'une souche unique, selon les lois connues de la reproduction, et il est même fort probable qu'ils ont été produits ainsi ; mais cette conclusion repose pourtant sur une déduction et on ne peut guère espérer l'établir sur une base d'observation. Dire que la souche unique ainsi supposée est primitive, et c'est là après tout le point essentiel, c'est faire une hypothèse, et, de plus, cette hypothèse est absolument sans fondement, si l'on entend dire ainsi que ces êtres primitifs sont indépendants d'aucun autre être vivant. Quand une hypothèse qui ne s'appuie sur rien fait partie essentielle d'une définition scientifique, cette définition porte en elle-même sa condamnation ; mais, en supposant même que la définition soit soutenable dans la forme, le physiologiste qui voudrait l'appliquer dans la nature ne tarderait pas à se trouver embarrassé dans des difficultés considérables, en admettant même qu'il lui soit possible de s'en tirer.

Comme nous l'avons dit, il est indubitable que les descendants tendent à reproduire l'organisme de leurs ascendants, mais il est également vrai qu'il n'y a jamais alors reproduction d'identité, soit comme forme, soit comme structure. Il y a toujours une certaine déviation ; si le procréateur est unique, ses caractères précis ne sont pas reproduits et, quand les sexes sont séparés, comme cela a lieu dans la plupart des animaux et dans un bon nombre de plantes, le produit ne représente pas la moyenne exacte de ces deux ascendants. D'après les principes généraux, cette petite déviation se comprend, d'ailleurs, aussi bien que la similarité générale, si l'on réfléchit à la complexité du faisceau de forces qui agissent concurremment, et, de plus, il est bien improbable, dans un cas donné, que leur résultante réelle puisse coïncider avec la moyenne des caractères les plus apparents des deux procréateurs.

Mais quelle que soit cependant la cause de cette déviation, la coexistence de ces deux tendances aux variations et à la similarité générale est d'une fort grande importance par sa portée sur la question de l'origine de l'espèce.

Comme règle générale, un descendant diffère peu de son procréateur; mais parfois la différence est bien plus marquée et, dès lors, cette descendance divergente reçoit le nom de *variété*. Il y a un nombre considérable de variétés que nous avons tout lieu de croire produites de cette façon; mais le plus souvent leur origine n'a pas été notée et inscrite d'une façon précise. Parmi les cas dûment établis, nous en choisirons deux qui montrent bien et d'une façon toute spéciale les traits principaux de cette variabilité.

Le premier est celui de la race des moutons Ancons, dont le colonel David Humphreys, membre de la Société royale, a donné un compte rendu fort bien fait [1]. Il rapporte qu'un certain Seth Wright, proprié-

[1] Lettre adressée à sir Joseph Banks, *Transactions philosophiques* de l'année 1813.

taire d'une ferme sur les bords de la rivière Charles, dans l'Etat de Massachusetts, possédait un troupeau de quinze brebis et d'un bélier de l'espèce ordinaire. En 1791 une des brebis mit bas un agneau mâle et, sans qu'on puisse en reconnaître la raison, cet agneau différait du père et de la mère par la longueur relative de son corps et par ses jambes courtes et incurvées en dehors. Cet agneau ne pouvait donc rivaliser avec les autres moutons du troupeau quand ils prenaient leurs ébats à sauter, au grand ennui du bon fermier, par-dessus les haies des voisins.

Réaumur, je vous cite, comme vous le voyez, une autorité considérable, nous donne les détails du second cas[1]. Un couple maltais du nom de Kelleia, dont les mains et les pieds ressemblaient aux mains et aux pieds de tout le monde, eut un fils, Gratio, possédant six doigts parfaitement mobiles à chaque main et à chaque pied six orteils qui n'étaient pas tout à fait aussi bien formés. Aucune cause n'expliquait la production de cette singulière variété de l'espèce humaine.

Deux circonstances méritent d'être soigneusement notées dans ces deux cas. Dans chacun d'eux, la variété semble s'être produite en pleine force et, pour ainsi dire, *per saltum*. Une différence tranchée et bien considérable se montre tout d'un coup entre le bélier Ancon et les moutons communs, entre Gratio Kelleia aux six doigts et aux six orteils et les hommes ordinaires. Dans un cas comme dans l'autre, aucune

[1] Réaumur, *Art de faire éclore des oiseaux*. Paris, 1749.

cause évidente n'explique la production de la variété. Ces phénomènes ont eu assurément leur cause déterminante, comme tous les autres phénomènes, mais ici la cause ne se montre pas et nous pouvons croire, en toute confiance, que ce que l'on désigne ordinairement sous le nom de *changements dans les conditions physiques*, tels que climat, nourriture, etc., n'avait pas eu lieu, et n'intervenait en rien. Ce ne sont pas des cas de ce que l'on appelle communément l'*adaptation aux circonstances*, mais, pour me servir d'une expression commode, bien qu'elle soit erronée, ces variations se produisirent *spontanément*. La recherche infructueuse des causes finales mène bien loin leurs investigateurs, mais même ces téléologistes courageux, toujours prêts à sauter à pieds joints sur toutes les lois physiques, quand ils poursuivent le fantôme dont ils sont épris, seraient bien embarrassés de découvrir le but auquel pouvaient correspondre les jambes trop courtes du bélier de Seth Wright ou les membres hexadactyles de Gratio Kelleia.

Les variétés se produisent donc sans que nous sachions pourquoi, et il est infiniment probable que la plupart des variétés se sont produites de cette façon spontanée; mais nous sommes loin, bien assurément, de nier qu'en certains cas il soit possible de remonter aux influences externes bien manifestes qui les ont déterminées. Ces influences sont certainement capables de modifier l'enveloppe tégumentaire, d'en changer la couleur, d'augmenter ou de diminuer les dimensions des muscles et, parmi les plantes, d'occasionner la métamorphose des étamines en pétales, etc.

Mais, quelle que soit la cause d'où proviennent ces changements, ce qui nous intéresse spécialement pour l'instant, c'est d'observer qu'une fois produites les variétés obéissent à la loi fondamentale qui veut que le semblable tende à reproduire son semblable, et leurs rejetons nous en fournissent un exemple par leur tendance à dévier dans le même sens, de la souche originelle, que les procréateurs de ceux-ci en déviaient eux-mêmes. Mais, en outre, il y aurait, semble-t-il, dans bien des cas, une influence dominante dans une variété nouvellement produite et qui lui donnerait un certain avantage sur les descendants normaux de la même souche.

Ceci se dénote d'une façon frappante dans le cas de Gratio Kelleia qui se maria avec une femme dont les extrémités étaient normales. Il en eut quatre enfants, Salvator, George, André et Marie. L'aîné de ces enfants, un garçon, Salvator, avait six doigts et six orteils comme son père; le second et le troisième enfants, deux garçons, avaient cinq doigts et cinq orteils comme leur mère, mais les mains et les pieds de George étaient un peu difformes ; le dernier enfant, une fille, avait cinq doigts et cinq orteils, mais ses pouces étaient difformes aussi. La variété se produisait ainsi dans toute sa pureté chez l'aîné, le type normal se produisait pur chez le troisième enfant et presque pur chez le second et le dernier; il semblerait donc tout d'abord que le type normal avait été jusqu'ici plus puissant que la variété. Mais tous ces enfants grandirent et se marièrent; les femmes des garçons, le mari de la fille étaient normalement constitués, et remarquez ce qui se produisit alors : Salvator eut quatre enfants, trois de ceux-ci présentaient les membres hexadactyles de leur grand-père et de leur père, le plus jeune était pentadactyle comme la mère et la grand'mère ; ainsi donc cette fois, malgré une double dilution de sang pentadactyle, la variété hexadactyle l'emportait. Cette variété l'emportait d'une façon plus marquée encore dans la descendance de deux autres de ces enfants, Marie et George. Marie dont les pouces seulement étaient difformes donna naissance à un fils qui avait six orteils et à trois autres enfants normalement constitués ; mais George qui n'était pas pentadactyle tout à fait aussi pur que sa sœur, eut d'abord deux filles qui avaient l'une et l'autre six doigts et six orteils ; puis il eut une fille qui avait six doigts à chaque main et six orteils au pied droit, mais elle n'en avait que cinq au pied gauche ; il eut enfin un garçon qui n'avait que cinq doigts à chaque main et à chaque pied. Dans tous ces cas, la variété semble donc avoir sauté pour ainsi dire au-dessus d'une génération pour se reproduire dans toute sa force à la génération suivante. Finalement, André pentadactyle pur fut père de nombreux enfants dont aucun ne s'écartait du type normal.

Si une variation, qui se rapproche des monstruosités par sa nature même, tend ainsi puissamment à se reproduire, il n'est pas étonnant que des modifications moins marquées tendent à se perpétuer encore plus, et l'histoire des moutons Ancons est à cet égard particulièrement instructive.

Les Américains sont gens avisés. Les voisins du

fermier de Massachusetts reconnurent donc bien vite que ce serait pour eux une excellente affaire si tous ses moutons avaient les tendances casanières que possédait, par le fait même de sa constitution, le petit agneau nouveau-né, et ils conseillèrent à Wright de tuer son vieux bélier et de le remplacer par le nouveau venu. Leur sagacité prévoyante se trouva justifiée, et il se produisit alors, ou peu s'en faut, ce que nous avons vu se produire dans la descendance de Gratio Kelleia. Les jeunes agneaux étaient presque toujours des Ancons purs, ou des moutons de pure race commune[1]. Mais quand on eut obtenu un nombre de moutons Ancons suffisant pour les entre-croiser, leurs produits furent presque toujours des Ancons purs. Le colonel nous dit même qu'il ne connaît qu'un seul cas douteux de nature mixte.

Voici donc un exemple remarquable et bien établi d'une race fort distincte qui se produit *per saltum*; en outre, cette race se propage du premier coup dans toute sa pureté et ne présente pas de formes mixtes, même quand on la croise avec une autre.

[1] Les affirmations du colonel Humphreys sont des plus explicites sur ce point : « Quand une brebis Ancon est couverte par un bélier ordinaire, le produit ressemble entièrement soit à la brebis, soit au bélier. Le produit de la brebis ordinaire couverte par un bélier Ancon ressemble complètement aussi soit au père, soit à la mère, sans réunir les particularités essentielles qui les distinguent. On a souvent vu des brebis ordinaires couvertes par des béliers Ancons avoir deux agneaux jumeaux, et alors il arrivait parfois que l'un des deux agneaux ressemblait entièrement à la brebis, l'autre au bélier. Ce contraste était bien frappant quand on voyait un agneau à jambes courtes, et un agneau à jambes longues, tous deux d'une même portée, téter en même temps la brebis. » *Philosophical Transactions*, 1813, Pt. I, pp. 89, 77.

En ayant soin de choisir des Ancons des deux sexes, comme reproducteurs, il fut donc facile d'établir une race des plus tranchées, et si bien marquée que lorsqu'on réunissait ces moutons aux troupeaux de moutons ordinaires, on remarquait que les Ancons se tenaient ensemble. Il y a toute raison de croire qu'on aurait pu conserver indéfiniment cette race, mais elle fut négligée quand on eut introduit en Amérique le mouton mérinos, tout aussi tranquille, tout aussi docile que l'Ancon et produisant une laine et une viande bien supérieures, de sorte qu'en 1813 le colonel Humphreys eut beaucoup de peine à se procurer le spécimen dont il envoya le squelette à sir Joseph Banks. Nous croyons que, depuis bien des années, il n'existe plus aux États-Unis un seul représentant de la race des Ancons.

Gratio Kelleia ne fut pas père d'une race d'hommes à six doigts, comme le bélier de Seth Wright produisit une tribu de moutons Ancons, bien que la variété semble avoir eu tout autant de tendance à se perpétuer dans un cas que dans l'autre. Il ne faut pas chercher bien loin pour en trouver la raison. Seth Wright, pour ne pas affaiblir le sang Ancon, eut bien soin de n'allier ses brebis Ancons qu'avec des mâles de la même variété; mais les fils de Gratio Kelleia étaient trop loin de l'époque des patriarches pour se marier avec leurs sœurs, et les petits-enfants ne semblent pas avoir eu, entre cousins et cousines hexadactyles, grand attrait les uns pour les autres. En un mot, dans un cas, une race s'était produite parce qu'on avait eu soin pendant plusieurs générations d'opérer une sélection de producteurs choisis parmi les animaux qui dénotaient une tendance à varier dans la même direction, mais dans l'autre cas une race ne se produisit pas parce qu'on ne fit pas une semblable sélection pour l'obtenir.

Une race est une variété propagée et, comme les rejetons tendent à revêtir, d'après les lois mêmes de la reproduction, les formes de leurs procréateurs, si ceux-ci présentent tous deux une même variation, il est plus probable que leur produit la propagera que si l'un des deux procréateurs en est seul doué.

Tous les organes du corps peuvent varier, il n'en est pas qui ne s'écarte parfois plus ou moins du type normal, et il n'y a pas de modification qui ne puisse se transmettre et devenir l'origine d'une race, quand cette modification est transmise par sélection. Les philosophes ont oublié souvent cette grande vérité, bien connue depuis longtemps aux agriculteurs et aux éleveurs pratiques, et c'est sur elle que reposent toutes les méthodes d'amélioration des races d'animaux domestiques, suivies avec tant de succès depuis un siècle en Angleterre. La couleur, la forme, la texture du poil ou de la laine, les proportions des différentes parties, la force ou la faiblesse de la constitution, la tendance à produire de la graisse ou à rester maigre, à donner beaucoup ou peu de lait, la rapidité, la force, la docilité, l'intelligence sont autant de traits caractéristiques que savent assurer à leurs produits, avec un succès journalier, les éleveurs de bestiaux, les fermiers, les marchands de chevaux, les amateurs de chiens et de volaille.

De plus, un éminent physiologiste, le Dr Brown-Séquard, a communiqué à la Société royale une découverte qu'il venait de faire : l'épilepsie, artificiellement produite chez les cochons d'Inde, par un procédé dont il est l'auteur, se transmet à leurs petits.

Mais une race, une fois produite, n'est pas plus une entité fixe et immuable que la souche dont elle sort; des variations se produisent parmi ses membres, et ces variations se transmettent comme toutes les autres; de nouvelles races peuvent sortir des races préexistantes et se développer à l'infini ou, du moins, ne peut-on pas pour le moment assigner de limites à cette variation. Étant donnés un temps suffisant et une sélection suffisamment bien dirigée, la multitude de races qui peuvent provenir d'une souche commune est aussi étonnante que les différences extrêmes de structure qu'elles peuvent présenter.

M. Darwin a démontré, selon moi, d'une façon satisfaisante, que le pigeon de roche ou biset est la souche originelle de tous nos pigeons domestiques, dont il y a certainement une centaine de races bien tranchées, et nous trouvons chez ces oiseaux un exemple remarquable de ce que j'avançais. Les quatre races les plus intéressantes sont celles que les amateurs connaissent sous les noms de *culbutant*, *grosse-gorge*, *voyageur* et *paon*. Comme taille, comme couleur, comme habitudes, ces oiseaux diffèrent entre eux d'une façon singulière, mais ils présentent des différences bien plus notables dans la forme du bec et du crâne, dans les proportions de ces parties, dans le nombre des plumes de la queue, dans la grandeur absolue et relative des pieds, dans la présence ou dans l'absence de la glande sébacée du croupion, dans le nombre des vertèbres du dos, bref, précisément dans tous ces caractères par lesquels les espèces et les genres des oiseaux diffèrent entre eux.

Tout cela est fort remarquable et d'une observation d'autant plus instructive qu'il n'est pas possible de démontrer qu'aucune de ces races ait été produite par l'action de changements dans les conditions extérieures agissant sur le biset commun. Au contraire, les amateurs ont toujours traité leurs pigeons d'après des méthodes essentiellement semblables : on les a toujours logés, nourris, protégés et soignés à peu près de la même façon dans tous les colombiers. Rien ne prouve mieux, en effet, que le cas des pigeons l'erreur de la doctrine qui affirme, en s'appuyant sur de hautes autorités, que les seuls caractères résultant du développement de saillies osseuses pour l'insertion des muscles sont capables de variations. Les recherches de M. Darwin prouvent précisément le contraire de cette assertion hâtive; il a été établi que chez les pigeons domestiques le squelette des ailes n'a presque pas varié de ce qu'il était dans le type sauvage et, d'autre part c'est dans la longueur du bec relativement à celle du crâne, le nombre des vertèbres et le nombre des plumes de la queue, c'est-à-dire dans toutes les particularités sur lesquelles l'action musculaire ne peut avoir aucune influence importante, que la variation s'est surtout manifestée.

Nous avons dit que l'étude des propriétés que présentent les espèces physiologiques nous conduirait à des difficultés, et ces difficultés commencent ici à se manifester, car si la progéniture d'une souche commune peut se diviser, sous l'influence de la variation spontanée et de la reproduction par sélection, en groupes qui se distinguent les uns des autres par des caractères morphologiques constants et indépendants des différences de sexes, la définition physiologique de l'espèce est évidemment menacée de se trouver en opposition avec la définition morphologique. Si l'on trouvait à l'état fossile un pigeon grosse-gorge et un culbutant, personne n'hésiterait à les décrire comme espèces distinctes ; il en serait de même si on nous apportait leurs téguments et leurs squelettes, comme on nous apporte la dépouille de bien des oiseaux exotiques. Il est hors de doute que si l'on considère le pigeon grosse-gorge et le culbutant en se bornant à étudier leur structure seulement, ils représentent deux espèces morphologiques distinctes et bien valables ; mais, d'autre part, ce ne sont pas des espèces physiologiques, car ils proviennent d'une même souche commune, le pigeon biset

Puisqu'il est admis de toute part que des races se produisent naturellement, comment savoir alors si des animaux distincts à toute apparence constituent ou non des espèces physiologiques différentes, la somme des différences morphologiques ne nous fournissant pas une indication suffisante. Y a-t-il un moyen de reconnaitre une espèce physiologique ? Les physiologistes répondent affirmativement le plus souvent. Les phénomènes de l'hybridation nous fourniraient une pierre de touche par la comparaison des résultats du croisement des races avec ceux du croisement des espèces.

Dans les limites actuelles de notre expérience, les individus des races connues d'une façon certaine comme ayant été simplement produites par sélection, toutes distinctes qu'elles puissent paraître, s'accouplent facilement ensemble et, de plus, les descendants de ces races croisées sont seuls parfaitement féconds entre eux. Ainsi, l'épagneul et le lévrier, le cheval percheron et le cheval arabe, le pigeon grosse-gorge et le culbutant s'accouplent très facilement ensemble, et leurs métis, quand on les accouple avec d'autres métis de même sorte, sont également féconds.

D'autre part, il est certain que les individus d'un bon nombre d'espèces naturelles sont souvent absolument stériles quand on les croise avec des individus d'espèces différentes et, quand ils produisent des hybrides, ces hybrides accouplés entre eux sont stériles. Ainsi l'accouplement du cheval et de l'âne produit le mulet, et il n'y a pas un seul exemple évident de fécondation entre mule et mulet. L'union du biset et de la tourterelle semble également stérile. Les physiologistes disent donc que nous avons ainsi un moyen de reconnaitre si deux individus appartiennent à des espèces distinctes, ou s'ils représentent de simples variétés de la même espèce. Quand une femelle et un mâle choisis dans les deux groupes donnent un produit, quand ce produit est fécond avec d'autres produits de même origine, ces groupes sont des races et non des espèces. Si, au contraire, l'union est stérile, ou si les produits sont stériles avec d'autres de même origine, ils constituent des espèces physiologiques vraies. Il n'y aurait rien à redire à ce moyen de s'assurer de la validité de l'espèce si, en premier lieu, il était toujours applicable en pratique et si, d'autre part, les résultats pouvaient toujours s'interpréter d'une façon précise. Mais, par malheur, c'est une pierre de touche dont il est le plus souvent impossible de se servir.

La constitution d'un bon nombre d'animaux sauvages est tellement altérée par la claustration que leur accouplement avec des femelles de leur espèce reste stérile, de sorte que les résultats négatifs d'un croisement ne prouvent rien. De même, les animaux sauvages d'espèces différentes témoignent les uns pour les autres une si grande antipathie, cette antipathie se manifeste encore le plus souvent d'une façon si marquée entre l'espèce à l'état sauvage et ses représentants à l'état domestique, qu'il est inutile de rechercher de semblables unions dans la nature. L'hermaphrodisme de la plupart des plantes, la difficulté d'assurer l'action utile d'un pollen étranger et d'éviter la présence du leur sont des obstacles aussi considérables lorsqu'il s'agit de leur appliquer ce moyen d'élucider une question d'espèce. Il se présente en outre une autre difficulté, tant chez les animaux que chez les plantes ; la durée même de l'expérience est fort longue, quand il s'agit de reconnaitre la fécondité de rejetons métis ou hybrides, après s'être assuré de la fécondité d'un premier croisement dont ils proviennent.

A part ces grandes difficultés pratiques, il arrive encore que quand on veut appliquer aux espèces, dans les cas possibles, ce moyen de les reconnaître, les réponses de l'oracle sont quelquefois plus obscures que celles de Delphes. M. Darwin cite par exemple certaines plantes plus fécondes avec le pollen d'une autre espèce qu'elles ne le sont avec le leur; il y en a d'autres, comme certains fucus, dont l'élément mâle féconde l'ovule d'une plante d'une espèce distincte, tandis que les éléments mâles de ces dernières espèces sont sans action sur l'ovule du fucus. Ainsi, dans ce dernier cas, un physiologiste qui croiserait les deux espèces en un sens serait en droit de déclarer qu'elles constituent des espèces vraies, et un autre physiologiste qui les croiserait dans l'autre sens serait également en droit de déclarer qu'il y a là simplement deux races d'une même espèce. Il y a tout lieu de croire que certaines plantes dont les croisements sont à peu près stériles ne sont que de simples variétés; en même temps, des animaux et des plantes que les naturalistes ont toujours considérés comme appartenant à des espèces distinctes se montrent parfaitement féconds entre eux quand on leur applique ce moyen d'investigation. Enfin la stérilité ou la fécondité des croisements ne semble pas dépendre des ressemblances ou des différences de structure que peuvent présenter deux individus pris dans des groupes différents.

M. Darwin a discuté admirablement cette question et avec autant de circonspection que de compétence. Il résume ainsi ses conclusions:

« Les premiers croisements entre formes suffisamment distinctes pour être classées comme espèces différentes, et l'accouplement de leurs hybrides sont stériles le plus souvent, mais non d'une façon absolue. La stérilité se dénote à tous les degrés et, parfois elle est si peu marquée que les deux expérimentateurs les plus habiles qui aient jamais vécu sont arrivés à des conclusions diamétralement opposées en se servant de ce moyen pour classer des formes. La stérilité varie congénitalement chez les individus de la même espèce et subit d'une façon frappante l'influence des conditions favorables et défavorables. Le degré de stérilité n'est pas strictement en rapport avec l'affinité des systèmes organiques, mais se trouve sous la dépendance des différentes lois curieuses et très complexes. Il diffère habituellement, et parfois d'une façon fort tranchée, dans les croisements réciproques entre deux mêmes espèces. La stérilité n'est pas toujours à un degré égal dans un premier croisement et dans l'accouplement des hybrides qui en résultent.

« Quand on greffe des arbres, la capacité que possède une espèce ou une variété de prendre sur une autre dépend de différences généralement inconnues dans leurs systèmes végétatifs ; de même quand on produit des croisements, le plus ou moins de facilité d'une espèce à s'unir avec une autre dépend de différences inconnues dans leurs systèmes de reproduction. Il n'y a pas plus de raison de penser que les espèces ont été douées spécialement de différents degrés de stérilité pour éviter dans la nature leur croisement et une reproduction bâtarde, qu'il n'y a lieu de croire que tous les arbres présentent différents degrés de difficultés, analogues en un certain sens, à se greffer les uns sur les autres, pour empêcher qu'ils se marient tous entre eux dans nos forêts.

« La stérilité des premiers croisements entre

espèces pures, dont les systèmes de reproduction sont à l'état parfait, semblent dépendre de diverses circonstances; dans quelques cas, elle provient surtout de la mort rapide de l'embryon. La stérilité des hybrides dont le système de reproduction est imparfait, et chez lesquels ce système est troublé en même temps que toute l'organisation, parce que ces êtres sont un composé de deux espèces distinctes, semble se rapprocher beaucoup de la stérilité dont sont atteintes si souvent les espèces pures, quand on dérange les conditions de la vie qui leur sont naturelles Une analogie différente vient appuyer cette manière de voir : le croisement des formes dont les différences sont minimes est favorable à la vigueur et à la fécondité du rejeton, et des changements minimes dans la manière de vivre semblent de même favorables à la vigueur et à la fécondité de tous les êtres organiques. Il n'est pas étonnant que le degré de difficulté dans l'union de deux espèces corresponde en général au degré de stérilité de leur produit hybride, bien qu'il provienne de causes distinctes; en effet, la difficulté de l'union dépend, comme la stérilité, de la quantité quelconque dont diffèrent les espèces accouplées. Il n'est pas étonnant non plus que la facilité de déterminer un premier croisement, la fécondité des hybrides qui en résultent et la capacité de se greffer ensemble (bien que cette dernière capacité dépende évidemment de circonstances fort différentes) présentent un certain parallélisme avec l'affinité des systèmes organiques des formes soumises à l'expérience. C'est que l'affinité des systèmes organiques tend à exprimer tous les genres de ressemblances que présentent entre elles les espèces.

« Les premiers croisements entre formes connues comme variétés d'une même espèce, ou assez semblables pour qu'il soit permis de les considérer comme variétés, et l'accouplement de leurs métis sont féconds le plus souvent, mais non d'une façon tout à fait absolue. Cette fécondité presque générale et parfaite ne doit pas nous étonner, quand nous nous rappelons que, par rapport aux variétés à l'état de nature, nos arguments sont exposés à tourner dans un cercle vicieux, et quand nous ne perdons pas de vue que le plus grand nombre de variétés se sont produites à l'état de domesticité, par l'élection de simples différences externes et non de différences dans le système de reproduction. A tout autre égard, la fécondité mise de côté, il y a une grande ressemblance générale entre les hybrides et les métis [1]. »

Nous acceptons pleinement la teneur générale de cet important passage, mais, malgré la valeur des arguments et l'insuffisance de la fécondité ou de la stérilité comme moyen de reconnaître l'espèce, il ne faut pas oublier que le fait réellement important, en ce qui concerne notre recherche de l'origine des espèces, c'est qu'on trouve dans la nature des groupes d'animaux et de plantes dont les représentants sont incapables d'union féconde avec ceux d'autres groupes; de plus, qu'il y a des hybrides absolument stériles quand on les croise avec d'autres hybrides. Si de semblables phénomènes se présentaient chez deux seuls de ces groupes vivants auxquels on donne le nom d'*espèces*, ce mot étant pris soit au sens physiologique, soit au sens morphologique, toute théorie de l'origine des espèces aurait à en rendre compte, et toute théorie qui ne pourrait en rendre compte serait par cela même imparfaite.

[1] Pages 276-278.

Jusqu'ici nous avons traité de faits, et nos affirmations nous semblent contenir une juste exposition de ce que l'on sait actuellement par rapport aux propriétés essentielles de l'espèce. Tout naturaliste, quelle que soit la théorie qu'il préconise, pourra donc accepter, sans doute, le résumé suivant de cette exposition :

Les êtres vivants, animaux ou plantes, se divisent en une foule de groupes distinctement définissables, que l'on appelle *espèces morphologiques*. Ils se divisent aussi en groupes d'individus qui s'accouplent facilement entre eux, et reproduisent leurs semblables ; ce sont les *espèces physiologiques*. Les rejetons des membres de ces espèces, ressemblant normalement à leurs procréateurs, peuvent varier cependant, et la variation peut se perpétuer par sélection, comme race qui présente souvent tous les traits caractéristiques d'une espèce morphologique. Mais il n'est pas encore prouvé qu'une race croisée avec une autre race de la même espèce présente jamais ces phénomènes d'hybridation qui se présentent quand on croise bon nombre d'espèces avec d'autres. D'autre part, il n'est pas prouvé d'abord que toutes les espèces donnent naissance à des hybrides stériles entre eux, et, de plus, il y a bien des raisons de croire que dans leur accouplement les espèces présentent tous les degrés de fécondité, depuis la stérilité parfaite jusqu'à la fécondité parfaite.

Tels sont les traits les plus essentiels qui caractérisent l'espèce. Quand bien même l'homme ne constituerait pas une espèce faisant partie du même système et n'aurait pas été soumis aux lois qui les régissent toutes, la question de leur origine, leurs rapports de causalité ou, en d'autres termes, les rapports de l'espèce avec tous les autres phénomènes de la nature, devaient attirer son attention, dès que son intelligence se fut élevée au-dessus du niveau de ses besoins journaliers.

En effet, l'histoire nous montre qu'il en a été ainsi et nous a conservé les interprétations spéculatives de l'origine des êtres vivants, qui furent un des premiers produits des débuts de l'activité intellectuelle de l'homme. A ces époques primitives, les connaissances positives n'étaient pas possibles, mais le désir qu'en éprouvaient les hommes voulait à tout hasard une satisfaction. Selon les pays, ou selon la tournure d'esprit des penseurs, on enseigna que tous les êtres vivants provenaient soit de la boue du Nil, soit d'un œuf originel, soit de tout autre agent anthropomorphique; la curiosité humaine se contentait de ces explications. Les mythes du paganisme sont bien morts comme Osiris et Zeus, et celui qui voudrait les faire revivre, pour les opposer aux connaissances actuelles provoquerait le rire et le mépris; mais, à l'époque où florissaient ces superstitions, les grossiers habitants de la Palestine s'étaient forgé des légendes qui nous ont été transmises par des écrivains dont les noms et l'époque nous sont inconnus, comme le reconnait tout homme compétent. Par malheur, ces fables n'ont pas encore subi le sort des premières et, aujourd'hui même, les neuf dixièmes du monde civilisé en font la norme et le critérium de la valeur d'une conclusion scientifique en tout ce qui concerne l'origine des choses et particulièrement en ce qui concerne l'origine des espèces. Au XIXe siècle, comme à l'époque où commençait à poindre la science physique moderne, la cosmogonie de l'Israélite à demi-barbare est pour le philosophe un incube, et pour le défenseur des doctrines orthodoxes une honte. Qui pourra compter tous ceux qui ont cherché la vérité avec patience et en toute sincérité, depuis l'époque de Galilée jusqu'à la nôtre, et qui ont été abreuvés d'amertume, conspués et déshonorés par des bibliolâtres affolés ? Qui pourra compter la foule de ces hommes plus faibles qui ont perdu tout sentiment de la vérité, par le fait même de leurs efforts pour harmoniser des contradictions, et qui ont usé leur vie à vouloir mettre le vin nouveau et généreux de la science dans les vieilles outres du judaïsme, poussés par les clameurs de ce même parti puissant.

Mais, si les philosophes ont souffert, il faut reconnaître que leur cause a été vengée amplement. Autour du berceau de chacune des sciences gisent des théologiens semblables aux serpents étranglés près du berceau d'Hercule, et l'histoire nous montre que, chaque fois que la science et l'orthodoxie se sont rencontrées à armes égales, l'orthodoxie a dû lui abandonner le champ, fort malmenée sinon détruite, fort compromise sinon ruinée. L'orthodoxie est le Bourbon du monde de la pensée ; elle ne peut ni apprendre ni oublier, et, quoiqu'elle soit en ce moment désorientée dans tous ses mouvements, elle prétend comme toujours que le premier chapitre de la Genèse est l'alpha et l'oméga de toute science légitime, et, comme toujours, de sa main débile, elle lance ses petites foudres à la tête de ceux qui ne veulent pas abaisser la nature au niveau du judaïsme primitif.

Quant aux philosophes, leurs tendances sont moins agressives. Le but sur lequel ils fixent les yeux est noble et ils y tendent *per aspera et ardua*. Des hommes ignorants ou pleins de malice jettent des obstacles au travers de la voie difficile qu'ils parcourent, sans pouvoir la leur fermer : parfois les chercheurs se fâchent momentanément en présence de ces vains obstacles, mais pourquoi s'en troubleraient-ils au fond de l'âme ? La majesté du fait est de leur côté et la nature travaille pour eux de toute la force de ses éléments. Pas une étoile ne passe au méridien à l'heure prédite sans porter témoignage à l'excellence de leurs méthodes ; la pluie qui tombe, le blé qui pousse confirment leur croyance. Les philosophes se sont établis sur le doute, ils ont pris pour égide la libre recherche. De tels hommes ne tremblent pas en présence des traditions les plus vénérables ; dès qu'elles encombrent la voie de la vérité au grand dommage de l'homme, ils ne leur portent plus de respect, mais ils ont sur les bras de plus utile besogne que l'étude des antiquités, et, si des dogmes qui devraient être fossiles, et ne le sont pas encore malheureusement, ne s'imposent pas à leur attention, ils sont trop heureux de pouvoir les traiter comme s'ils n'étaient pas.

Les hypothèses relatives à l'origine des espèces, faisant profession de reposer sur une base scientifique, et qui seules méritent par cela même notre attention, sont de deux sortes.

La première, que l'on appelle l'*hypothèse de la création spéciale*, suppose que chaque espèce provient d'un ou de plusieurs couples qui ne résulteraient de la modification d'aucune autre forme de matière vivante, que n'aurait déterminés l'action d'aucun agent naturel, mais qui auraient été produits, en l'état, par un acte créateur surnaturel.

L'autre hypothèse, l'*hypothèse de la transmutation*, considère toutes les espèces existantes comme résultant de modifications d'espèces antérieures et de modifications qui se sont produites dans des êtres vivant avant celles-ci, sous l'influence de causes semblables à celles qui produisent aujourd'hui les variétés et les races, c'est-à-dire que ces espèces se sont produites tout à fait naturellement; et, bien que ce ne soit pas là une conséquence nécessaire de cette hypothèse, elle donne comme probable l'existence d'une souche unique dont proviendraient tous les êtres vivants. Quant à l'origine de cette souche primitive, unique ou multiple, il est clair que la doctrine de l'origine des espèces peut la laisser de côté. Ainsi, par exemple, l'hypothèse de la transmutation peut admettre parfaitement soit la création spéciale du germe primitif, soit sa production par modification de la matière inorganique sous l'influence de causes naturelles, et s'accommoder de l'un comme de l'autre de ces points de départ.

La doctrine de la création spéciale provient surtout de la nécessité supposée de mettre la science d'accord avec la cosmogonie hébraïque, mais il est curieux d'observer que cette doctrine, dans l'état où les hommes de science la présentent actuellement, est aussi irréconciliable avec l'interprétation hébraïque que toute autre hypothèse.

Si les recherches géologiques ont démontré une chose plus clairement qu'aucune autre, c'est que l'énorme série de plantes et d'animaux disparus ne peut se diviser, comme on le supposait autrefois, en groupes distincts séparés les uns des autres par des limites tranchées. Il n'y a pas de grands hiatus entre les époques et les formations différentes; il n'y a pas de périodes successives marquées par l'apparition en masse des plantes, des animaux aquatiques et des animaux terrestres. Chaque année nous fait connaitre de nouveaux chainons pour relier des époques que les anciens géologues supposaient être fort séparées; témoin, le crag qui rattache le drift aux terrains tertiaires anciens, les couches de Maëstricht rattachant les terrains tertiaires à la craie, les couches de Saint-Cassien qui nous présentent une faune abondante de types mésozoïques et paléozoïques dans des roches d'une époque considérées autrefois comme des plus pauvres en êtres vivants, témoin enfin les discussions incessamment renouvelées pour savoir si l'on comptera un terrain parmi les dévoniens ou parmi les terrains houillers, si un autre sera silurien ou dévonien, un autre encore cambrien ou silurien.

Cette vérité est encore établie d'une façon fort intéressante par le témoignage impartial et des plus compétents de M. Pictet [1], qui a évalué le pour cent

[1] Pictet, *Traité de paléontologie*, Paris, 1853.

du nombre des genres animaux présents dans une formation et qu'on retrouve dans la formation précédente, et il résulte de ces calculs que ce rapport n'est jamais moindre d'un tiers, soit 33 pour 100. Ce sont les terrains triasiques ou ceux du commencement de l'époque mésozoïque qui ont reçu le plus petit héritage des époques antérieures. Dans les autres formations, on trouve parfois 60, 80 et même 94 genres pour 100 semblables à ceux dont les restes sont ensevelis dans la couche précédente. Bien plus, les subdivisions de chaque formation montrent de nouvelles espèces qui les *caractérisent* et ne se trouvent pas ailleurs; et dans bien des cas, dans le lias, par exemple, les différentes couches de ces subdivisions se distinguent par des formes vitales particulières et bien marquées. Une section de 30 à 35 mètres de profondeur fera voir, à différentes hauteurs, une douzaine d'espèces d'ammonites, et aucune de ces espèces ne passe dans la zone de calcaire ou d'argile au-dessus ou au-dessous de celle où on la trouve.

Celui qui adopte la doctrine de la création spéciale doit donc être prêt à admettre qu'à des intervalles de temps correspondant à l'épaisseur de ces couches, le créateur a trouvé bon d'intervenir dans le cours naturel des événements pour fabriquer une nouvelle ammonite. Il n'est pas facile de bien se représenter la tournure d'esprit de ceux qui sont capables d'accepter une semblable conclusion, avant d'en avoir une démonstration absolue, et l'on ne voit pas d'ailleurs ce qu'ils y gagnent, puisqu'il est certain, comme nous l'avons dit, que cette interprétation de l'origine des êtres vivants est entièrement contraire à la cosmogonie des Hébreux.

Cette forme reçue de l'hypothèse de la création spéciale ne mérite donc pas le secours puissant des bibliolâtres; mais peut-elle revendiquer l'appui de la science ou de la saine logique? Elle ne le peut guère assurément. Les arguments en sa faveur prennent tous la même forme : si les espèces n'ont pas été créées surnaturellement, nous ne pouvons comprendre les faits *x*, *y* ou *z*; nous ne pouvons comprendre la structure des plantes ou des animaux, si nous ne supposons qu'ils ont été disposés en vue d'un but spécial; nous ne pouvons comprendre la structure de l'œil, si nous ne supposons qu'il a été construit pour nous faire voir; nous ne comprenons pas les instincts, si nous ne supposons que les animaux en ont été doués miraculeusement.

Au point de vue de la dialectique, il faut admettre que cette façon de raisonner n'est pas très formidable pour ceux qui ne se laissent pas épouvanter par les conséquences. C'est l'*argumentum ad ignorantiam.* Acceptez cette explication ou restez ignorants.

Mais supposons qu'il nous soit préférable d'admettre notre ignorance plutôt que d'adopter une hypothèse en contradiction avec tous les enseignements de la nature.

Ou supposons un instant, qu'après avoir admis l'explication, nous nous demandions sérieusement ce que nous y avons gagné en connaissance. Qu'explique-t-elle, cette explication? Est-ce autre chose qu'une façon d'énoncer avec emphase le fait de notre ignorance absolue en ces matières? On a expliqué un phénomène quand on a fait voir qu'il est un cas de quelque grande loi naturelle; mais par la nature même de la chose, l'interposition surnaturelle du Créateur ne peut rentrer dans aucune loi et, si réellement les espèces ont été produites de cette façon, il est absurde de chercher à en discuter l'origine.

Ou, en dernier lieu, demandons-nous si toute l'évidence à laquelle la nature même de nos facultés nous permet d'atteindre pourra jamais justifier l'assertion qu'un phénomène quelconque est en dehors de la portée de la causalité naturelle. Pour s'en assurer, il faudrait nécessairement connaître toutes les conséquences auxquelles peuvent donner naissance toutes les combinaisons possibles agissant pendant un temps illimité. Si nous étions renseignés à cet égard, si nous reconnaissions qu'aucune de ces conséquences ne peut expliquer l'origine des espèces, nous serions en droit d'affirmer que leur origine reste en dehors de la causalité naturelle. Mais, d'ici là, toute hypothèse sera préférable à celle qui nous mène à de si pitoyables conclusions.

Cette hypothèse de la création spéciale n'est pas seulement un masque pour cacher notre ignorance, sa présence en biologie marque l'enfance et l'imperfection de cette science. C'est qu'en effet l'histoire de chaque science est simplement l'histoire de l'élimination de la notion des interventions créatrices ou autres venant s'interposer dans l'ordre naturel des phénomènes dont l'étude fait l'objet de cette science. Aux débuts de l'astronomie, les étoiles du matin faisaient entendre un chœur d'allégresse, et des mains célestes dirigeaient la marche des planètes. Aujourd'hui l'harmonie des étoiles se résout en la loi de la gravitation selon la raison inverse du carré des distances, et l'orbite des planètes se déduit des lois par lesquelles la pierre lancée par un gamin brise un carreau de vitre. L'éclair était l'ange du Seigneur, mais dans ces derniers temps il a plu à la Providence que la science en fit l'humble messager de l'homme, et nous savons que des conditions vérifiables déterminent chacun de ces éclats qui brillent à l'horizon un soir d'été et que, si nous avions une connaissance suffisante de ces conditions, nous pourrions en calculer la direction et l'intensité.

Il y a de grandes compagnies commerciales dont la solvabilité repose sur des lois qui gouvernent, comme on s'en est assuré, l'irrégularité apparente de cette vie humaine dont les moralistes ne cessent de déplorer l'incertitude. Sauf les imbéciles, tout le monde reconnait aujourd'hui que la peste et la famine résultent naturellement de causes que pourrait dominer en majeure partie le contrôle des hommes et ne sont pas des tortures inévitables infligées par une toute-puissance farouche sur l'œuvre débile et sans défense de ses propres mains.

Un ordre harmonique gouvernant un progrès éternellement continu ; la matière et la force, trame et chaine du voile qui se tisse lentement sans qu'un fil se casse et s'étend entre nous et l'infini ; un univers que nous connaissons seul, sans pouvoir connaitre autre chose, tel est le monde comme nous le retrace la science, et, selon qu'une des parties du tableau se rapporte au reste, nous pouvons être certains que cette partie est juste. Seule la biologie ne doit-elle pas participer à l'harmonie des sciences ses sœurs ?

Des arguments du genre de ceux que je viens de vous présenter pour combattre l'hypothèse de la création directe de l'espèce se déduisent clairement des considérations générales, mais, en outre, les espèces elles-mêmes nous présentent des phénomènes qui ne font pas tellement partie de leur essence qu'il ait fallu s'en occuper dès l'abord, mais dont l'explication est des plus embarrassantes quand on adopte l'hypothèse communément admise. Tels sont les faits de distribution dans l'espace et dans le temps; tels sont les singuliers phénomènes mis en lumière par l'étude du développement : les relations structurales des espèces sur lesquelles sont fondés nos systèmes de classification ; telles sont enfin les grandes doctrines d'anatomie philosophique, celle de l'homologie, par exemple, ou celle du plan de structure commun qui se montre dans de grands groupes d'espèces dont les habitudes et les fonctions diffèrent extrêmement.

Des recherches récentes ont fait reconnaitre, il est vrai, dans les mers qui baignent les deux côtés de l'isthme de Panama, quelques espèces semblables; elles sont néanmoins généralement fort distinctes. De même les plantes et les animaux insulaires sont différents en général de ceux qui habitent les continents voisins, bien qu'ils présentent avec ceux-ci une similarité d'aspect. Les mammifères des terrains tertiaires les plus récents, dans les deux mondes, appartiennent aux mêmes genres ou aux mêmes familles que ceux qui habitent maintenant les mêmes grandes aires géographiques. Les reptiles crocodiliens de l'époque secondaire la plus ancienne ressemblaient par leur structure générale à ceux qui existent actuellement, malgré certaines petites différences dans les vertèbres, dans les fosses nasales et en quelques autres points. Le cochon d'Inde a des dents qui tombent avant sa naissance et qui ne servent jamais par conséquent aux fonctions de mastication pour lesquelles elles sembleraient avoir été faites; et, de même, la femelle du dugong a des défenses qui ne percent jamais la gencive. Tous les membres d'un même grand groupe traversent des conditions semblables dans leur développement et, à l'état adulte, toutes leurs parties sont disposées d'après le même plan. L'homme ressemble plus à un gorille que le gorille ne ressemble à un lémur[1].

Voilà quelques faits pris au hasard dans une grande masse de faits semblables, bien constatés par les recherches modernes; mais, quand celui qui étudie la nature en demande l'explication aux défenseurs de l'hypothèse admise relativement à l'origine des espèces, la réponse qu'il reçoit se réduit à la formule brève et simple de l'Orient: « Mashallah! Dieu le veut! » Il y a de chaque côté de l'isthme de Panama des espèces différentes?... C'est qu'elles ont été créées ainsi dans les deux mers voisines. Les mammifères des terrains pliocènes ressemblent-ils à nos mammifères actuels, c'est que tel est le plan de la création; et, si nous trouvons parfois des organes rudimentaires et une similitude de plan, c'est qu'il a plu au Créateur d'opérer

[1] Voyez Huxley, *La place de l'homme dans la nature*. Paris, 1891. (*Bibliothèque scientifique contemporaine*.)

d'après un modèle divin, un archétype, et de le copier dans son œuvre, sans toujours y réussir parfaitement cependant, comme l'implique forcément la théorie en question.

Un tel verbiage passant aujourd'hui pour de la science sera représenté un jour comme preuve de l'infériorité intellectuelle du XIXe siècle ; tout cela sera matière à plaisanterie, comme nous rions aujourd'hui de l'*horreur du vide* qu'éprouve la nature, et pourtant les contemporains de Torricelli trouvaient cette explication fort satisfaisante pour rendre compte de l'ascension de l'eau dans un corps de pompe. Mais il est bon de se rappeler qu'en acceptant comme satisfaisantes des explications de ce genre, il en résulte un mal positif à côté du mal négatif, car elles découragent la recherche et privent ainsi l'homme de l'usufruit de la nature, un des territoires les plus fertiles de son grand patrimoine.

Les objections que nous avons exposées à l'encontre de la doctrine de l'origine des espèces par création spéciales ont dû se présenter d'une façon plus ou moins claire à l'esprit de tous ceux qui ont réfléchi sur ce sujet sérieusement et en toute indépendance. Il n'est donc pas étonnant qu'il se soit produit, de temps en temps, certaines hypothèses contraires à celle-ci et tout aussi bien fondées, sinon mieux, que la première, et il est curieux d'observer que les inventeurs de ces interprétations contraires semblent y avoir été amenés par leurs connaissances géologiques aussi souvent que par celles qu'ils avaient en biologie. En effet, dès que l'esprit a admis la conception de la production graduelle du présent état physique de notre globe par causes naturelles agissant pendant de longues périodes de temps, cet esprit sera peu disposé à admettre que les êtres vivants aient pu se produire d'une autre façon, et les interprétations spéculatives de de Maillet et de tous ses successeurs sont le complément naturel de la démonstration donnée par Scilla de la nature réelle des fossiles.

Benoit de Maillet, contemporain de Newton, vivant par conséquent à cette belle époque d'activité intellectuelle qui vit naitre la physique moderne, passa sa vie fort longue, comme agent consulaire du Gouvernement français, dans différents ports de la Méditerranée. Pendant seize ans, il occupa le poste de consul général en Égypte, et les phénomènes merveilleux que présente la vallée du Nil semblent avoir vivement impressionné son esprit. Son attention fut aussi attirée sur tous les faits de même ordre qui se présentèrent à son observation, ce qui le conduisit à chercher l'interprétation de l'origine de l'état présent de notre globe et de ses habitants. Mais, malgré toute son ardeur pour la science, de Maillet hésita, parait-il, à publier des interprétations que ses contemporains ne devaient pas, selon toute probabilité, accepter favorablement, malgré ses efforts ingénieux, dans la préface à Telliamed, pour chercher à les mettre d'accord avec l'hypothèse hébraïque.

On n'était pas loin alors de l'époque où les plus éminents anatomistes ou physiciens de l'école italienne avaient chèrement payé les tentatives qu'ils avaient faites pour dissiper les erreurs accréditées; et

Harvey, leur illustre disciple, fondateur de la physiologie moderne, n'avait pas été assez heureux, dans un pays moins opprimé par l'influence paralysante de la théologie, pour qu'aucun homme pût être tenté de suivre son exemple [1]. Ces considérations influèrent probablement sur le consul général de Sa Majesté très chrétienne en Égypte, et de Maillet conserva par-devers lui ses théories pendant toute la durée d'une vie fort longue, car *Telliamed*, la seule œuvre scientifique importante qu'il ait écrite, ne fut imprimée qu'en 1735; de Maillet avait atteint alors le grand âge de soixante-dix-neuf ans, et, bien que l'auteur vécut encore trois ans, son livre ne fut mis en vente qu'en 1748. Même alors il était anonyme pour tous ceux qui ne savaient pas que ce titre de *Telliamed* était un anagramme ; d'ailleurs, la préface et la dédicace étaient écrites en termes tels qu'au besoin l'imprimeur pouvait faire valoir, comme excuse plausible, que l'ouvrage était dans l'intention de l'auteur un simple jeu d'esprit.

Si les idées spéculatives du philosophe indien imaginaire sont tout aussi valables que celles de plus d'une géologie conforme aux doctrines orthodoxes et qui enrichit son éditeur, ces idées n'ont cependant pas grande valeur quand on les examine à la lumière de la science moderne. Les eaux auraient d'abord recouvert tout le globe, elles auraient déposé les masses rocheuses qui en constituent les montagnes, par des procédés comparables à ceux qui forment actuellement la boue, le sable et les graviers; puis leur niveau

[1] Voyez Huxley, *Les problèmes de la Biologie*. Paris, 1891.

aurait baissé, laissant les dépouilles de leurs habitants, animaux et végétaux, enfouis dans les dépôts. L'auteur suppose que certains animaux aquatiques se seraient mis peu à peu à vivre sur la terre sèche quand elle se fut montrée et se seraient adaptés graduellement à des modes d'existence terrestre et aérienne. Mais, si nous considérons la *forme* et la *teneur générales* du raisonnement, relativement à l'état des connaissances à cette époque, deux choses sont bien dignes de remarque : en premier lieu, de Maillet avait notion de la variabilité des formes vivantes, sans avoir des connaissances précises sur ce sujet, il est vrai, et il savait encore que cette variabilité pouvait rendre compte de l'origine des espèces ; en second lieu, il prévoyait clairement la grande doctrine géologique moderne sur laquelle Hutton a tant insisté, et que Lyell a si bien exposée dans tous ses développements, à savoir : qu'il faut nous adresser aux causes actuelles pour avoir l'explication des événements géologiques passés. De fait, le passage suivant de la préface, où de Maillet est censé parler de son *alter ego*, le philosophe indien Telliamed, pourrait avoir été écrit par le plus philosophe des partisans actuels de la doctrine de l'uniformité :

« Ce qu'il y a d'étonnant est que, pour arriver à ces connaissances, il semble avoir perverti l'ordre naturel, puisqu'au lieu de s'attacher d'abord à rechercher l'origine de notre globe, il a commencé par travailler à s'instruire de la nature. Mais à l'entendre, ce renversement de l'ordre a été pour lui l'effet d'un génie favorable qui l'a conduit pas à pas et comme par la main aux découvertes les plus sublimes. C'est en décomposant la substance de ce globe par une anatomie exacte de toutes ses parties qu'il a premièrement appris de quelles matières il était composé et quels arrangements ces mêmes matières observaient entre elles. Ces lumières, jointes à l'esprit de comparaison toujours nécessaire à quiconque entreprend de percer les voiles dont la nature aime à se cacher, ont servi de guide à notre philosophe pour parvenir à des connaissances plus intéressantes. Par la matière et l'arrangement de ces compositions, il prétend avoir reconnu quelle est la véritable origine de ce globe que nous habitons, et comment et par qui il a été formé [1]. »

Mais de Maillet précédait son époque et, comme il fallait s'y attendre, puisqu'il raisonnait sur une question zoologique et botanique avant Linnée, sur un problème physiologique avant Haller, il tomba souvent en de graves erreurs qui firent sans doute négliger son ouvrage.

Les interprétations de Robinet sont plutôt en retard qu'en avance sur celles de de Maillet, et, bien que Linnée ait joué avec l'hypothèse de la transmutation, elle n'eut un défenseur sérieux que quand Lamarck l'eût adoptée et préconisée fort habilement [2].

Lamarck fut entraîné à admettre l'hypothèse de la transmutation des espèces, en partie par sa manière de comprendre les questions cosmologiques et géologiques, en partie par sa conception d'une échelle des êtres présentant des embranchements irréguliers mal-

[1] Telliamed, pages 19-20.
[2] Lamarck, *Philosophie zoologique*.

gré sa gradation générale, idée qu'avait fait surgir chez lui son étude approfondie des plantes et des formes inférieures de la vie animale. Ce philosophe, dont la manière de voir ressemble souvent beaucoup à celle de de Maillet, est en progrès marqué sur les interprétations purement spéculatives et insuffisantes de ce dernier, par rapport à la question de l'origine des êtres vivants, et il effectua ce progrès en recherchant des causes capables de produire cette transformation d'une espèce dans une autre, dont l'existence n'avait été pour de Maillet qu'une supposition. Lamarck crut avoir trouvé dans la nature de semblables causes, suffisant à expliquer parfaitement tous ces changements. C'est un fait physiologique, dit-il, que l'action fait augmenter la dimension des organes qui s'atrophient par l'inaction ; c'est un autre fait physiologique que les modifications produites se transmettent aux descendants. Par conséquent, si vous changez les actions d'un animal, vous changez sa structure, en activant le développement des parties nouvellement mises en usage, en faisant diminuer celles qui ne sont plus employées ; mais, en modifiant les circonstances qui entourent l'animal, vous changez ses actions, d'où il suit qu'à la longue un changement de circonstances doit produire un changement d'organisation. Par ce motif, toutes les espèces animales sont, selon Lamarck, le résultat de l'action indirecte de changements de circonstances sur ces germes primitifs qui s'étaient produits originellement, d'après lui, par générations spontanées au sein des eaux du globe. Il est curieux de remarquer cependant que

Lamarck ait soutenu avec tant d'insistance[1] que les circonstances ne peuvent jamais modifier directement en rien la forme ou l'organisation des animaux, et qu'elles opèrent seulement en changeant leurs besoins, puis leurs actions par conséquent. Il s'expose ainsi, en effet, à une question évidente : comment se fait-il alors que les plantes se modifient, car on ne peut leur attribuer des besoins ou des actions? A ceci il répond que les plantes se modifient par des changements dans leur procédé nutritif, changements déterminés par des circonstances nouvelles, et il ne parait pas avoir observé qu'on pouvait tout aussi bien supposer des changements de même genre chez les animaux.

Quand nous aurons dit que Lamarck sentait bien l'insuffisance de la pure spéculation pour arriver à reconnaitre l'origine des espèces et la nécessité de découvrir par l'observation, ou autrement, une cause vraie capable de les produire, avant d'établir une théorie valable sur ce sujet, quand nous aurons dit qu'il affirmait la coïncidence de l'ordre réel des classifications avec l'ordre de leur développement les unes des autres, qu'il insistait beaucoup sur la nécessité d'accorder un temps suffisant et qu'il faisait remonter toutes les variétés de l'instinct et de la raison aux causes mêmes qui avaient donné naissance aux espèces, nous aurons énuméré les principales contributions de Lamarck au progrès de la question. D'ailleurs, comme il ne connaissait pas dans la nature d'autre puissance capable de modifier la structure

[1] Voy. *Philosophie zoologique*, vol. I, p. 222 et sqq.

des animaux que le changement de besoins déterminant le développement ou l'atrophie des parties, Lamarck fut conduit à attribuer à cet agent une importance infiniment plus grande qu'il ne mérite, et les absurdités dans lesquelles il avait été entrainé ont été condamnées comme elles le méritaient. Il n'avait pas la moindre idée de la lutte pour l'existence, sur laquelle insiste tant M. Darwin, comme nous allons le voir ; il se demande même si réellement une espèce peut s'éteindre quand il ne s'agit pas de grands animaux détruits par l'homme même, et il lui vient si peu à l'esprit qu'il puisse y avoir d'autres causes actives de destruction qu'en discutant l'existence possible de mollusques dont nous retrouvons les coquilles à l'état fossile, il dit :

« Pourquoi d'ailleurs seraient-ils perdus dès que l'homme n'a pu opérer leur destruction [1] ? »

Lamarck ne connait pas d'avantage l'influence de la sélection et ne tire pas parti des merveilleux phénomènes que nous présentent les animaux domestiques en nous prouvant sa puissance.

La grande influence de Cuvier servit à combattre les idées de Lamarck et, comme il était facile de démontrer l'impossibilité de quelques-unes de ses conclusions, ses doctrines furent universellement condamnées, et tombèrent, comme hétérodoxes, sous le mépris des savants et des théologiens.

Des efforts récents pour les faire revivre n'ont pu leur rendre quelque crédit dans l'esprit des hommes

[1] Lamarck, *Philosophie zoologique*, vol. I, p. 77.

de jugement bien renseignés sur les faits en litige ; on peut même se demander si les partisans de Lamarck ne lui ont pas fait plus de tort que ses ennemis.

Ainsi, en admettant même que les plus ardents défenseurs de l'hypothèse de la création spéciale se soient demandé parfois si leur doctrine n'était pas insuffisante et en péril, elle semblait, il y a deux ans, aussi inattaquable que jamais. La doctrine par elle-même n'avait peut-être pas grande valeur, mais toutes celles qui lui avaient été opposées avaient échoué d'une façon signalée. D'un autre côté, si les hommes, peu nombreux, qui réfléchissaient sérieusement à la question de l'espèce ne pouvaient se contenter des dogmes généralement reçus, ils ne trouvaient moyen d'y échapper qu'à l'aide de suppositions aussi peu justifiables par l'expérience ou par l'observation, tout aussi peu satisfaisantes par conséquent. On avait donc à choisir entre deux absurdités et une voie moyenne de scepticisme pénible. Dans de semblables circonstances pourtant, ce scepticisme fâcheux et peu satisfaisant était le seul état mental qui pût se justifier.

Il y avait alors, par conséquent, dans l'esprit des naturalistes, une inquiétude générale ; aussi accoururent-ils en foule dans les salons de la Société Linnéenne, le 1er juillet 1858, pour entendre lire les communications de deux auteurs qui vivaient en des points opposés du globe, qui avaient travaillé indépendamment l'un de l'autre et annonçaient cependant qu'ils avaient découvert une même solution de tous les problèmes relatifs à l'espèce.

Un des auteurs était un savant naturaliste, M. Wallace, qui avait passé quelques années à étudier les produits des iles de l'Archipel Indien. Il avait envoyé à M. Darwin un mémoire où ses idées étaient exposées, le priant de le communiquer à la Société Linnéenne. En parcourant cet essai, M. Darwin fut bien surpris de voir qu'il contenait plusieurs des idées capitales d'un grand ouvrage qu'il préparait depuis une vingtaine d'années et dont quelques-uns de ses amis intimes avaient parcouru, quinze ou seize ans auparavant, certaines parties contenant le développement de ces mêmes idées. M. Darwin était bien perplexe; il voulait rendre justice à son ami et désirait aussi que justice lui fût faite. Il alla consulter le docteur Hooker et Sir Charles Lyell, qui lui conseillèrent tous deux de communiquer à la Société Linnéenne un court résumé de ses propres idées en même temps que l'écrit de M. Wallace. L'*Origine des espèces* est le développement de ce résumé.

L'hypothèse darwinienne a le mérite d'être fort simple et facile à comprendre, et ses points essen-iels peuvent se résumer en fort peu de mots: toutes es espèces proviennent du développement de variéés sorties des souches communes, par la conversion de ces premières variétés en races permanentes, puis en espèces nouvelles, par le procédé de *sélection naturelle*, procédé essentiellement identique à celui de la sélection artificielle à l'aide duquel l'homme a donné naissance aux races d'animaux domestiques. Dans la nature la *lutte pour l'existence* remplace l'homme, et exerce, dans le cas de la sélection naturelle, l'action qu'il accomplit dans la sélection artificielle.

A l'appui de son hypothèse, M. Darwin apporte trois genres de preuves. D'abord il cherche à montrer que l'espèce peut être produite par sélection; en second lieu, il veut faire voir que les causes naturelles sont capables d'exercer une sélection et, en troisième lieu, il essaie de prouver que les phénomènes les plus remarquables et les plus anormaux, en apparence, que présentent la distribution, le développement et les relations mutuelles des espèces, peuvent se déduire, comme il le démontre, de la doctrine générale de leur origine, proposée par lui, en la combinant avec les faits connus de changements géologiques; il établit enfin que, si tous ces phénomènes ne sont pas actuellement explicables par sa doctrine, il n'en est pas qui la contredise.

On ne saurait hésiter à reconnaître que la méthode de recherche adoptée par M. Darwin est rigoureusement d'accord avec les canons de la logique scientifique et, de plus, qu'elle est seule capable de nous donner des solutions justes. Des critiques, exclusivement dressés à l'étude de la littérature classique ou des mathématiques et qui n'ont jamais de leur vie déterminé un fait scientifique par induction en se basant sur l'expérience ou l'observation, parlent sur un ton doctoral de la méthode de M. Darwin; ils ne la trouvent pas assez inductive; elle n'est décidément pas assez Baconienne pour eux. Mais, même s'ils ne jouissent pas d'une connaissance pratique des procédés de la recherche scientifique, ils peuvent apprendre, en parcourant le beau chapitre de M. Mill sur la méthode de déduction, qu'il y a une foule de recherches scientifiques dans lesquelles la méthode de la pure induction ne peut mener bien loin l'investigateur.

M. Mill dit:

« L'inapplicabilité des méthodes directes d'observation et d'expérimentation étant prouvée, le mode d'investigation, qui nous reste comme source principale de nos connaissances actuelles ou de celles que nous pouvons acquérir relativement aux conditions et aux lois de récurrence des phénomènes plus complexes s'appelle dans son expression la plus générale la méthode déductive et consiste en trois opérations: la première est une opération d'*induction directe;* la seconde, une opération de *raisonnement;* la troisième est une opération de *vérification.* »

Or les conditions qui ont déterminé l'existence des espèces sont des plus complexes et, de plus, en ce qui concerne la plupart d'entre elles, ces conditions dépassent la portée de nos connaissances. Mais ce que M. Darwin a cherché à accomplir s'accorde parfaitement avec la règle exposée par M. Mill. En s'appuyant sur l'observation et l'expérience, il a cherché à établir par induction certains grands faits. Puis il a raisonné sur ces données. En dernier lieu, il a vérifié la valeur du résultat de ses raisonnements, en comparant les déductions qu'il en tirait avec les faits qu'il observait dans la nature. Par la méthode d'induction, M. Darwin cherche à prouver que les espèces se produisent d'une façon donnée. Par la méthode de déduction, il veut montrer que, si les espèces se produisent ainsi, il est possible de rendre compte des faits de distribution, de développement, de classification, etc., c'est-à-dire qu'il est possible de les déduire du mode d'origine des espèces, en tenant compte en même temps des changements reconnus en fait de géographie physique et de climat, agissant pendant un temps infini. Et cette explication, ou cette coïncidence des faits observés avec les faits déduits, est pour tous ceux qu'elle embrasse une vérification des interprétations darwiniennes.

Il n'est donc pas possible de trouver à redire à la méthode de M. Darwin; mais toutes les conditions que lui impose cette méthode sont-elles satisfaites? Est-il prouvé suffisamment que les espèces peuvent se produire par sélection? Y a-t-il réellement sélection dans la nature? Est-il certain qu'aucun des phénomènes de l'espèce ne contredise cette explication de son origine? S'il est possible de *répondre affirmativement* à ces questions, les interprétations de M. Darwin ne sont plus des hypothèses; elles deviennent des *théories confirmées*; mais, tant que l'évidence en présence de laquelle nous nous trouvons en ce moment n'emportera pas l'affirmation, la doctrine nouvelle devra se contenter de rester pour nous une hypothèse, hypothèse de la plus grande valeur, des plus probables, la seule qui ait une valeur au point de vue scientifique, mais cependant ce ne sera qu'une hypothèse, ne méritant pas encore le nom de théorie de l'espèce.

Après y avoir bien réfléchi, et sans parti pris assurément contre les interprétations de M. Darwin, nous sommes bien convaincus qu'au point où en est l'évidence, il n'est absolument pas possible de considérer comme prouvé qu'un groupe d'animaux ayant tous les caractères présentés par l'espèce dans la nature, ait jamais eu pour origine la sélection, soit artificielle, soit naturelle. Des groupes présentant tous les caractères morphologiques de l'espèce, des races distinctes et permanentes ont été produites de cette façon bien des fois assurément; mais, pour le moment, il n'y a pas de preuves positives pour établir qu'à la suite des variations naturelles et de l'accouplement par sélection un groupe d'animaux ait donné naissance à un autre groupe, infécond au moindre degré avec le premier. M. Darwin reconnait parfaitement ce point faible de sa doctrine et nous présente de nombreux arguments des plus ingénieux et de grande importance pour affaiblir l'objection. Nous reconnaissons toute la valeur de ces arguments, nous allons même jusqu'à exprimer notre croyance que des expériences conduites par un physiologiste habile produiraient très probablement des races plus ou moins infécondes, sortant d'une souche commune, dans un espace de temps relativement restreint; mais cependant c'est en ce point que cloche la doctrine, et il serait aussi fâcheux de le dissimuler que de n'en pas tenir compte.

Par moi-même, je l'avoue, il ne m'a pas été possible de reconnaitre d'autres points faibles dans toute la doctrine de M. Darwin et, à en juger d'après tout ce que j'ai entendu dire, comme d'après ce que j'ai lu, d'autres ne me font pas l'effet d'y avoir mieux réussi. On a dit, par exemple, que dans ces chapitres sur la lutte sur l'existence et sur la sélection naturelle,

M. Darwin prouve bien plutôt que la sélection naturelle doit s'effectuer qu'il ne prouve qu'elle s'effectue réellement ; mais, en somme, il n'est pas possible d'arriver à une autre démonstration. Une race attire notre attention dans la nature après avoir duré en toute probabilité depuis un temps considérable et il est alors trop tard pour rechercher les conditions de son origine. On a dit encore qu'il n'y a pas d'analogie réelle entre la sélection qui se produit à l'état domestique, sous l'influence de l'homme, et une opération qu'effectue la nature, car l'homme intervient d'une façon intelligente. Si l'on réduit cet argument à ses éléments, il implique qu'un effet difficilement produit par un agent intelligent doit *a fortiori* être plus difficile, sinon impossible, à un agent inintelligent. Mais cet argument est insoutenable, quand même on ne tiendrait pas compte de la question incidente qui se présente : Est il permis de dire que la nature, agissant selon des lois définies et invariables, soit un agent inintelligent ? Mélangez du sable et du sel, et l'homme le plus habile se trouvera fort empêché si on lui impose de séparer, à l'aide de ses ressources naturelles, tous les grains de sable et tous les grains de sel, mais la pluie en viendrait à bout en moins de dix minutes. Ainsi donc, tandis que tous les efforts de l'intelligence humaine nous permettent difficilement de séparer une variété et d'en tirer par sélection une race nouvelle, les agents de destruction qui agissent constamment dans la nature élimineront à la longue et inévitablement toute variété qui se montrera plus incapable qu'une autre de résister aux circonstances.

On a souvent opposé, et en toute justice, à l'hypothèse de Lamarck sur la transmutation des espèces, l'absence de formes intermédiaires entre un grand nombre d'espèces. L'argument est sans valeur quand il s'adresse à l'hypothèse de M. Darwin. Il faut même reconnaitre qu'une des parties les meilleures et les plus instructives de son ouvrage est celle où il prouve que la fréquente absence des transitions est une conséquence nécessaire de sa doctrine et que la souche dont proviennent deux ou plusieurs espèces ne doit nullement être intermédiaire entre elles. Si deux espèces sortent d'une souche *commune*, *comme* le pigeon grosse-gorge, par exemple, et le voyageur sortent du biset, la souche commune des deux premières ne doit pas plus être intermédiaire entre elles que le biset n'est intermédiaire entre le pigeon grosse-gorge et le voyageur. Pour celui qui apprécie bien la force de ce raisonnement par analogie, les arguments qui se fondent sur l'absence de formes intermédiaires, pour combattre l'origine des espèces par sélection, perdent toute valeur. Et M. Darwin eût été, pensons-nous, bien plus inattaquable encore, s'il ne s'était pas embarrassé de l'aphorisme : *Natura non facit saltum*, qui revient si souvent dans son ouvrage. Nous croyons, comme nous l'avons dit plus haut, que la nature fait de temps en temps des sauts et il est fort important de le reconnaitre, car on se débarrasse ainsi de plusieurs des objections mineures qu'on oppose à la doctrine de la transmutation.

Mais il faut nous arrêter. La discussion des arguments de M. Darwin dans tous leurs détails nous entraînerait bien au-delà des limites que nous nous sommes assignées. Nous avons atteint notre but si nous avons rendu compte d'une façon intelligible, toute sommaire qu'elle est, des faits établis relatifs à l'espèce, du rapport de l'explication de ces faits proposée par M. Darwin avec les interprétations théoriques de ses prédécesseurs, de ses contemporains, avec les exigences de la logique scientifique surtout. Nous avons cru pouvoir indiquer que l'explication ne satisfait pas encore à toutes les exigences, mais nous affirmons sans hésitation que, par l'étendue de la base d'observation et d'expérience sur laquelle elle repose, par sa méthode rigoureusement scientifique, par la facilité avec laquelle elle rend compte des phénomènes biologiques, elle est supérieure à toutes les hypothèses anciennes ou contemporaines autant que l'hypothèse de Copernic était supérieure aux interprétations spéculatives de Ptolémée. Mais, après tout, on a fini par reconnaître que les orbites planétaires n'étaient pas tout à fait circulaires et, malgré toute l'importance du service rendu à la science par Copernic, Képler et Newton durent venir après lui.

Eh bien ! si nous admettions que l'orbite du darwinisme est peut-être un peu trop circulaire?... que, parmi les phénomènes de l'espèce, il en reste quelques-uns, dont la sélection naturelle ne fournit pas l'explication?... Dans vingt ans d'ici, les naturalistes seront peut-être à même de dire si c'est ou non le cas, mais de toute façon ils devront à l'auteur de l'*Origine des espèces* une immense reconnaissance. Nous laisserions dans l'esprit de nos lecteurs une très fausse impression, si nous leur permettions de croire que la valeur de cet ouvrage dépend entièrement de la justification ultime des vues théoriques qu'il contient. Au contraire, si l'on pouvait prouver demain qu'elles sont toutes fausses, cet ouvrage serait encore le meilleur du genre, le compendium qui réunit le plus grand nombre de faits bien choisis relativement à la question de l'espèce. Dans toute la littérature biologique, rien ne rivalise avec les chapitres sur la variation, sur la lutte pour l'existence, sur l'instinct, sur l'hybridité, sur l'insuffisance des données géologiques, sur la distribution géographique; rien même, que je sache, ne leur est comparable, et, depuis les recherches de von Baer sur le développement [1], aucun ouvrage paru n'est appelé à exercer une aussi grande influence sur l'avenir de la biologie, aucun n'étendra comme celui-ci l'empire de la science sur des régions de la pensée où elle n'a guère pénétré jusqu'ici.

[1] Baer, *Développement des animaux.*

II

SUR LES CRITIQUES ADRESSÉES AU LIVRE DE M. DARWIN, « L'ORIGINE DES ESPÈCES »

Il a été publié à l'Étranger plusieurs commentaires du grand ouvrage de M. Darwin.

Ceux qui ont parcouru, dans le livre de Sir Charles Lyell[1], le chapitre remarquable où se trouve établi un parallèle entre le développement de l'espèce et celui des langages, apprendront avec plaisir qu'un des plus éminents philologues de l'Allemagne, le professeur Schleicher, a publié, de son côté, un travail philosophique des plus instructifs[2], à l'appui des mêmes idées, qu'il corrobore de toute l'autorité, si bien établie, de ses connaissances spéciales en fait de linguistique.

Le professeur Haeckel, auquel Schleicher adressait son travail, avait déjà profité de l'occasion qui se présentait à lui pour dire[3] combien il appréciait les interprétations de M. Darwin et combien sa manière de voir se rapprochait en général de celle du savant anglais.

[1] Lyell, *l'Ancienneté de l'homme prouvée par la géologie*. 2e édition, Paris, 1870.

[2] Voir le *Reader* du 27 février 1864.

[3] Haeckel, *Die Radiolarien, eine Monographie*, p. 231.

Les études critiques les plus soignées, qui aient paru relativement à l'*Origine des espèces*, sont deux travaux de mérite bien différent, l'un par le professeur Kölliker, de Wurtzbourg, anatomiste et histologiste bien connu[1], l'autre par M. Flourens, secrétaire perpétuel de l'Académie des Sciences[2].

L'essai du professeur Kölliker sur la théorie darwinienne est des plus dignes d'une sérieuse considération, comme tout ce qui sort de la plume de cet écrivain profond et accompli. Il se compose d'un aperçu rapide et clair de la manière de voir de Darwin, suivi d'une *énumération des principales difficultés* qu'elle présente, et ces difficultés semblent tellement insurmontables au professeur Kölliker, qu'à la place de la théorie de M. Darwin, il en propose une autre qu'il appelle la théorie de la *génération hétérogène*. Nous allons examiner successivement les deux parties de cet essai : d'abord celle où l'auteur combat l'interprétation de Darwin, puis celle où il cherche à établir la sienne.

A notre grand regret, nous sommes forcés de reconnaitre que nous sommes en désaccord très marqué avec le professeur Kölliker sur plusieurs de ses observations, et c'est surtout dans sa définition de ce que nous pouvons appeler la *position philosophique du darwinisme* que nous sommes en complète opposition avec lui.

[1] A. Kölliker, *Ueber die Darwin'sche Schöpfungstheorie; ein Vortrag*, Leipzig, 1864.

[2] P. Flourens, *Examen du livre de M. Darwin sur l'Origine des espèces*, Paris, 1864.

« Darwin, dit le professeur Kölliker, est, dans toute l'acception du mot, un téléologiste. Il dit sans ambiguïté[1] que toutes les particularités de la structure d'un animal ont été créées pour son bien et il considère toute la série des formes animales à ce point de vue seulement. »

Et encore :

« La conception téléologique générale adoptée par Darwin est erronée.

« Les variétés se produisent selon les lois générales de la nature, leur production est sans rapport avec notre notion de but ou d'utilité, et la variété produite peut être utile, nuisible ou indifférente.

« Supposer qu'un organisme existe seulement en vue d'une fin définie et représente autre chose que la manifestation d'une idée générale ou loi, c'est se figurer l'univers par un seul de ses aspects. Assurément tout organe a une fin, tout organisme satisfait à la sienne, mais le but de l'organe ou de l'organisme n'est pas la condition de leur existence. De plus, tout organisme est assez parfait pour satisfaire au but auquel il sert, et, de ce côté, du moins, il est inutile de rechercher une cause de son perfectionnement. »

Il est curieux qu'un même livre puisse impressionner d'une façon si différente des esprits différents. Ce qui m'avait frappé surtout et ce dont je m'étais convaincu en parcourant pour la première fois l'*Origine des espèces*, c'est que M. Darwin avait porté le coup de grâce à la doctrine téléologique, telle qu'on la comprend habituellement. En effet, voici la teneur de

[1] Première édition. p. 199-200.

l'argument téléologique : un organe ou un organisme A est précisément adapté à l'accomplissement d'une fonction ou d'un but B, donc A a été construit spécialement pour acomplir cette fonction B. Dans le célèbre exemple de Paley, l'adaptation de toutes les parties de la montre à la fonction ou au but d'indiquer l'heure est admise comme prouvant évidemment que la montre a été spécialement agencée pour cette fin, en raison de ce que la seule cause à nous connue, pouvant produire comme effet une montre marquant l'heure, est une intelligence capable d'agencer ses moyens en les adaptant directement à ce but.

Supposons, néanmoins, qu'il soit possible de démontrer que personne n'a fabriqué directement la montre, mais qu'elle résulte des modifications d'une autre montre qui marquait l'heure fort imparfaitement, que celle-ci procédait d'un appareil méritant à peine le nom de montre, c'est-à-dire que son cadran était sans chiffres, ses aiguilles rudimentaires, et qu'en remontant bien loin dans le cours du temps on trouvait, comme premier vestige reconnaissable de cet instrument un simple barillet tournant sur son axe. Figurons-nous ensuite qu'on ait pu établir que tous ces changements proviennent, en premier lieu, d'une tendance à varier indéfiniment inhérente à l'appareil et, secondement, d'une disposition que présenterait le monde environnant à favoriser toutes les variations dans le sens de l'indication précise de l'heure et à entraver toutes celles qui se produiraient dans un autre sens. Si l'on établissait tout cela, il est clair que l'argument de Paley aurait perdu toute sa valeur. En effet, il serait dès lors démontré qu'un appareil, parfaitement adapté à un but particulier, pourrait résulter d'une série de tentatives tantôt heureuses et tantôt malheureuses, opérées par des agents inintelligents, comme de l'application directe des moyens appropriés à cette fin par un agent intelligent.

Or il nous semble que la théorie de Darwin établira pour le monde organique précisément ce que, pour faire mieux saisir notre pensée par un exemple, nous avons supposé établi pour la montre. A la notion que chaque organisme a été créé comme nous le trouvons et qu'il est poussé directement au but qu'il doit atteindre, M. Darwin substitue une idée nouvelle, que nous pouvons concevoir comme une série de tentatives parfois heureuses et parfois malheureuses. Les organismes varient incessamment; certaines variations rencontrent des conditions environnantes qui leur conviennent, elles prospèrent; pour le plus grand nombre, les conditions sont défavorables, elles s'éteignent.

Selon la téléologie, chaque organisme ressemble à un projectile lancé contre une cible; selon Darwin, les organismes sont comme la mitraille dont un fragment porte coup et tous les autres s'éparpillent sans action.

Pour le téléologiste, un organisme existe parce qu'il a été façonné pour les conditions où on le trouve; pour le darwiniste, un organisme existe parce que seul, parmi beaucoup d'autres organismes de même sorte, il a pu persister dans ces conditions.

La téléologie implique que les organes de tous les

organismes sont parfaits et ne peuvent s'améliorer; la théorie de Darwin affirme simplement qu'ils accomplissent assez bien leurs fonctions pour que l'organisme puisse se maintenir à l'encontre des compétiteurs qui se sont présentés à lui, tout en admettant la possibilité de perfectionnements indéfinis. Mais un exemple fera mieux ressortir l'opposition profonde de la doctrine ordinaire de la téléologie et de la doctrine de Darwin.

Les chats prennent très bien les souris, les petits oiseaux et d'autres animaux de même taille. La téléologie nous dit qu'ils les attrapent si bien parce qu'ils ont été expressément construits pour les prendre, que ce sont des pièges à souris parfaits, si parfaits, si délicatement ajustés qu'il ne serait pas possible de déranger un seul de leurs organes sans troubler par cela même tout l'ensemble du mécanisme. Le darwinisme affirme, au contraire, qu'en tout ceci il ne s'agit nullement d'une construction intentionnelle, mais que, parmi les variations innombrables de la souche féline, dont un bon nombre a disparu par défaut de capacité pour résister aux influences contraires, les chats se sont trouvés mieux disposés que d'autres pour prendre les souris : les chats ont donc persisté et ont prospéré, en raison de l'avantage qu'ils avaient ainsi sur les autres variétés de même origine.

Loin de croire que les chats existent *à seule fin* de bien attraper les souris, le darwinisme suppose que les chats existent *parce* qu'ils les attrapent bien, la chasse aux souris n'étant pas le but, mais la condition de leur existence. Et, si le type chat a persisté longtemps tel que nous le connaissons, l'interprétation de ce fait, d'après les principes de Darwin, ne serait pas que les chats sont restés invariables, mais que les variétés qui se sont produites incessamment ont été, en somme, moins propres à prospérer dans le monde que la souche existante.

Ainsi donc, si nous entrons bien dans l'esprit de l'*Origine des espèces*, rien n'est plus entièrement, plus absolument contraire à la téléologie, prise dans le sens ordinaire, que la théorie darwinienne. De sorte que, loin d'être, dans toute l'acception du mot, un téléologiste, nous pourrions dire que, comme on l'entend habituellement, M. Darwin n'est pas téléologiste du tout; nous pourrions dire encore qu'en dehors de son mérite comme naturaliste, il a rendu un service des plus importants à la pensée philosophique en mettant à même ceux qui étudient la nature de reconnaître, dans toute leur étendue, ces adaptations à un but, si frappantes dans le monde organique et que la téléologie ne nous a pas laissé perdre de vue, ce dont nous devons lui être reconnaissants. De plus, M. Darwin nous mettait ainsi à même de rester fidèles aux principes fondamentaux d'une conception scientifique de l'univers et conciliait par son hypothèse les enseignements divergents de la téléologie et de la morphologie.

Mais, si nous laissons de côté ce que nous pensons nous-mêmes de l'*Origine des espèces*, pour examiner les passages qui en sont cités spécialement par le professeur Kölliker, nous ne pouvons admettre l'interprétation qu'il en donne. Si l'on entre réellement dans l'esprit du livre, on verra que Darwin n'affirme pas que tous les détails de la structure d'un animal ont été créés pour son plus grand bénéfice. Voici ses paroles [1] :

« Les remarques précédentes m'amènent à dire deux mots au sujet de la protestation faite récemment par quelques naturalistes contre cette doctrine utilitaire qui maintient que tous les détails de structure ont été produits pour le bien de celui qui en est doué. Ces naturalistes pensent que bien des particularités n'ont d'autre but que d'assurer la beauté aux yeux de l'homme ou une simple variété d'aspect. Si cette doctrine était vraie, elle serait absolument fatale à ma théorie. J'admets pleinement cependant que bien des particularités de structure ne servent pas directement à celui qui en est doué. »

Et, après plusieurs exemples, après plusieurs restrictions, l'auteur conclut [2] :

« Il en résulte que tous les détails de structure que présentent tous les êtres vivants (en tenant compte pourtant de l'action directe des conditions physiques) peuvent être considérés soit comme ayant servi spécialement à quelques-unes des formes des procréateurs plus ou moins éloignés, soit comme servant actuellement d'une façon spéciale aux descendants de ceux-ci, directement ou indirectement, en raison des lois complexes du développement. »

Mais il est bien différent de dire, avec M. Darwin, que tous les détails observés dans la structure d'un

[1] Page 199.
[2] Page 200.

animal lui servent ou ont servi à ses ancêtres, et de dire, avec la téléologie, que tous les détails de la structure d'un animal ont été créés pour son bénéfice. D'après la première hypothèse, par exemple, les dents de la baleine à l'état fœtal ont un sens; d'après la seconde, elles ne s'expliquent pas. Nous ne connaissons pas, dans tout le livre de M. Darwin, une seule phrase qui contredise la doctrine du professeur Kölliker, quand celui-ci dit :

« Les variétés se produisent selon les lois générales de la nature, comme fait indépendant de notre notion de but ou d'utilité, et que la variété produite peut être utile, nuisible ou indifférente. »

Au contraire. M. Darwin écrit [1] :

« Notre ignorance des lois qui président à la variation est profonde. Il ne nous est pas possible, une fois sur cent, d'indiquer la cause en raison de laquelle telle ou telle partie diffère plus ou moins d'une partie analogue chez les procréateurs... Les conditions externes de la vie, le climat, la nourriture, par exemple, semblent avoir déterminé des modifications légères. L'habitude en produisant des différences constitutionnelles, l'action en fortifiant, l'inaction en affaiblissant et faisant atrophier les organes semblent avoir été plus puissantes dans leurs effets. »

Enfin, comme pour éviter toutes fausses interprétations possibles, M. Darwin conclut son chapitre sur la variation par ces paroles à méditer :

[1] Sommaire du chapitre v.

« Quelle que soit la cause de chacune des petites différences qui se manifestent entre le rejeton et ses procréateurs, et cette cause doit toujours exister nécessairement, c'est l'accumulation constante par sélection naturelle de ces différences, quand elles sont utiles à l'individu, qui occasionne toutes les modifications de structure les plus importantes, à l'aide desquelles les êtres innombrables répandus sur la surface de la terre peuvent lutter les uns avec les autres, à l'aide desquelles encore le plus parfait est mis à même de survivre. »

Nous nous sommes étendus sur ce sujet, en raison de sa grande importance générale et parce que nous pensons que les critiques du professeur Kölliker proviennent ici d'une fausse interprétation de la manière de voir de M. Darwin, qui au fond coınciderait avec la sienne. Les autres objections, qu'énumère et discute le professeur Kölliker, sont les suivantes [1] :

« 1° On ne connait pas de formes de transition entre les espèces existant actuellement ; de plus, les variétés connues et qui se sont produites par sélection, ou spontanément, n'arrivent jamais à constituer des espèces nouvelles. »

Le professeur Kölliker semble attacher de l'importance a cette objection. Il indique que le pigeon culbutant à face aplatie est peut-être un produit pathologique.

[1] Je ne puis donner tout au long le détail des arguments du professeur Kölliker, ce qui m'entrainerait trop loin. On en trouvera le développement dans le *Reader* du 13 et du 20 août 1864.

« 2° On ne trouve pas de formes de transition parmi les restes organiques des animaux des époques primitives. »

A cet égard le professeur Kölliker remarque que l'absence de formes de transition dans le monde fossile est contraire à la théorie de Darwin, bien qu'elle ne suffise pas pour la faire condamner.

« 3° La lutte pour l'existence n'existe pas. »

Cette objection a été proposée par Pelzeln, mais Kölliker n'y attache pas d'importance et, en cela, il a grandement raison.

« 4° La tendance des organismes à produire des variétés utiles n'existe pas plus que la sélection naturelle.

« Les variétés que l'on rencontre proviennent de nombreuses influences externes, et l'on ne voit pas pourquoi ces variétés, en totalité ou en partie, seraient toutes spécialement utiles. Chaque animal suffit à ses propres fins, est parfait en son genre et ne requiert pas un développement ultérieur. S'il se présentait pourtant une variété utile et, même si cette variété se maintenait, on ne voit pas pourquoi elle subirait d'autres changements. Toute cette conception de l'imperfection des organismes et de la nécessité de leur perfectionnement est évidemment le côté faible de la théorie de Darwin ; c'est un *pis-aller* (*Nothbehelf*) qui résulte de ce que Darwin n'a pu imaginer un autre principe pour expliquer les métamorphoses qui, comme je le crois aussi, se sont produites. »

Ici encore, nous croyons devoir différer complètement d'avis avec le professeur Kölliker, dans l'interprétation qu'il attribue à l'hypothèse de M. Darwin. Il nous semble qu'un des grands mérites de cette hypothèse provient précisément de ce qu'elle n'implique pas la croyance en un progrès incessant et nécessaire des organismes.

Si l'on saisit bien l'idée de l'auteur, on verra qu'il ne suppose pas une tendance spéciale des organismes à produire des variétés utiles, qu'il ne connait pas de besoin de développement ni de nécessité de perfection. Il dit en somme : Tous les organismes varient. Il est extrêmement improbable qu'une variété donnée puisse se trouver précisément dans les mêmes rapports avec les conditions environnantes que la souche dont elle provient. Dans ce cas, elle sera mieux adaptée (on pourra alors l'appeler utile) ou elle sera moins bien adaptée à ces conditions. Si elle est mieux adaptée, elle tendra à supplanter la souche originelle; si elle est moins bien adaptée, elle tendra à être détruite par cette souche dont elle provient.

Si la variété nouvelle est si parfaitement adaptée aux conditions qu'aucun progrès ne lui soit plus possible, et c'est un cas difficile à concevoir, elle persistera, car, bien qu'elle ne cesse pas de produire des variétés, toutes ces variétés lui seront inférieures.

Si, ce qui est plus probable, la nouvelle variété, sans être parfaitement adaptée aux conditions, l'est seulement suffisamment, elle persistera tant qu'une des variétés qui sortiront d'elle ne sera pas mieux adaptée qu'elle ne l'est elle-même.

D'autre part, dès que la variété se produit en un sens utile, c'est-à-dire quand la variation est telle qu'il y a adaptation plus parfaite aux conditions, la variété nouvelle doit tendre à supplanter la forme antérieure.

Un progrès graduel vers la perfection est si loin de faire nécessairement partie de la doctrine darwinienne que cette doctrine nous semble parfaitement compatible avec la persistance indéfinie de l'être organique dans un même état ou avec son recul graduel. Supposons, par exemple, que nous revenions à la période glaciaire, et que les conditions climatériques des pôles s'étendent sur tout le globe. Dans ces circonstances, l'action de la sélection naturelle tendrait, en fin de compte, à la ruine de tous les organismes supérieurs et à la prospérité des formes inférieures de la vie. — La végétation cryptogame prendrait le dessus et l'emporterait sur la végétation phanérogame; les hydrozoaires l'emporteraient sur les coraux; les crustacés sur les insectes, les amphipodes et les isopodes sur les crustacés supérieurs; les cétacés et les phoques sur les primates; la civilisation des Esquimaux sur celle des Européens.

« 5° Pelzeln a encore objecté que, si les organismes récents étaient sortis des organismes les plus anciens, toute la série du développement, depuis les formes les plus simples jusqu'aux plus complexes, ne pourrait exister actuellement; dans ce cas, les organismes les plus simples auraient disparu nécessairement. »

A cette objection, le professeur Kölliker répond en toute justice que la conclusion de Pelzeln ne découle pas réellement des prémisses de Darwin, et que si nous prenons les faits de la paléontologie tels qu'ils sont, ils confirment plutôt la théorie de Darwin, loin de la renverser.

« 6° Huxley, ardent défenseur de l'hypothèse de Darwin, d'ailleurs, lui a opposé une objection fort importante en disant que nous ne connaissons pas de variétés stériles entre elles, la stérilité étant la règle entre formes animales qui se distinguent par des caractères bien tranchés.

« Si Darwin a raison, il faut démontrer que par sélection on peut produire des formes dont l'accouplement est stérile, comme celui des formes animales dont les caractères sont nettement distincts, et cette démonstration n'a pas été faite. »

L'objection est assurément fort importante, mais, pour juger de sa valeur, comme M. Darwin l'a fait remarquer, il faut faire entrer en ligne de compte notre ignorance des conditions de la fécondité et de la stérilité, le défaut d'expériences bien conduites se prolongeant pendant une longue série d'années et les étranges anomalies que présentent les résultats de la fécondation croisée d'un bon nombre de plantes.

La septième objection est celle que nous avons discutée déjà en commençant.

Voici la huitième et dernière objection :

« Pour comprendre le progrès harmonique et régulier de la série complète des formes organiques, de la plus simple à la plus parfaite, nous pouvons nous passer de la théorie du développement proposée par Darwin.

« Le fait même des lois générales de la nature explique cette harmonie, quand même nous supposerions que tous les êtres se sont produits séparément et indépendamment les uns des autres. Darwin oublie que, dans la nature inorganique, où l'on ne peut faire intervenir l'idée d'une connexion génésique entre les formes, on trouve le même plan régulier, la même harmonie que dans le monde organique, et, pour ne citer qu'un exemple, n'y a-t-il pas un système des minéraux aussi naturel que celui des plantes ou des animaux ? »

Nous ne sommes pas parfaitement certain de bien comprendre ce que dit ici le professeur Kölliker, mais il semble indiquer que l'observation de l'ordre général et de l'harmonie manifestés dans toute la nature inorganique doit nous porter à prévoir un ordre semblable, une même harmonie dans le monde organique.

Cela est vrai assurément, mais il ne s'ensuit nullement que cette harmonie et cet ordre observés dans le monde de la vie comme dans le monde inanimé doivent être précisément l'ordre et l'harmonie que nous y reconnaissons. Le fait des lois générales de la nature n'explique certainement pas la raie noire du dos du cheval isabelle, ni les dents de la baleine à l'état fœtal. M. Darwin s'efforce d'expliquer l'ordre exact qui existe dans la nature organique et non le simple fait de l'existence de cet ordre.

Quant à l'existence d'un système naturel de minéraux, il se présente une réponse évidente. Ne peut-on pas établir une classification naturelle de tous les objets quels qu'ils soient, des pierres qui couvrent le bord de la mer, comme des œuvres d'art d'un musée ?

C'est qu'en effet une classification naturelle est simplement une réunion des objets par groupes, de façon à exprimer leurs ressemblances et leurs différences fondamentales les plus importantes. Mr Darwin croit sans doute que les ressemblances et les différences sur lesquelles se basent nos systèmes naturels ou nos classifications des plantes et des animaux se sont produites génétiquement, mais nous ne voyons aucune raison pour supposer qu'il se refuse à admettre des classifications d'une nature différente.

Est-il bien certain, d'ailleurs, qu'au-dessous de cette classification des minéraux ne peut se cacher une relation génésique? Le monde inorganique n'a pas toujours été tel que nous le voyons. Il a eu certainement ses métamorphoses et, selon toute probabilité la page qui retracerait l'histoire complète de son développement, à partir du blastème nébuleux dont il sort, serait bien longue. Qui pourra dire jusqu'à quel point la somme des ressemblances que présentent des groupes de minéraux, en vertu de laquelle nous pouvons maintenant les réunir en familles et en ordres n'exprime pas les conditions communes auxquelles a été soumise cette partie du brouillard nébuleux que pouvaient constituer autrefois leurs atomes et dont ils peuvent être, avec sens le plus strict, les descendants.

D'après ce qui précède, il est clair que nous différons du professeur Kölliker quand il pense que ses objections doivent faire condamner la manière de voir de Darwin. Mais il aurait raison sur ce point, que nous ne saurions accepter la théorie de la génération hétérogène, par laquelle il voudrait remplacer celle qu'il combat. Il formule ainsi sa théorie :

« Cette hypothèse a pour conception fondamentale que, sous l'influence d'une loi générale de développement, les germes organiques produisent des organismes différents de ceux qui leur ont donné naissance. Ceci peut arriver de deux façons :

« 1° Sous l'influence de circonstances spéciales, des ovules fécondés, en voie de développement, peuvent atteindre à des formes supérieures ;

« 2° En dehors de toute fécondation des organismes primitifs, comme ceux auxquels ils ont donné naissance, pourraient produire des germes ou des œufs dont sortiraient des organismes différents (*parthénogenèse*). »

Le professeur Kölliker allègue en faveur de cette dernière hypothèse les faits bien connus de *métagenèse* ou *génération alternante;* la dissemblance extrême des mâles et des femelles chez certains animaux, ainsi que celle des mâles, des femelles et des neutres chez les insectes vivant en colonies; et voici comment il établit les rapports de cette théorie avec celle de Darwin :

« Il est certain, dit-il, qu'à première vue mon hypothèse ressemble beaucoup à celle de Darwin, car je pense, comme lui, que les différentes formes animales procèdent directement les unes des autres. Cependant mon hypothèse de la création des organismes par génération hétérogène se distingue essentiellement de celle de Darwin, en ce que je n'y fais pas intervenir le principe des variations utiles et de leur sélection naturelle ; la conception qui me sert de point de départ, c'est que, comme fondement de l'origine du monde organique, il y a un grand plan de développement qui pousse les formes les plus simples à des développements de plus en plus complexes. Je n'ai pas la prétention naturellement de dire comment cette loi opère, quelles influences déterminent le développement des œufs et des germes et les poussent à revêtir constamment de nouvelles formes, mais l'analogie des générations alternantes corrobore ma manière de voir. Si une *bipinnaria*, une *brachiolaria*, un *pluteus* peuvent produire un échinoderme qui en diffèrent si complètement, si un polype hydroïde peut produire la méduse d'une forme supérieure à la sienne, si la nourrice trématode vermiforme peut développer à l'intérieur de son corps le cercaire qui lui ressemble si peu, il ne semblera pas impossible que l'œuf ou l'embryon cilié d'une éponge soit devenu une fois, sous l'influence de conditions spéciales, un polype hydroïde, ou que l'embryon d'une méduse soit devenu un échinoderme. »

D'après ces extraits, il est évident que l'hypothèse du professeur Kölliker se fonde sur l'existence supposée d'une intime analogie entre les phénomènes de la métagenèse et la prodution d'espèces nouvelles par des espèces préexistantes. Mais cette analogie est-elle réelle ? Nous ne le pensons pas ; de plus, l'hypothèse même la contredit. En quoi consistent en effet les phénomènes de la métagenèse, tels qu'on les explique généralement ? Un œuf fécondé se développe et produit une forme sans organes sexuels, A ; celle-ci produit, sans rapports sexuels, une forme seconde ou plusieurs formes consécutives, B, différant plus ou moins de A. Ensuite B peut reproduire sans rapports sexuels; cependant les choses ne se passent pas ainsi dans les cas les plus simples; B acquiert des caractères sexuels, et produit des œufs fécondés qui donnent naissance à A.

La métagenèse ne présente pas de cas connus où *A différant beaucoup de B* est lui-même capable de propagation sexuelle. Ce mode de génération ne présente pas non plus de cas où la progéniture de B par génération sexuelle soit autre que la reproduction de A.

Si ce que je dis exprime bien ce qui ce passe dans la génération par métagenèse, en quoi ce mode de génération nous met-il à même de comprendre que des espèces existantes en aient produit de nouvelles? Supposons que les hyènes aient précédé les chiens et qu'elles aient produit ces derniers par métagenèse. La hyène représentera alors notre terme A, et le chien, B. La première difficulté qui se présente, c'est qu'il faut supposer la hyène privée d'organes sexuels, ou le mode de reprodution ne sera plus comparable à ce qui se passe dans la métagenèse. Mais laissons de côté cette difficulté et supposons qu'il soit sorti en même temps de la souche hyène un chien et une chienne; ce couple doit produire, si nous nous en tenons au mode le plus simple de la métagenèse, une portée de petites hyènes et non une portée de petits chiens [1]. En effet, dans la génération par métagenèse,

[1] Si l'on suivait au contraire les modes de métagenèse plus complexes, tels que la génération des trématodes et celle des aphidiens, la hyène devrait produire sans rapports sexuels une portée de chiens sans organes sexuels qui produiraient aussi d'autres chiens également privés de ces organes. Après un certain nombre de termes de cette série les chiens acquerraient des sexes, pro-

la série est toujours, comme nous l'avons vu, A, B. A, B... etc. ; pour qu'il y ait production d'une espèce nouvelle, il faudrait au contraire que la série soit A, B, B, B... etc. La production d'une espèce ou d'un genre nouveau est la divergence permanente extrême d'un groupe sorti de la souche primitive Au contraire, tout processus de génération par métagenèse se termine toujours par un retour complet à la souche primitive. Comment la métagenèse pourrait-elle donc nous faire comprendre par analogie la production d'une espèce nouvelle ?

La première des deux alternatives proposées par le professeur Kölliker : *sous l'influence de circonstances spéciales, des ovules fécondés en voie de développement peuvent atteindre à des formes supérieures*, ne serait, si elle se présentait, qu'un cas extrême de variation dans le sens indiqué par Darwin, d'un degré supérieur, il est vrai, à celle du bélier Ancon, souvent cité, et qui provenait de l'ovule d'une brebis ordinaire, mais tout à fait semblable par sa nature à ce dernier cas[1]. Vraiment, il nous a toujours semblé que M. Darwin s'était créé bien inutilement des embarras en maintenant d'une façon stricte son aphorisme favori : *Natura non facit saltum*. Nous soupçonnons fort que la nature fait parfois des sauts consi-

créeraient, mais les petits ne seraient pas des chiens, ce seraient des hyènes. De fait, nous avons démontré dans les phénomènes de la métagenèse ce retour inévitable au type originel, dont les opposants de M. Darwin affirment la vérité pour toutes les variations en général, ce qui serait nécessairement fatal à son hypothèse, s'ils pouvaient donner une démonstration de leur affirmation.

[1] Voyez plus haut, page 27.

dérables dans les variations qu'elle produit, et que ces sauts occasionnent plusieurs des lacunes qui semblent exister dans la série des formes connues.

Si nous avons cru devoir dire librement tout le désaccord qu'il y a ici entre la manière de voir du professeur Kölliker et la nôtre, nous nous sommes acquitté de cette tâche avec des sentiments de regret, et sans manquer, croyons-nous, au respect dû au grand mérite scientifique du professeur de Wurtzbourg, à l'étude soigneuse qu'il avait faite de ce sujet et surtout à son argumentation loyale et convenable, à son appréciation généreuse et constante de la valeur des travaux de M. Darwin.

Nous voudrions pouvoir en dire autant de M. Flourens.

Par malheur, M. le secrétaire perpétuel de l'Académie des Sciences traite M. Darwin comme le premier Napoléon aurait traité un *idéologue*, et, tout en faisant preuve d'une déplorable faiblesse de logique, du peu de profondeur de ces connaissances, il le prend avec lui sur un ton d'autorité qui frise toujours le ridicule, et passe parfois les limites des convenances.

Ainsi par exemple [1] :

« M. Darwin continue : « Aucune distinction absolue n'a été et ne peut être établie entre les espèces et les variétés. » — « Je vous ai déjà dit que vous vous trompiez ; une distinction absolue sépare les variétés d'avec les espèces. »

Je vous ai déjà dit!... Quand M. le secrétaire per-

[1] Flourens, page 56.

pétuel de l'Académie des Sciences a parlé, vous

Qui n'êtes rien,
Pas même académicien,

ne vous permettez pas d'affirmer le contraire! Voilà pourtant comment nous traduisons un semblable langage, car nous n'avons pas le bonheur de posséder une Académie en Angleterre et n'avons pas l'habitude, par conséquent, d'entendre traiter de la sorte nos hommes les plus capables, même par un secrétaire perpétuel.

Ou encore, si l'on veut remarquer que celle des qualités de l'ouvrage de M. Darwin à laquelle ses partisans, comme ses ennemis, ont tous porté témoignage, c'est la candeur, la loyauté dont il a fait preuve en admettant et en discutant les objections. Que faut-il penser de l'affirmation de M. Flourens quand il dit :

« M. Darwin ne cite que les auteurs qui partagent ses opinions [1]. »

Et plus loin [2] :

« Enfin l'ouvrage de M. Darwin a paru! On ne peut qu'être frappé du talent de l'auteur. Mais que d'idées obscures, que d'idées fausses! Quel jargon métaphysique, jeté mal à propos dans l'histoire naturelle, qui tombe dans le galimatias dès qu'elle sort des idées claires, des idées justes! Quel langage prétentieux et vide! Quelles personnifications puériles et surannées! O lucidité, ô solidité de l'esprit français, que devenez-vous? »

[1] Flourens, page 40.
[2] Flourens, page 65.

Idées obscures et fausses... jargon métaphysique... galimatias... langage prétentieux et vide... personnifications puériles et surannées!... En Angleterre comme en Allemagne, M. Darwin a rencontré d'ardents contradicteurs; mais, dans le catalogue des fautes qu'on lui reproche, nous ne nous rappelons pas avoir jamais rencontré celles-ci. Il faut donc au plus vite examiner cette découverte qu'a faite M. Flourens, à l'aide de la lucidité et de la solidité de son esprit.

Selon M. Flourens, la grande erreur de M. Darwin est d'avoir personnifié la nature [1], et de plus :

« Il commence par imaginer une *élection naturelle*; il imagine ensuite que ce *pouvoir d'élire* qu'il donne à la nature est pareil au pouvoir de l'homme. Ces deux suppositions admises, rien ne l'arrête, il joue avec la nature comme il lui plait et lui fait faire tout ce qu'il veut [2]. »

Voici maintenant comment M. Flourens met à mal la sélection naturelle

« Voyons donc encore une fois ce qu'il peut y avoir de fondé dans ce qu'on nomme *élection naturelle*.

« L'élection naturelle n'est sous un autre nom que la nature. Pour un être organisé, la nature n'est que l'organisation, ni plus ni moins.

« Il faudra donc aussi personnifier l'*organisation* et dire que l'organisation choisit l'organisation. L'*élection naturelle* est cette *forme substantielle* dont on

[1] Flourens, page 10.
[2] Flourens, page 6.

jouait autrefois avec tant de facilité. Aristote disait que, si l'art de bâtir était dans le bois, cet art agirait comme la nature. A la place de l'*art de bâtir*, M. Darwin met l'élection naturelle, et c'est tout un ; l'un n'est pas plus chimérique que l'autre[1]. »

Et voilà tout ce que M. Flourens a pu tirer de la sélection naturelle. Cherchons donc à analyser le passage :

« Pour un être organisé, la nature n'est que l'organisation ni plus ni moins. »

Les êtres organisés n'ont donc absolument pas de relations avec la nature inorganique ; une plante ne dépend pas du sol, du soleil, du climat, de la profondeur d'eau qui la recouvre, ou de son altitude au-dessus du niveau des mers ; la quantité de matière saline dissoute dans l'eau est sans influence sur la vie animale ; la substitution d'acide carbonique à l'oxygène de notre atmosphère n'incommoderait personne. M. Flourens doit bien savoir, mieux que qui que ce soit, l'absurdité de ces propositions ; mais ce sont des déductions logiques de sa première affirmation, et aussi de cette autre que la sélection naturelle revient à dire que l'organisation choisit l'organisation.

En effet, si l'on admet, comme le prescrit le bon sens, que les chances de vie d'un organisme donné augmentent en raison de certaines conditions A et diminuent par leurs contraires B, il est alors mathématiquement certain qu'un changement de condition,

[1] Flourens, page 31.

dans le sens de A, exercera une influence élective en faveur de cet organisme, tendant à son développement, à sa prolifération, tandis qu'un changement en sens de B exercera une influence élective contraire à cet organisme, tendant à son déclin et à son extinction.

D'autre part, les conditions restant les mêmes, qu'un organisme donné varie (et cette variation est admise par tous) selon deux directions différentes, qu'il produise une forme *a*, mieux adaptée à lutter avec ces conditions que la souche originelle, et une forme *b*, moins bien adaptée. Il est alors tout aussi certain que ces conditions exerceront une influence élective en faveur de *a* et contraire à *b*, de sorte que *a* tendra à la prédominance, et *b*, à l'extinction.

Quoi ! M. Flourens n'a-t-il pas compris la nécessité logique de ces arguments simples qui servent de base à tous les raisonnements de M. Darwin ? A-t-il pu confondre une déduction irréfragable, tirée des rapports reconnus qui subsistent entre les organismes et les conditions qui les entourent, avec une forme substantielle métaphysique, une personnification chimérique des forces de la nature ? Ce serait à n'y pas croire, si d'autres passages du livre ne venaient faire cesser toute hésitation à cet égard.

« On imagine une *élection naturelle* que, pour plus de ménagement, on me dit être *inconsciente*, sans s'apercevoir que le contre-sens littéral est précisément là : *élection inconsciente*[1].

« J'ai déjà dit ce qu'il faut penser de l'élection

[1] Flourens, page 52.

naturelle. Ou l'élection naturelle n'est rien, ou c'est la nature. Mais la nature douée d'élection, mais la nature personnifiée!... Dernière erreur du dernier siècle!... Le XIXe ne fait plus de personnifications[1]. »

M. Flourens ne peut concevoir une élection, ou, puisque le mot a cours aujourd'hui en français, une sélection naturelle, car c'est tout un, et, pour lui, c'est là une contradiction dans les termes. M. Flourens a-t-il jamais visité une des plus charmantes stations balnéaires du beau pays de France, la baie d'Arcachon? En traversant les Landes, il aurait pu observer sur une grande échelle la formation des dunes. Que sont donc ces dunes ? Les vents, les vagues n'ont guère conscience, et cependant elles ont fait élection de tous les grains de sable inférieurs à une dimension donnée et les ont choisis dans une infinité de masses de silex de toutes formes et de toutes dimensions ; puis, par leur action propre, ces agents les ont amoncelés sur une grande étendue. Il y a donc eu *élection inconsciente* de ce sable ; il a été choisi au milieu du gravier où il reposait d'abord avec autant de précision que si un homme en avait fait élection consciente au moyen d'un tamis. La géologie physique abonde en élections de ce genre. Sans cesse nous y trouvons un triage de ce qui est dur et de ce qui ne l'est pas, de ce qui est soluble et de ce qui est insoluble, de ce qui est fusible et de ce qui est infusible, sous l'influence d'agents naturels, auxquels nous n'avons guère l'habitude d'attribuer nos notions conscientes.

[1] Flourens, page 53.

Mais ce que sont vents et marées pour une rive sablonneuse, toutes ces influences que nous appelons conditions de l'existence le sont pour les organismes vivants. Tous les êtres sont passés au crible; seuls les forts subsistent ; la gelée d'une nuit d'hiver fait élection, elle choisit les plantes robustes d'une plantation, et, comme le vent et l'eau triaient le sable du gravier dans l'exemple ci-dessus, elle sépare celles qui sont plus tendres de celles qui sont vigoureuses, comme si l'intelligence d'un jardinier avait agi pour détruire les organismes les plus faibles. L'opération inconsciente des conditions naturelles a agi d'une façon plus efficace pour répandre sur les Pampas le chardon qui y a étouffé les plantes indigènes que si des milliers d'agriculteurs avaient passé leur temps à le planter.

Un des grands services que M. Darwin a rendus à la science biologique, c'est d'avoir démontré la signification de ces faits. Étant donnés la variation et le changement de conditions, il a fait voir qu'il en résulte inévitablement une influence qui agira sur les organismes, en un sens favorable à celui-ci, contraire à celui-là ; le premier tendra à prédominer, l'autre à disparaître ; ainsi le monde vivant porte en lui-même l'impulsion qui le pousse à des changements incessants, et tout ce qui l'environne agit dans le même sens.

Ces vérités sont tout aussi certaines qu'aucune autre loi physique indépendamment de la valeur de l'hypothèse que M. Darwin a établie sur elle, et si M. Flourens, lâchant la proie pour l'ombre, ne sait reconnaître la belle exposition qu'en a faite M. Darwin, et ne sait y voir qu'une dernière erreur du dernier siècle, une personnification de la nature, nous pouvons bien nous écrier comme lui :

« O lucidité! O solidité de l'esprit français, que devenez-vous ? »

De fait, M. Flourens n'a pas su comprendre les premiers principes de la doctrine qu'il attaque avec tant de violence. Il fait des objections de détail tellement passées de mode, ressassées et rebattues, en ce pays du moins, que même un écrivain de la *Quarterly Review* n'oserait s'en servir pour dauber encore une fois M. Darwin. Nous avons Cuvier et les momies, M. Roulin et la domestication des animaux d'Amérique, les difficultés que présentent l'hybridité et la paléontologie, le darwinisme, une réédition de de Maillet et de Lamarck, le darwinisme, un système sans commencement, dont l'auteur devrait croire à M. Pouchet, etc. On sait tout cela par cœur, aussi éprouve-t-on un grand soulagement en lisant [1] :

« Je laisse M. Darwin !... »

Mais nous ne pouvons laisser M. Flourens, sans appeler l'attention de nos lecteurs sur son étrange chapitre, le dixième, intitulé : « *De la préexistence des germes et de l'épigenèse*, » qui commence ainsi :

« La génération spontanée n'est qu'une chimère. Ce point établi, restent deux hypothèses : celle de la préexistence et celle de l'épigenèse. Ces deux hypothèses sont aussi peu fondées l'une que l'autre [2]. »

[1] Flourens, page 65.
[2] Flourens, page 101.

« L'épigenèse vient de Harvey. Suivant de l'œil le développement du nouvel être sur les biches de Windsor, il vit chaque partie successivement apparaître et, prenant le moment de l'*apparition* pour le moment de la *formation*, il *imagina l'épigenèse*[1]. »

M. Flourens dit au contraire[2] :

« Le nouvel être se forme tout d'un coup, tout d'ensemble, instantanément ; il ne se forme point parties par parties et en divers temps. Il se forme à la fois ; il se forme à l'instant unique *indivis* où se fait la conjonction du mâle et de la femelle. »

On remarquera que le langage de M. Flourens est sans ambiguïté. Pour lui, les travaux de von Baer, de Rathke, de Coste, de leurs contemporains et de leurs successeurs en Allemagne, en France, en Angleterre sont non avenus et, comme Darwin *imagina* la sélection naturelle, Harvey *imagina* cette doctrine qui lui donne plus grand droit encore à la vénération de la postérité que sa découverte mieux connue de la circulation du sang[3].

Tout ce que nous venons de citer ne s'explique que par une complète ignorance de certains faits des mieux établis, et ce langage est tellement contraire à la vérité que nous n'en aurions pas fait mention s'il ne nous rendait compte du refus *a priori* qu'a fait sans hésiter M. Flourens d'accepter la doctrine de la modi-

[1] Flourens, page 165.
[2] Flourens, page 167.
[3] Voy. Huxley, *les Problèmes de la biologie.* Paris, 1891, et plus loin, p. 255.

fication progressive chez les êtres vivants, sous aucune de ces formes. En effet, l'homme sur l'esprit duquel la connaissance des phénomènes du développement n'exerce pas son influence manque d'un des principaux motifs qui le pousseraient à rechercher la relation génésique possible entre les différentes formes vitales existant actuellement. Ceux qui ignorent la géologie n'éprouvent aucune difficulté pour croire que le monde a été fait tel que nous le voyons; et le pâtre, sans connaissances historiques, ne voit pas de raison pour croire que le monticule verdoyant, où nous reconnaissons le site d'un camp romain, soit autre chose qu'un des reliefs de la colline telle qu'elle est sortie des mains du bon Dieu. De même M. Flourens, qui croit que les embryons se forment *tout d'un coup*, ne trouve naturellement pas de difficulté à concevoir que les espèces se sont produites de la même façon.

III

LES CRITIQUES DE M. DARWIN[1]

Le cours du temps nous a séparés de plus de dix ans de la date où fut publié le livre de l'*Origine des Espèces*, et, quoi qu'on ait pu penser ou dire des théories de Darwin, ou de la manière dont il les a avancées, il est certain que, dans une douzaine d'années, l'*Origine des Espèces* a effectué une révolution aussi complète dans la science biologique que l'ont fait les *Principia* en astronomie, — et, si ce livre l'a fait, c'est parce que, ainsi que l'a dit Helmholtz, il contient « une pensée créatrice essentiellement nouvelle[2] ».

Et à mesure que le temps s'est écoulé, un heureux changement s'est produit parmi les critiques de Darwin. Le mélange d'ignorance et d'insolence qui, d'abord, caractérisait une grande proportion des attaques dont il était assailli, n'est plus le triste monopole de la cri-

[1] *Contributions to the Theory of Natural Selection*, par A. R. Wallace, 1850. — 2. *The Genesis of Species*, par S. George Mivart, Seconde édition, 1861. — 3. *Darwin's Descent of Man.*, *Quarterly Review*. Juillet 1871.

[2] Helmholtz, *Ueber das Ziel und die Fortschsitte der Naturwissenschaft. Eröffnungsrede für die Naturforscherversammlung zu Innsbruck*, 1869.

tique antidarwinienne. Au lieu d'une sottise agressive qui ne discréditait que ses auteurs, nous lisons des essais qui sont, au pire, écrits avec plus ou moins d'intelligence et de jugement ; quelquefois même, ainsi que celui qui parut en 1865 dans la *North British Review*, ils ont une valeur réelle et durable.

Les diverses publications de MM. Wallace et Mivart contiennent des discussions de quelques-unes des théories de Darwin dignes d'une attention particulière, non seulement à cause de la compétence scientifique bien connue de ces écrivains, mais parce qu'elles montrent une préoccupation de ces questions philosophiques qui sont à la base de toute science physique, préoccupation aussi rare qu'elle est nécessaire. Et on en peut dire autant d'un article de la *Quarterly Review* pour le mois de juillet 1751, dont la comparaison avec un article de la même Revue pour juillet 1860 est peut-être la preuve la plus frappante qu'on puisse avancer du changement qui s'est produit dans l'opinion publique sur le « darwinisme ».

La *Quarterly Review* admet « la certitude de l'*action de la sélection naturelle*[1] » et, en outre, elle convient qu'il y a une probabilité *a priori* en faveur de l'évolution de l'homme hors de quelque forme animale inférieure, si ces formes animales inférieures proviennent elles-mêmes de l'évolution.

M. Wallace et M. Mivart vont beaucoup plus loin encore. Ils croient à l'évolution aussi fermement que Darwin lui-même ; mais M. Wallace nie que l'homme

[1] Page 49.

ait pu se développer hors d'un animal inférieur par le processus de sélection naturelle que lui-même et Darwin tiennent pour suffisant à l'évolution de tous les animaux au-dessous de l'homme; tandis que M. Mivart, tout en admettant que la sélection naturelle a été une des conditions de l'évolution des animaux au-dessous de l'homme, soutient que la sélection naturelle doit, même dans leur cas, avoir été complétée par « quelque autre cause », de la nature de laquelle il ne nous donne, malheureusement, aucune idée. Ainsi M. Mivart est moins darwinien que M. Wallace, car il a moins de foi dans la puissance de la sélection naturelle. Mais il est plus évolutioniste que M. Wallace, parce que M. Wallace croit nécessaire d'appeler à la rescousse un agent intelligent — une sorte de sir John Sebright surnaturel — pour produire même la structure animale de l'homme, tandis que M. Mivart n'a besoin d'aucune aide divine avant d'arriver à l'âme de l'homme.

Il y a donc une divergence de vues considérable entre M. Wallace et M. Mivart. D'autre part, il y a de curieuses ressemblances entre M. Mivart et la *Quarterly Review*, et elles sont si étroites que je pense que, si M. Mivart trouvait que cela en valût la peine, il pourrait accuser de plagiat l'auteur de la Revue, qui s'abstient, comme à dessein, de jamais le citer.

Cet auteur et M. Mivart reprochent, tous deux, à Darwin d'être « comme tant d'autres physiciens » embrouillé dans un système de métaphysique radicalement faux, et de porter un défi et à la philosophie et à la religion. Tous deux insistent sur la nécessité d'une base philosophique solide, et tous deux, j'oserai dire, en font remarquer l'absence d'une façon trop visible. L'auteur de l'article du *Quarterly* croit que l'homme « diffère encore plus d'un éléphant ou d'un gorille que ne le font ces derniers de la poussière terrestre qu'ils foulent aux pieds », et M. Mivart a exprimé l'opinion qu'il y a plus de différence entre l'homme et le singe qu'entre un singe et un morceau de granit [1].

Et, lors même que M. Mivart [2] fait une erreur d'anatomie et croit créer à M. Darwin une difficulté par la supposition d'une ressemblance étroite entre les yeux des poissons et ceux des céphalopodes, ressemblance qui (comme l'ont clairement montré Gegenbaur et d'autres) n'existe pas, l'auteur de la *Quarterly* adopte sans hésiter l'argument [3].

Il y a, toutefois, un autre point important sur lequel il est difficile de savoir si M. Mivart est ou non en désaccord avec l'auteur de l'article de la *Quarterly Review*.

Celui-ci déclare que M. Darwin a « par une opposition inutile, défié les principes de la philosophie et de la religion » [3].

Il semblerait, d'abord, que cela voulût dire que, les opinions de Darwin étant fausses, l'opposition à la « religion » qui en découle doit être inutile. Mais je soupçonne que ce n'est point là le vrai sens de ce pas-

[1] Voir *Tablet*, 11 mars 1871.
[2] Page 80.
[3] Page 66.
[4] Page 90.

sage, puisque M. Mivart, de qui l'auteur de l'article de la *Quarterly* s'inspire si évidemment, nous dit que « les conséquences qu'on a tirées de l'évolution, soit exclusivement darwinienne ou non, au dommage de la religion, n'en découlent aucunement, et sont, en réalité, illégitimes [1] ».

Je puis donc supposer que et l'auteur de l'article et M. Mivart admettent qu'il n'y a pas nécessairement d'opposition entre l' « évolution, qu'elle soit ou non exclusivement darwinienne », et la religion. Mais alors qu'entendent-ils par ce dernier terme si calomnié? La *Quarterly Review* garde ici le silence. M. Mivart, au contraire, est parfaitement explicite, et toute la teneur de ses remarques ne laisse aucun doute sur le fait que, par « religion », il entend théologie, et, par théologie, cette variété particulière du grand Protée qu'expliquent les docteurs de l'Église Catholique Romaine, et que les membres de cette communauté religieuse tiennent pour la seule forme de vérité absolue et de foi rédemptrice.

Selon M. Mivart, les autorités les plus grandes et les plus orthodoxes sur les points de doctrine catholique s'accordent à affirmer, d'une façon distincte, « la création dérivative » ou évolution; « et ainsi leurs renseignements sont en harmonie avec tout ce que peut exiger la science moderne [2] ».

J'avoue que cette assertion hardie m'intéressa plus que toute autre chose dans le livre de M. Mivart. Le peu que je savais de la doctrine catholique et de l'in-

[1] Page 5.
[2] Page 305.

fluence exercée par l'autorité catholique aux temps passés ne m'avait pas fait augurer que la science moderne eût des chances d'être cordialement reçue dans l'enceinte de l'organisation théologique la plus grande et la plus logique de toutes.

Et mon étonnement fut à son comble quand je m'aperçus que M. Mivart citait le Père Suarez comme témoin principal en faveur de la liberté scientifique dont jouissent les catholiques, — la réputation populaire de ce théologien savant et casuiste subtil n'étant pas de nature à faire de ses ouvrages un lieu de refuge probable pour la liberté de pensée. Mais, de nos jours, on nous a démontré que Judas Iscariote et Robespierre, Henry VIII et Catilina sont des hommes admirablement vertueux, bien en avance sur leur siècle, et par conséquent victimes des préjugés populaires, et il était évidemment possible que le jésuite Suarez se trouvât dans le même cas. Éperonné par la déclaration sans ambages de M. Mivart, je me hâtai de parcourir les ouvrages du grand ecclésiastique catholique qui ont trait à cette question, espérant non seulement me mettre au courant des véritables enseignements de l'Église infaillible, et m'affranchir d'un injuste préjugé, mais peut-être même me trouver capable, à l'occasion, de confondre quelque bibliolâtre protestant, en lui citant le brillant exemple de l'indépendance de la foi catholique par rapport aux liens de l'inspiration verbale.

Je regrette d'avoir à dire que mon attente fut cruellement trompée. Mais on ne se peut imaginer à quel point mes esperances furent détruites qu'en lisant, d'abord, les endroits du livre de M. Mivart qui les avait fait naître. Son introduction contient les passages suivants :

« La prédominance de cette théorie (l'évolution) ne doit alarmer personne, car elle est, sans aucun doute, parfaitement d'accord avec la théologie chrétienne la plus stricte et la plus orthodoxe [1].

« M. Darwin et d'autres sont peut-être excusables de n'avoir pas consacré beaucoup de temps à l'étude de la philosophie chrétienne; mais ils n'ont pas le droit de supposer ou d'accepter, sans un examen attentif, comme un fait incontesté, qu'il y ait, dans cette philosophie, un antagonisme nécessaire entre les deux idées « création » et « évolution » appliquées aux formes organiques.

« Il est notoire, et reconnu par tous ceux qui se sont donné la peine de chercher, que beaucoup de penseurs chretiens distingués ont accepté et acceptent les deux idées, à savoir : la « création » et « l'évolution ».

« Il y a déjà dix ans qu'un éminent écrivain chrétien a écrit : « La théorie de la création ne nécessite point une recherche perpétuelle de manifestations de puissance miraculeuse et de « catastrophe » incessante. La création n'est point une intervention miraculeuse dans les lois de la nature, mais c'est l'institution même de ces lois. La loi et la régularité, non l'intervention arbitraire, étaient l'idéal de création des anciens Pères de l'Église. Avec cette idée, ils admettaient, sans difficulté, l'origine la plus surprenante des créatures vivantes, pourvu qu'elle se produisît suivant *la loi*. Ils professaient que lorsque Dieu disait : « Que les eaux produisent, » « que la terre produise, »

[1] Il faut remarquer que M. Mivart emploie le terme « chrétien », comme s'il était l'équivalent de « catholique ».

il conférait aux éléments de l'eau et de la terre des forces qui leur faisaient produire naturellement les diverses espèces d'êtres organiques. Cette puissance, pensaient-ils, reste attachée aux éléments, à travers la durée de tous les temps. Le même écrivain cite saint Augustin et saint Thomas d'Aquin, à l'effet de dire que, « dans l'institution de la nature, nous ne cherchons pas de miracles, mais les lois de la nature ». Et de plus, saint Basile parle de l'opération continue des lois naturelles dans la production de tous les organismes.

« Voilà pour les écrivains de l'antiquité et du moyen âge. Quant à notre temps, l'auteur peut affirmer avec confiance que bien des gens aussi profondément versés en théologie que Darwin dans son propre département de connaissances naturelles ne seraient aucunement troubles par la démonstration complète de sa théorie. Qui plus est, ils ne seraient même pas le moins du monde froissés d'avoir à constater la génération d'animaux d'une organisation complexe par l'adroit arrangement artificiel des forces naturelles et la production éventuelle, dans l'avenir, d'un poisson, par des moyens analogues à ceux par lesquels maintenant nous produisons l'urée.

« Et cela, parce qu'ils savent que la possibilité de phénomènes semblables, quoiqu'elle n'ait pas été prédite, annoncée, a pourtant été pleinement prévue dans les siècles de la vieille philosophie avant Darwin, ou même des siècles avant Bacon, et que leur place dans le système peut leur être assignée de suite sans même déranger son ordre ou troubler son harmonie.

« En outre, on n'a jamais abandonné la vieille tradition à cet égard, quelque ignorée ou négligée qu'elle ait été par quelques écrivains modernes. Et, pour preuve, on remarquera que peut-être aucun théologien depuis le moyen âge n'a été accepté plus généralement par les chrétiens du monde entier que Suarez, qui occupe une place séparée [1], par opposition à ceux qui soutiennent la création distincte des espèces différentes — ou formes substantielles — de la vie organique [2]. »

M. Mivart s'exprime plus distinctement encore dans le même sens, dans son dernier chapitre intitulé *Theology and Evolution* [3].

« Il semble donc que les penseurs chrétiens sont parfaitement libres d'accepter la théorie générale de l'évolution. Mais y a-t-il des autorités théologiques qui justifient cette manière d'envisager le sujet?

« Si l'on considère combien les spéculations biologiques sont *récentes*, on pourrait difficilement s'attendre, *a priori*, à ce que les écrivains des siècles anciens eussent donné cours à des théories s'accordant, à quelque degré que ce fût, avec des idées aussi modernes; néanmoins, cela est, certainement, et il serait facile d'en fournir de nombreux exemples. Il vaudra mieux cependant citer une ou deux autorités de poids. Il n'est peut-être pas d'écrivain des premiers siècles du christianisme dont l'autorité soit plus généralement reconnue que celle de saint Augustin. On peut en dire autant en ce qui concerne la période du moyen âge pour saint Thomas d'Aquin; et, depuis Luther, on peut prendre Suarez comme une autorité généralement vénérée, et dont l'orthodoxie n'a jamais été mise en doute.

« Il faut tenir présent à l'esprit le fait que, durant un temps considérable, même après le dernier de ces

[1] Suarez, *Metaphysica*. Edition Vivès, Paris, 1868. Vol. I. *Disput.* XV, § 2.

[2] Pages 19 à 21.

[3] Pages 302 à 305.

écrivains, nul n'a contesté la croyance généralement reçue quant à l'âge relativement peu considérable du monde, ou du moins des espèces d'animaux et de plantes qui l'habitent. Il est par conséquent bien plus frappant de voir que des idées formées par un état d'opinion pareil s'accordent avec les idées modernes sur la « création » et la vie organique.

« Saint Augustin insiste d'une manière très remarquable sur le sens purement dérivatif dans lequel il faut comprendre la création des formes organiques par Dieu, à savoir : que Dieu les a créées en conférant au monde matériel le pouvoir de les développer sous des conditions favorables. »

M. Mivart cite alors certains passages de saint Augustin, de saint Thomas d'Aquin, et de Cornélius à Lapide, et il ajoute en finissant :

« Quant à Suarez, il suffit de renvoyer le lecteur à la *Disputatio* XV, section 2, n° 9, page 508, tome I, édition Vivès, Paris, et aussi aux n° 13-15. Beaucoup d'autres références dans le même sens pourraient aisément être données, mais celles-ci suffiront.

« Il est donc évident que les autorités les plus anciennes et les plus vénérables affirment positivement la création dérivative et leur enseignement s'accorde ainsi avec tout ce que la science moderne peut exiger. »

On remarquera que M. Mivart ne renvoie qu'à la quinzième *Disputatio* de Suarez, bien qu'il ajoute : « Beaucoup d'autres références dans le même sens pourraient aisément être données. »

Je chercherai avec diligence ces références dans la

troisième édition de la *Genesis of Species*[1]. Pour le moment, tout ce que je puis dire, c'est que j'ai cherché en vain, soit dans la quinzième *Disputatio*, ou soit ailleurs, un passage des écrits de Suarez qui soutienne même au moindre degré les idées de M. Mivart, à l'égard de ses prétendues opinions[2].

Le titre de cette quinzième *Disputatio* est : *De Causa formali substantiali*, et la seconde section de cette *Disputatio* (à laquelle se réfère M. Mivart), a pour titre : *Quomodo possit forma substantialis fieri in materia et ex materia?*

Le problème discuté ici par Suarez peut se formuler familièrement ainsi : selon la philosophie scolastique, chaque corps naturel a deux composés : l'un est la « matière » (*materia prima*), l'autre la « forme substantielle » (*forma substantialis*). Dans celle-ci, la matière est partout la même, la matière d'un corps ne pouvant se distinguer de la matière d'un autre corps. Ce qui différencie un corps naturel de tous les autres, c'est sa forme substantielle qui est inhérente à la matière de ce corps comme l'âme humaine est inhérente à la matière du corps de l'homme, et est la source de toutes les activités et autres propriétés du corps.

Ainsi, dit Suarez, si l'eau est chauffée, et que la source de la chaleur soit ensuite éloignée, elle se refroidit de nouveau. La raison de ceci est qu'il y a un certain *intimius principium* dans l'eau qui la

[1] Un ouvrage de M. Mivart.

[2] L'édition des *Disputationes* d'où les citations suivantes sont traduites est celle de Birckmann, en deux volumes in-folio, et elle porte la date de 1630.

ramène à l'état froid quand l'empêchement externe à cet état est supprimé. Ce *principium intimius* est la « forme substantielle » de l'eau. Et cette forme substantielle de l'eau est non seulement la cause (*radix*) de la fraîcheur de l'eau, mais aussi de son humidité, de sa densité et de ses autres propriétés.

On voit ainsi que les « formes substantielles » jouent à peu près le même rôle dans la philosophie scolastique que les « forces » dans la science moderne ; la tendance générale de la pensée moderne étant de concevoir tous les corps comme pouvant se résoudre en parcelles matérielles et en forces, en vertu desquelles forces les parcelles prennent les dispositions et exercent les facultés qui caractérisent chaque espèce particulière de matière.

Mais les hommes de l'école distinguaient deux sortes de forme substantielle, l'une spirituelle et l'autre matérielle. La première division est représentée par l'âme humaine, *anima rationalis*, et ils affirment comme article non seulement de raison, mais de foi, que chaque être humain est créé de rien, et par cet acte de la création est doué de la faculté d'exister de toute éternité, à part de la *materia prima* dont l'être corporel de l'homme est composé. Et l'*anima rationalis*, quand elle s'unit à la *materia prima* du corps, devient sa forme substantielle et est la source de toutes les puissances et les facultés de l'homme — de tous les phénomènes vitaux et sensitifs qu'il présente, — tout comme la forme substantielle de l'eau est la source de toutes ses qualités.

Les « formes matérielles et substantielles » sont

celles qui animent tous les autres corps naturels, sauf celui de l'homme; et l'objet de Suarez dans la *Disputatio* en question est de montrer que l'axiome *ex nihilo nihil fit*, bien qu'il ne soit pas vrai de la forme substantielle de l'homme, est vrai des formes substantielles de tous les autres corps, dont les transformations incessantes constituent le cours ordinaire de la nature.

L'origine de la difficulté qu'il discute est facile à comprendre. Supposez qu'un morceau de fer brillant soit exposé à l'air, l'existence du fer dépend de la présence en lui d'une forme substantielle qui est la cause de ses propriétés, à savoir : le brillant, la dureté, le poids. Mais, par degrés, le fer se trouve converti en une masse de rouille qui est terne, molle et légère, et à tous autres égards entièrement différente du fer. Comme au point de vue scolastique, cette différence est due à ce que la rouille a pris une nouvelle forme substantielle, le problème sérieux se pose : comment cette nouvelle forme substantielle a-t-elle pris naissance? A-t-elle été créée, ou a-t-elle surgi par la puissance de causation naturelle? La première hypothèse est correcte, l'axiome *ex nihilo nihil fit* est faux, même en ce qui concerne le cours ordinaire de la nature, puisque de telles transformations de la matière, impliquant l'origine de formes substantielles nouvelles, se produisent à chaque instant. Mais les hommes de l'école tenaient tout autant à mettre Aristote d'accord avec la théologie que nos hommes d'église actuels tiennent à adoucir les différences entre Moïse et la science, et ils étaient, dans la même proportion, mal disposés à contredire une des propositions fondamentales d'Aristote. Et leur objection à contredire en face le Stagirite ne pouvait être amoindrie par le fait que *cet écart* les eût jetés *en plein panthéisme.*

Donc, le Père Suarez combat vaillamment en faveur de la seconde hypothèse, et je cite ici la partie principale de son argumentation, comme un échantillon exquis de la sorte de raisonnement qui est un « obscurcissement de la sagesse ».

13° En second lieu, au sujet de toutes les autres formes substantielles (c'est-à-dire matérielles), il convient de dire non qu'elles se sont proprement formées de rien, mais qu'elles ont été extraites de la puissance d'une matière préexistante de sorte que dans la création de ces formes il n'y a rien contre l'axiome *ex nihilo nihil fit*, s'il est correctement compris. Cette assertion est prise dans Aristote [1] et dans quelques autres auteurs dont il est parlé ailleurs. Et il est dit brièvement que *fieri ex nihilo* affirme deux choses: l'une qui est le *fieri* absolu et simple; l'autre, le fait que ce qui se fait naît de rien. La première assertion s'énonce avec raison de la chose existante, car *fieri* est le propre de ce qui *est*; et cela *est* qui subsiste et possède..... De ce côté, donc, les formes substantielles matérielles ne peuvent être créées de rien, car elles ne sont pas créées à vrai dire. Et c'est aussi l'opinion de saint Thomas [2]. Prenant donc le *fieri* lui-même dans ce sens et avec cette rigueur, *fieri ex nihilo* est *fieri* selon soi-même en totalité, c'est-à-dire sans qu'il existe de partie de soi préexistante hors de laquelle il y ait création. Et pour cette raison, quand

[1] I *Physicorum*, en entier, et livre VII de la *Métaphysique*.

[2] Première partie, question 45, article 8, et question 90, article 2.

les choses naturelles se font de nouveau, elles ne se font pas *ex nihilo*, parce qu'elles se font d'une matière présupposée, dont elles sont composées; donc elles se font non selon elles-mêmes en totalité, mais selon quelque chose d'elles. Donc les formes de ces choses, recevant *de novo* toute une entité qu'elles n'avaient point autrefois, n'étant pas créées, ne peuvent non plus être créées de rien. Mais on ne peut, en prenant ce mot au sens plus large, nier ce *fieri*: la forme a été faite ce qu'elle est maintenant, et n'était pas auparavant, comme le prouve la raison de douter énoncée au début de la section présente, et il faut ajouter que, *fieri* étant pris dans ce sens si large, *fieri ex nihilo* non seulement nie l'*habitudinem* de la cause matérielle intrinsèque de ce qui se fait, mais même l'*habitudinem* de la cause matérielle déterminant maintenant la forme qui se fait. Nous avons dit plus haut, en effet, que la matière est aussi la cause de ce qui est composé, de la forme qui en dépend : donc, pour dire qu'une chose se fait *ex nihilo*, il faut nier les deux modes de causalité, et, pour qu'il soit vrai, il faut accepter le *ex nihilo nihil fit* dans le même sens : rien ne nait de rien, en ce sens que rien ne se fait par la vertu d'un agent fini naturel, si ce n'est de quelque chose de présupposé, *per se concurrente* vers la forme et la composition, si le même agent détermine l'une et l'autre. De ceci, on peut donc conclure que les formes matérielles et substantielles ne se font pas *ex nihilo*, parce qu'elles se font d'une matière qui, par elle-même, concourt selon son genre, et s'incline vers l'être et le *fieri* de telles formes; de même qu'elles ne peuvent exister si elles ne sont attachées à de la matière qui les maintient dans l'existence, de même elles ne peuvent *fieri* si leur action ou pénétration dans cette matière n'est maintenue. Et voilà la différence propre en soi entre le *fieri ex nihilo* et le *fieri ex aliqui*, grâce à laquelle comme nous le montrerons plus bas, le premier moyen est de faire dominer la force finite des agents naturels, ce que ne fait pas le second.

14° De ceci résulte qu'on doit dire proprement de ces formes, non qu'elles sont créées, mais qu'elles sont tirées de la puissance de la matière [1]. »

S'il m'est permis de risquer une interprétation de ce passage difficile, Suarez croirait que l'évolution des formes substantielles, au cours ordinaire de la nature, est conditionnée non seulement par l'existence de la *materia prima*, mais aussi par un certain « concours et une certaine influence » que cette matière exerce; et, chaque forme substantielle nouvelle étant ainsi conditionnée et, en partie, en tout cas, causée par un quelque chose de préexistant, on ne peut dire qu'elle soit créée de rien.

Mais, ainsi que le montre toute la teneur du contexte, Suarez applique cette argumentation uniquement à l'évolution des formes matérielles substantielles dans le cours ordinaire de la nature.

L'origine primaire des formes substantielles des animaux et des plantes est une question à laquelle, autant que j'ai pu le découvrir, il ne fait même pas allusion [2].

Il n'était pas d'ailleurs nécessaire qu'il le fît, puisqu'il avait consacré un traité spécial, de considérable étendue, à la discussion des problèmes qui se rapportent au récit de la création qui est donné dans le livre de la Genèse. Et c'est pour moi un sujet d'éton-

[1] *Disput.* XV, § 2.
[2] *Disputationes Metaphys.*

nement que M. Mivart, qui reproche quelque peu vivement à « M. Darwin et à d'autres » de n'être pas au courant des véritables enseignenents de son Église, se permette d'être redevable à un hérétique tel que moi de la connaissance de l'existence de ce *Tractatus de opere sex dierum*[1], dans lequel le savant Père, dont il parle avec raison comme d'une autorité généralement vénérée, et dont l'orthodoxie n'a jamais été mise en doute, attaque directement toutes ces opinions, pour lesquelles M. Mivart réclamait l'appui de son autorité.

Dans les dixième et onzième chapitres du premier livre de ce *Traité*, Suarez demande dans quel sens le mot «jours», tel qu'il est employé au Ier chapitre de la Genèse, doit être pris. Il discute les opinions de Philon et Augustin sur cette question, et les rejette. Il suggère que l'approbation de leurs interprétations allégoriques par saint Thomas d'Aquin ne provient que de la modestie de saint Thomas et de son désir de ne point contredire ouvertement saint Augustin.

« Voluisse Divus Thomas pro sua modestia subterfugere vim argumenti potius quam aperte Augustinum inconstantiæ arguere. »

Enfin, Suarez décide que l'écrivain de la Genèse a voulu que le terme « jour » fût pris dans son sens

[1] *Tractatus de opere sex Dierum, seu de universi Creatione, quatenus sex diebus perfecta esse, in libro Genesis cap.* 1. *refertur, et præsertim de productione Hominis in statu innocentiæ.* Ed. Birckmann, 1621.

naturel, et il clôt la discussion par la remarque très juste et très naturelle « qu'il n'est pas probable que Dieu, en inspirant à Moïse une histoire de la création que devait croire le commun du peuple lui aurait fait employer un langage dont il est difficile de découvrir la véritable signification, et qu'il est encore plus difficile de croire »[1].

Et, au chapitre XII. 3, Suarez remarque en outre :

« La raison pour conserver la vraie signification du jour naturel est qu'il ne faut prendre les paroles des Écritures au sens métaphorique que si la nécessité s'en impose, ou résulte de l'Écriture même, et, surtout, dans ce qui a trait à la narration historique et à l'enseignement de la foi ; et cette raison nous oblige autant à entendre proprement le nombre de jours que le mot *jours* lui-même, *car, d'une façon comme d'une autre, la sincérité et la vérité de l'histoire seraient détruites*. Ceci est confirmé pleinement par d'autres passages des Écritures, dans lesquels ces six jours sont regardés comme véritables et distincts entre eux, comme le dit l'*Exode* (20) : « Tu travailleras six jours et feras toute ton œuvre ; mais le septième jour est le sabbat du Seigneur ton Dieu. » Et plus bas : — « Dieu a fait en six jours le ciel et la terre et les mers, et tout ce qui y est renfermé ; » et ceci est répété au chapitre XXXI. Dans ces différents passages, le sens véritable peut être déduit, ou *ex æquiparatione*, car, quand il est dit : « Tu travailleras six jours, » cela se

[1] « Propter haec ergo sententia illa Augustini et propter nimiam obscuritatem et subtilitatem ejus difficilis creditu est : quia verisimile non est Deum inspirasse Moysi, ut historiam de creatione mundi ad fictem totius populi adeo necessariam per nomina dierum explicaret, quorum significatio vix inveniri et difficillime ab aliquo credi posset. » (*Loc. cit.*, lib. I, cap. XI, 42).

comprend très clairement ; de là, l'invraisemblance qu'il y a à ce que le peuple ait pu comprendre ces mots dans un sens différent ; et il est, au contraire, inadmissible que parlant pour faire connaitre ses préceptes, Dieu se soit servi de mots de nature à tromper son peuple, et à présenter un double sens, si Dieu n'a pas réellement fait son œuvre en six jours. »

Ces passages ne permettent pas de douter que ce grand docteur de l'Église catholique, d'autorité incontestée, et d'orthodoxie immaculée, non seulement déclare, comme article de foi catholique, que l'œuvre de la création s'est accomplie dans l'espace de six jours naturels, mais qu'il répudie énergiquement, comme incompatible avec notre connaissance des attributs divins, la supposition que le langage que la Foi catholique impose au croyant comme inspiré de Dieu ait été employé dans un autre sens que celui qu'il savait devoir être compris par les esprits auxquels il s'adressait.

Et je pense que, dans cette répudiation, le Père Suarez aura la sympathie de tout homme intègre à qui il paraitrait certainement « incroyable » que le Tout-Puissant eût agi d'une manière qu'il estimerait malhonnête et basse chez un homme.

Mais la croyance que l'univers a été créé en six jours naturels est absolument incompatible avec la théorie de l'évolution, en tant qu'elle s'applique aux étoiles et aux corps planétaires, et on ne peut la faire concorder avec la croyance en l'évolution des êtres vivants qu'en supposant que les plantes et les animaux, qu'on dit avoir été créés le troisième, le cinquième et le sixième jour, étaient uniquement les formes primordiales, ou rudiments, d'où se sont développés les plantes et les animaux existants; de telle sorte que, pendant ces jours, les plantes et les animaux ne furent pas créés réellement, mais seulement potentiellement.

Cette dernière opinion était celle de M. Mivart qui suit saint Augustin et implique qu'il a la sanction de Suarez. Mais, en réalité, cette dernière grande lumière de l'orthodoxie s'efforce de donner le démenti le plus explicite et le plus direct à toutes ces imaginations, ainsi que le prouvent les passages suivants. En premier lieu, quant aux plantes, Suarez discute ainsi le problème :

« *Comment l'herbe verte et les autres végétaux ont été produits ce* [*troisième*] *jour*[1] ?

« La principale difficulté, comme le dit saint Thomas[2], est de savoir si cette production des plantes, en ce jour, doit être comprise comme production des plantes mêmes dans leur *esse* actuel et formel (pour ainsi dire), ou comme production de celles-ci en semence et en puissance. Saint Augustin[3], en effet, adopte la seconde interprétation, disant que ce jour la terre a reçu le pouvoir de produire tous les végétaux, comme par une conception de la graine de tous ceux-ci; elle n'a pas produit d'un coup tous les végétaux. C'est ce qu'il donne à penser par ces mots du deuxième chapitre : « Dans ce jour où Dieu fit le ciel et la terre et toute herbe des champs avant qu'elle n'ait poussé... » Comment, en effet, les herbes

[1] *Loc. cit.*, lib. II, cap. VII et VIII, I, 32, 35.
[2] I. *par.*, *qu.* 69, art. 2.
[3] *Libro quinto Genes. ad lit. cap.* IV *et* V *et libro* VIII, *cap.* III.

auraient-elles pu se faire avant que la terre ne produisît des graines, si elles n'ont été d'abord faites dans leur racine ou dans leur graine, pour être ensuite produites en acte réel. Ceci peut se soutenir, en second lieu, parce que ce mot *germinet terra* exprime admirablement la virtualité, pour ainsi dire, et signifie que la terre reçoit le pouvoir de produire. De même, dans ce chapitre il est dit : « Croissez et multipliez. » En troisième lieu, il faut considérer que la production réelle des végétaux n'est pas tant l'œuvre de la création que celle de la propagation qui est venue ensuite. Cette manière de voir est adoptée par Eucherius[1] et d'autres[2]. Néanmoins c'est l'autre interprétation qui doit être admise, et il faut dire que Dieu a créé ce jour l'herbe, les arbres et les *autres végétaux, réellement dans leur espèce propre à leur nature.* C'est ici l'opinion des Pères[3]. C'est encore l'opinion de saint Thomas à propos des arguments de saint Augustin, bien qu'à cause de son respect pour lui il agisse toujours d'une façon énigmatique. C'est enfin l'avis de tous ceux qui reconnaissent dans ces œuvres une succession véritable et une distinction chronologique. »

En second lieu, en ce qui concerne les animaux, Suarez n'est pas moins explicite :

« *De la production des animaux dénués de raison aux cinquième et sixième jours*[4].

« 32. Tout d'abord, il doit être certain pour nous que ces êtres animés ont été créés non virtuellement

[1] *Lib.* I *in Gen*, *cap.* II.

[2] *Glossa interli. Hugo et Lyran.*

[3] Basil., *Homil.* 5; *Exaemer.* Ambros., *lib.* III ; *Exaemer*, *cap.* VIII, XI *et* XVI. — Chrysost., *Homil.* 5, *in Gen.* — Damascene, *lib.* II *de Fid.*, *cap.* X. — Theodori. Cyrilli Bedae, *Glossæ ordinariæ*, *etc.*

[4] *Loc. cit. lib.* II, *cap.* VII et VIII, I, 32, 35.

ou en semence, mais réellement et en eux-mêmes aux jours où il est dit qu'ils ont été créés, bien que saint Augustin [1], s'en tenant à son interprétation, semble penser le contraire. »

Mais Suarez se met à réfuter très longuement les opinions d'Augustin, et on peut pressentir son jugement définitif par le passage suivant :

« 35. En troisième lieu, il faut dire que tous ces animaux ont été créés ce jour, *dans leur état parfait en individus isolés, selon leur espèce, selon la nature de chacun d'eux... Ils ont donc été créés, tous complets et parfaits, dans tous leurs membres.* »

En ce qui concerne la création des animaux et des plantes, par conséquent, il est évident que Suarez, bien loin d'« affirmer distinctement la création dérivative » la nie aussi distinctement et positivement qu'il le peut ; qu'il se donne beaucoup de peine pour réfuter les opinions de saint Augustin ; qu'il n'hésite pas à considérer la faible acquiescence de saint Thomas d'Aquin à son saint frère comme un pieux subterfuge de la part de *Divus Thomas;* et qu'il affirme que sa propre théorie est celle que soutient l'autorité des Pères de l'Église.

De telle sorte que, quand M. Mivart vient nous dire que la théologie catholique est d'accord avec toutes les exigences de la science moderne, que « l'on ne peut, sous prétexte d'orthodoxie,... avoir des objections à la théorie générale de l'évolution, et à la forme darwi-

[1] *Lib.* III, *Gen. ad liter.*, *cap.* v.

nienne spéciale de celle-ci, » et que « la loi et la régularité, et non une intervention arbitraire, étaient l'idéal de création des Pères, » nous sommes forcés de choisir entre son *dictum*, comme théologien, et celui d'une grande lumière de son Église, qu'il déclare lui-même être « généralement vénérée comme autorité, et dont l'orthodoxie n'a jamais été mise en question ».

Mais M. Mivart n'hésite pas à pousser sa tentative de mettre d'accord la science et l'orthodoxie catholique jusqu'aux dernières limites ; et, tout en assumant que l'âme de l'homme « nait d'une création immédiate et directe », il suppose que son corps « a été formé d'abord (comme maintenant dans chaque individu séparé) par une création dérivative ou secondaire, selon des lois naturelles[1] ».

Ceci veut dire, je présume, qu'un animal ayant la forme corporelle et les puissances matérielles de l'homme, peut avoir été développé par un processus d'évolution, hors de quelque forme de vie inférieure, et que, après que cet animal anthropoïde a existé un temps plus ou moins long, Dieu fit une âme, par création directe, et la mit dans ce corps de nature humaine qui, jusque-là, était dépourvu de cette *anima rationalis*, qu'on suppose être le caractère distinctif de l'homme.

Cette hypothèse ne peut être ni prouvée ni réfutée, et, par conséquent, peut être vraie ; mais si Suarez a une autorité quelconque, ce n'est pas là une doctrine catholique. *Nulla est in homine forma educta de*

[1] Page 331.

potentia materiæ[1] est un dicton absolument incompatible avec la théorie de l'évolution naturelle d'une manifestation vitale quelconque du corps humain.

En outre, si l'homme a existé comme animal avant d'être pourvu d'une âme rationnelle, il doit, d'accord avec les exigences élémentaires de la philosophie dont se délecte M. Mivart, avoir possédé des âmes distinctes, une sensitive et une végétative. Aussi, quand l' « haleine de vie » a été soufflée dans les narines de l'animal, ressemblant à l'homme, il doit déjà avoir été une créature vivante et sentante. Mais Suarez discute ce point d'une manière particulière, et non seulement rejette l'idée de M. Mivart, mais adopte à cet égard un langage de très grande force théologique.

« On ajoutera l'argument théologique tiré de ces mots de la Genèse : 2. *Dieu forma l'homme du limon de la terre et lui insuffla au visage la vie, et il est devenu homme à âme vivante :* cet esprit que Dieu lui insuffla est l'âme douée de raison et, *par elle, l'homme a été fait vivant et, par conséquent aussi, sentant.*

« Et encore, du Synode Général[2]. « Il semble que certains en sont venus à un tel degré d'impiété qu'ils prétendent que l'homme a deux âmes; le saint et universel Synode lance l'anathème aux créateurs et adeptes de pareille impiété, car l'Ancien et le Nouveau Testament et tous les Pères de l'Eglise affirment que l'homme a une seule âme douée de raison[3]. »

En outre, si la nature animale de l'homme est le résultat de l'évolution, celle de la femme doit l'être

[1] *Disp.* XV, § X, n° 27.
[2] *Constantinopolit.* IV. *Can.* II.
[3] *Disput.* XV, *De causa formali substantiali.* § 10, n° 24.

aussi. Mais la doctrine catholique, selon Suarez, est que la femme est, au sens le plus strict et le plus littéral des mots, tirée de la côte de l'homme.

« Néanmoins l'opinion catholique est que ce passage des écritures doit être interprété littéralement : *Réellement et véritablement, Dieu a pris une côte d'Adam et en a formé le corps d'Ève*[1]. »

On ne peut échapper non plus par la supposition que quelque femme existait avant Ève, d'après le mode de la Lilith des rabbins; puisque Suarez qualifie cette idée, en même temps que d'autres imaginations judaïques, comme simplement *damnabilis*.

Après avoir parcouru le *Tractatus de Opere*, il est, en effet, impossible d'admettre que Suarez ait eu, au sujet de l'origine des espèces, une opinion qui ne fût d'accord avec l'interprétation la plus stricte et la plus littérale des paroles de la Genèse.

Pour Suarez, c'est article de foi catholique que le monde a été fait en six jours ordinaires. Au premier de ces jours, la *materia prima* fut créée de rien, pour recevoir ensuite ces « formes substantielles » qui la modelèrent en l'univers des choses; au troisième jour, les ancêtres de toutes les plantes vivantes commencèrent subitement d'exister, toutes venues, parfaites, et possédant toutes les propriétés qui les distinguent aujourd'hui ; tandis qu'aux cinquième et sixième jours les ancêtres de tous les animaux vivants furent semblablement créés dans leur état complet et par-

[1] *Tractatus de Opere*. Lib. III. *De hominis Creatione*, cap. II, n° 3.
[2] *Ibid*. Lib. III, cap. IV, n° 8 et 9.

fait, par l'infusion de leur forme matérielle, substantielle, appropriée à la matière qui avait déjà été créée. Enfin, au sixième jour, l'*anima rationalis* — cette forme rationnelle et substantielle immortelle qui est le propre de l'homme — fut créée de rien et « soufflée » dans une masse de matière qui, jusque-là, n'était que la poussière de la terre ; et ainsi naquit l'homme. Mais l'espèce humaine était représentée par un unique individu mâle jusqu'à ce que le Créateur eût ôté une de ses côtes et l'eût façonnée en femelle.

Telle est la théorie de la « Genèse des Espèces » que Suarez tient pour seule compatible avec la foi catholique : c'est parce qu'il la croit catholique qu'il n'hésite point à déclarer saint Augustin dans l'erreur, et saint Thomas coupable de faiblesse, quand le premier s'en est départi, et que l'autre a toléré cette divergence. Et, jusqu'à ce qu'une autorité catholique responsable — par exemple, l'Archevêque de Westminster — ait déclaré formellement que Suarez a eu tort, et que les prêtres catholiques sont libres d'enseigner à leur troupeau que le monde n'a pas été fait en six jours ordinaires, et que les plantes et les animaux n'ont pas été créés à l'état parfait et complet, mais ont été développés par des processus naturels, à travers de longs siècles, hors de certains germes où ils étaient contenus potentiellement, je me sentirai, pour ma part, obligé de croire que les doctrines de Suarez sont les seules que sanctionne l'Autorité Infaillible, telle que la représentent le Saint-Père et l'Église Catholique.

J'ai à peine besoin d'ajouter que ces doctrines sont

absolument niées et répudiées par l'Autorité Scientifique que représentent la Raison et les Faits. La question de savoir si la terre et les progéniteurs immédiats de sa population actuelle ont été faits ou non, en six jours ordinaires, ne peut plus donner lieu à deux opinions.

Le fait qu'ils ne se sont pas produits ainsi repose sur une base aussi solide qu'aucun fait quelconque de l'histoire. Il n'est pas vrai que les plantes et animaux actuels commencèrent à exister de rien, dans l'espace de trois jours après la création de la terre, car il est certain que d'innombrables générations d'autres plantes et animaux vivaient sur la terre avant sa population actuelle. Et quand, tous les dimanches, des hommes qui font profession de nous enseigner la rectitude lisent à haute voix l'assertion : « En six jours le Seigneur a fait le ciel, la terre, la mer, et tout ce qui y est contenu, » dans d'innombrables églises, ils propagent ce qu'ils peuvent aisément savoir être des faussetés, et, par conséquent, sont tenus de savoir telles ; ou, s'ils emploient les mots en un sens qui ne soit pas naturel, ils tombent au-dessous de la valeur morale du Jésuite dont on a tant médit.

Jusqu'ici la contradiction entre la vérité catholique et la vérité scientifique est complète et absolue, entièrement en dehors de la vérité ou de la fausseté de la doctrine évolutioniste. Mais, pour tous ceux qui professent la théorie de l'évolution, toutes les vérités catholiques au sujet de la création des êtres vivants ne doivent pas être moins fausses. Pour eux, l'assertion que les progéniteurs de toutes les plantes qui existent furent créés le troisième jour, et ceux des animaux le cinquième et le sixième jour, dans les formes qu'elles présentent actuellement, est simplement fausse. Ils ne peuvent admettre non plus que l'homme ait été créé, subitement, de la poussière de la terre ; et ce serait insulter un évolutioniste que de lui demander s'il croit à la fable inepte concernant la fabrication de la femme, à laquelle Suarez ajoute foi. Si Suarez a bien défini la doctrine catholique, l'évolution est une pure hérésie. Et je la *crois* telle. Ajouté à la vérité de la doctrine de l'évolution, est le fait qu'elle occupe une position d'antagonisme complet et irréconciliable à l'égard de cet ennemi vigoureux et important de la vie intellectuelle, morale et sociale la plus élevée de l'humanité, l'Église Catholique. Nul doute que M. Mivart, comme bien d'autres qui mettent du vin nouveau dans de vieilles bouteilles, ne soit mû par des motifs dignes de respect et même de sympathie; mais sa tentative a eu le destin que les Écritures prédisent à toutes celles du même genre.

La théologie catholique, comme toutes les théologies basées sur l'affirmation de la vérité du récit de l'origine des choses donné au Livre de la Genèse, étant entièrement inconciliable avec la théorie évolutioniste, le chercheur scientifique, qui est assuré que le témoignage sur lequel repose cette doctrine est infiniment plus fort et meilleur que celui sur lequel repose l'autorité supposée du Livre de la Genèse, ne s'inquiètera plus de ces théologies, mais bornera son attention aux arguments contre son opinion qui se basent sur des données purement scientifiques ; —

et par données scientifiques je ne veux pas seulement dire les vérités des sciences physique, mathématique ou logique, mais celles des sciences morale et métaphysique. Car, par science, j'entends toute connaissance reposant sur le témoignage et le raisonnement d'un caractère semblable à celui qui réclame notre assentiment à des propositions scientifiques ordinaires. Et si quelqu'un est à même de justifier l'assertion que sa théologie repose sur un témoignage solide et un raisonnement sain, il me semble que cette théologie doit prendre rang comme partie de la science.

L'antagonisme actuel entre la théologie et la science ne veut pas d'une supposition par les hommes de science que toute théologie doive nécessairement être exclue de la science; mais simplement de ce qu'ils sont incapables d'admettre que la raison et la moralité ont deux poids et deux mesures, et que la croyance en une proposition, parce qu'une autorité vous dit qu'elle est vraie, ou parce que vous désirez le croire, ce qui est un crime de haute trahison quand la matière du sujet de raisonnement est d'une certaine espèce, devient sous le pseudonyme de « foi » la plus grande de toutes les vertus, quand la matière du sujet du raisonnement est d'une autre espèce.

L'évêque de Brechin a dit fort bien l'autre jour :

« La libéralité en religion — je ne veux pas dire des pardons tendres et généreux pour les erreurs des autres — n'est qu'une infidélité envers la vérité[1]. »

[1] *Mandement au Synode diocésain de Brechin. Scotsman*, 14 septembre 1871.

Et, avec la même qualification, j'ose paraphraser le dicton de l'évêque : « L'Ecclésiasticisme dans la science n'est qu'une infidélité envers la vérité. »

La grande question d'Elisée : « Voulez-vous servir Dieu ou Baal ? Choisissez maintenant ! » est prononcée à l'oreille de chacun de nous, à mesure que nous atteignons la virilité. Que chaque homme, essayant d'y répondre sérieusement, se demande s'il peut être satisfait du Baal de l'autorité et de toutes les bonnes choses qui sont promises à ses adorateurs dans ce monde et dans l'autre. S'il en est ainsi, qu'il s'amuse, au gré de son désir, avec les outils scientifiques que son autorité l'assure être sans danger et ne pouvoir lui couper les doigts, mais qu'il n'imagine point qu'il est, ou qu'il puisse être, à la fois, un vrai fils de l'Église et un soldat loyal de la science.

Et, d'autre part, si l'acceptation aveugle de l'autorité lui apparaît sous ses vraies couleurs, comme un simple jugement privé *in excelsis*, et s'il a le courage de demeurer debout, face à face avec l'abîme de l'Éternel et de l'Inconnaissable, qu'il se contente, une fois pour toutes, non seulement de renoncer aux bonnes choses promises par « l'Infaillibilité », mais même de supporter les mauvaises que celle-ci prédit ; content de suivre la raison et les faits en simplicité et en intégrité d'intention, partout où ils le mèneront, dans la ferme assurance qu'un enfer d'hommes honnêtes sera pour lui, tout compte fait, plus supportable qu'un paradis rempli de simulacres d'anges.

M. Mivart affirme que « sans la foi en un Dieu personnel, aucune religion ne mérite ce nom ». C'est là une affaire d'opinion. Mais on peut affirmer, avec moins de raison de craindre un démenti, que le culte d'un Dieu personnel, qui, selon l'hypothèse de M. Mivart, aurait employé un langage de nature à tromper ses créatures et ses adorateurs « n'est pas une religion qui mérite ce nom ». « Incredibile est Deum illis verbis ad populum fuisse locutum quibus deciperetur » est un axiome sur lequel, une fois par hasard, la casuistique jésuitique s'accorde avec le sens moral sain de toute l'humanité.

S'étant heureusement débarrassé du côté théologique de l'évolution, le croyant en cette grande vérité qui s'occupe des objections scientifiques qu'accumule contre elle la critique récente, trouve, à son grand soulagement, que l'œuvre qui s'offre à lui est fort diminuée par la retraite spontanée de l'ennemi, des neuf dixièmes du territoire qu'il occupait, il y a dix ans. La *Quarterly Review* elle-même non seulement s'abstient de s'aventurer à nier que l'évolution ait eu lieu, mais elle admet ouvertement que M. Darwin a imposé aux esprits des hommes « la reconnaissance de la probabilité, sinon plus, de l'évolution, et de la certitude de l'action de la sélection naturelle[1] ».

Je ne vois pas très bien, pour ma part, si l'action de la sélection naturelle est certaine, comment l'occurrence de l'évolution est seulement probable; puisque le développement d'une espèce nouvelle par sélection naturelle est une évolution. Toutefois, il ne vaut pas la peine d'argumenter sur les termes précis d'une

[1] Page 49.

phrase qui montre que le haut étiage de l'intelligence parmi les plus respectables des Anglais, les lecteurs de la *Quarterly Review*, a maintenant atteint un niveau tel que la prochaine marée pourra les porter facilement et agréablement jusque sur la plage autrefois redoutée de l'évolution et de se demander si, étant parvenus là, ils ne semblent pas devoir continuer jusqu'à ce qu'ils soient entrés au cœur même de cette vaste région, et aient accepté tout au moins des singes l'héritage du corps humain. Car l'auteur de la critique admet que Darwin a établi que :

« Si les diverses sortes d'animaux inférieurs se sont développées l'une hors de l'autre par un processus de génération naturelle ou évolution, il devient très probable, *a priori*, que le corps de l'homme a subi une évolution semblable; mais cela, en un cas pareil, devient également probable dès qu'on admet le fait qu'il est un animal [1]. »

Il semblerait découler des principes posés dans cette dernière phrase que, si l'homme était construit sur un plan différant autant de celui de tout autre animal que le fait celui d'un oursin d'avec celui d'une baleine, il serait « également probable » qu'il a été développé hors de quelque autre animal tel qu'il est maintenant, puisque nous savons qu'à chaque os, muscle, dent, et même modèle de dent, chez l'homme, correspond semblable os, muscle, dent ou modèle de dent chez le singe. Et ceci montre de deux choses l'une : ou l'écrivain de la *Quarterly* a des idées de probabilité qui lui sont

[1] Page 65.

propres; ou bien il a une foi si écrasante en la théorie évolutioniste qu'aucune lacune structurale entre un animal et l'autre ne suffira à le faire douter de la réalité de l'évolution.

Mais ceci soit dit en passant. L'importance de l'aveu qu'il n'y a rien dans la structure physique de l'homme qui empêche qu'il se soit développé hors d'un singe, n'est point diminuée parce que cet aveu est fait à regret et qualifié d'une façon inconséquente. Et au lieu de se réjouir de la retraite de l'ennemi, il vaudra mieux aller mettre le siège devant sa dernière forteresse. — l'affirmation qu'il y a une distinction de genre entre les facultés mentales de l'homme et celles des brutes, et que, par suite de cette distinction de genre, aucun progrès graduel des facultés mentales de l'un à celles de l'autre ne peut s'être produit.

Le critique de la *Quarterly* se retranche derrière des ouvrages avancés psychologiques, d'apparence formidable, et il n'y a pas moyen d'arriver à lui sans les attaquer un à un.

Il commence par poser la proposition suivante : « la sensation » n'est pas « la pensée », et aucune quantité de la première ne constituerait l'état le plus rudimentaire de la dernière, bien que les sensations fournissent les conditions pour l'existence de la « pensée » ou de la « connaissance[1] ».

Cette proposition est vraie ou non, selon le sens dans lequel le mot « pensée » est employé. Il n'est pas rare qu'on se serve du mot pensée dans le même sens

[1] *Loc. cit.*, page 678.

que conscience, et surtout ces états de conscience que nous appelons mémoire. Si je rappelle l'impression faite par une couleur ou une odeur, et que je me rappelle distinctement le bleu ou l'odeur du musc, je puis dire avec une parfaite convenance que je « pense » du « bleu ou du musc », et tant que dure la pensée, elle est simplement une faible reproduction de l'état de conscience auquel j'ai donné le nom en question quand il se fit connaître à moi comme sensation.

Si cette faible reproduction d'une sensation que nous appelons son souvenir est légitimement nommée une pensée, il me semble qu'il y a quelque chose de forcé dans cette façon de tirer une ligne de démarcation nette et tranchée entre les pensées et les sensations. Si les sensations ne sont pas des pensées rudimentaires, on peut dire que quelques pensées sont des sensations rudimentaires. Aucune quantité de son ne constituera un écho; mais, malgré cela, nul n'oserait prétendre qu'un écho soit quelque chose de nature totalement différente d'un son. Puis rien ne peut être plus décousu ni plus inexact que l'assertion que « les sensations fournissent les conditions de l'existence de la pensée ou de la connaissance ». Si ceci implique que les sensations fournissent les conditions pour l'existence de notre mémoire des sensations ou de nos pensées au sujet des sensations, c'est là un lieu commun qu'il ne vaut guère la peine d'énoncer si solennellement. Si cela implique que les sensations fournissent quelque autre chose, il y a erreur évidente. Et si cela signifie, comme le contexte semblait l'indiquer, que les sensations sont la matière du sujet de toute pensée ou connaissance, alors ce n'est pas moins contraire aux faits, puisque nos émotions qui constituent une grosse part de la matière de la pensée ou de la connaissance ne sont pas des sensations.

Le morceau suivant de psychologie du critique de la *Quarterly* est encore plus excentrique.

« Tout compté fait, nous pouvons clairement distinguer au moins six sortes d'action auxquelles le système nerveux contribue :

« I. — Celle où les impressions reçues ont pour résultat des mouvements appropriés sans l'intervention de la sensation ou la pensée, comme dans les cas d'accidents donnés ci-dessus. — C'est l'action réflexe du système nerveux.

« II. — Celle où les stimulus venant du dehors ont pour résultat des sensations par l'intermédiaire desquelles leurs effets attendus s'opèrent. — Sensation.

« III. — Celle où les impressions reçues ont pour résultats des sensations qui donnent lieu à l'observation d'objets sensibles. — Perception sensitive.

« IV. — Celle où les sensations et les perceptions continuent à se fondre, à s'agglutiner, et à se combiner en agrégats plus ou moins complexes, selon les lois de l'association des perceptions sensitives. — Association.

« Les quatre groupes ci-dessus ne contiennent que des opérations non préméditées, consistant, tout au plus, en simples idées sensitives *présentatives*, qui n'impliquent aucunement une faculté réflective ou *représentative*. Des actions semblables forment et servent ce que nous appelons l'*instinct*. Nous pouvons, en outre, distinguer deux autres sortes d'actions mentales, à savoir :

« V. — Celle où la pensée réfléchit sur les sensations et les perceptions, et les reconnait comme siennes, et où nous nous reconnaissons nous-même comme sentant et percevant. — Conscience de soi-même.

« VI. — Celle où nous réfléchissons sur nos sensations et nos perceptions et nous demandons ce qu'elles sont. — Raison.

« Ces deux dernières sortes d'action sont des opérations préméditées, étant accomplies au moyen d'idées représentatives impliquant l'emploi d'une faculté *réflective représentative*. Ces actions distinguent l'*intelligence* ou faculté rationnelle. Nous affirmons que la possession parfaite des quatre premières sortes (*présentatives*) d'action n'implique aucunement la possession des deux dernières sortes (*représentatives*). Tout le monde, nous pensons, doit admettre la vérité de la proposition suivante :

« Deux facultés sont distinctes, non en degré, mais de *nature*, si nous pouvons posséder l'une d'entre elles à l'état parfait sans que ce fait implique que nous possédons aussi l'autre. Ce sera encore bien plus le cas si les deux facultés tendent à augmenter en raison inverse. C'est pourtant là la distinction qui existe entre les parties *instinctives* et les parties *intellectuelles* de la nature de l'homme.

« Quant aux animaux, nous admettons entièrement qu'ils peuvent posséder tous les quatre premiers groupes d'action, — qu'ils peuvent avoir, pour ainsi dire, des images mentales d'objets sensibles combinées à tous les degrés de complexité, gouvernées par les lois de l'association. Nous leur refusons, d'autre part, la possession des deux dernières sortes d'action mentale, c'est-à-dire que nous leur refusons la puissance de réfléchir sur leur propre existence ou de s'enquérir de la nature des objets et de leurs causes. Nous nions qu'ils sachent qu'ils savent, ou qu'ils se connaissent comme ayant la connaissance. En d'autres termes, nous leur refusons la *raison*. La possession de la faculté présentative, comme on l'a expliqué ci-dessus, n'implique aucunement celle de la faculté réflective ; et aucune quantité d'action directe n'implique la puissance de faire la question réflective déjà citée, quant au « quoi ? » et au « pourquoi ? [1] ».

Divers points sont dignes de remarque dans cette analyse singulière des facultés intellectuelles. En premier lieu, l'auteur ignore l'émotion et la volition, comme si elles étaient de négligeables « sortes d'actions auxquelles contribue le système nerveux », et la mémoire ne trouve place dans sa classification que par implication. Secondement, il nous y est dit que la seconde « sorte d'action que sert le système nerveux » est « celle dans laquelle les stimulus du dehors ont pour résultats des sensations par l'intermédiaire desquelles leurs effets attendus se produisent. — sensation ». Ceci veut-il réellement dire que, dans l'opinion de l'écrivain, la « sensation » est l' « agent » par lequel l'effet attendu du stimulus qui donne lieu à la sensation est « produite ». Supposons que quelqu'un m'enfonce une aiguille dans la chair. L' « effet attendu » de ce stimulus particulier sera probablement de trois sortes, savoir : une sensation de douleur, un tressaillement et une interjection vive. Le critique de la *Quarterly* pense-t-il réellement que la « sensation » est

[1] *Loc. cit.*, p. 67-68.

l' « agent » par lequel les deux autres phénomènes sont opérés ?

Mais cela est de peu d'importance sauf pour le critique et les personnes qui ont l'imprudence d'adopter sa physiologie ou sa psychologie. Le point réellement intéressant est ceci : lorsqu'il admet entièrement que les animaux « peuvent posséder les quatre premiers groupes d'actions », il accorde tout ce qui est nécessaire pour l'évolutioniste. Car il admet par là que, chez les animaux, « les impressions reçues ont pour résultats des sensations donnant lieu à l'observation d'objets sensibles », et qu'ils ont ce qu'il appelle des « perceptions sensitives ». Il était impossible d'éviter cet aveu ; car nous avons autant de raisons de reconnaitre chez les animaux que d'attribuer à nos semblables la faculté, non seulement de percevoir les objets externes comme externes et de reconnaitre ainsi pratiquement la différence entre le moi et le non-moi, mais aussi de distinguer entre le semblable et le dissemblable, et entre des choses simultanées et des choses successives. Quand un garde-chasse s'en va courant avec un lévrier en laisse, et qu'un lièvre traverse le champ de sa vision, il devient le sujet de ces états de conscience que nous appelons sensations visuelles, et c'est tout ce qu'il reçoit du dehors. La sensation, comme telle, ne lui dit rien de la cause de ces états de conscience; mais la faculté pensante se met de suite à l'œuvre sur la matière brute de sensation qui lui a éte fournie par l'œil, et donne lieu à une série de pensées. D'abord vient la pensée qu'il y a un objet, à une certaine distance; puis vient une autre pensée — la perception de la ressemblance entre les états de conscience éveillés par cet objet et ceux que la mémoire représente comme ayant été, en d'autres occasions, éveillés par un lièvre ; à ceci succède une autre pensée ayant la nature d'une émotion — savoir : le désir de posséder le lièvre ; puis suit un enchainement plus ou moins long d'autres pensées qui s'achèvent par une volition et un acte, — le lévrier étant détaché de sa laisse. Ces diverses pensées sont concomitantes avec un processus qui s'opère dans le système nerveux de l'homme. Si les éléments nerveux de la rétine, du nerf optique, du cerveau, de la moelle épinière, et des nerfs des bras ne traversaient pas certains changements physiques dans l'ordre et le corrélation convenables, les divers états de conscience qui viennent d'être énumérés ne se seraient pas produits. De sorte qu'en ceci, comme dans toutes les autres opérations intellectuelles, nous avons à distinguer deux séries de changements successifs, — l'un dans la base physique de la conscience et l'autre dans la conscience elle-même ; une série qui peut et devra, sans doute, avec le temps, être suivie à travers toutes ses complexités par l'anatomiste et le physicien, et une dont l'homme lui-même seul peut avoir une connaissance immédiate.

Comme il est fort nécessaire de garder une distinction claire entre ces deux processus, nous appellerons l'un *neurosis* et l'autre *psychosis*. Pendant que le garde-chasse était initié à ses fonctions, chaque pas du processus de *neurosis* s'accompagnait d'un pas correspondant, ou à peu près, de celui de *psychosis*.

Il avait conscience de voir quelque chose, conscience d'être sûr que c'était un lièvre, conscience du désir de l'attraper et par suite de lâcher le chien au moment convenable, conscience des actes par lesquels il détachait le chien de la laisse. Mais, avec la pratique, bien que les divers pas de la *neurosis* demeurent — car sans cela l'impression sur la rétine n'aurait pas pour résultat de faire lâcher le chien, — la plupart des étapes de la *psychosis* s'effacent, se confondent, et l'action de lâcher le chien suit inconsciemment, ou, comme nous le disons d'ordinaire, sans qu'on y pense, la vue du lièvre. Personne ne niera que la série des actes qui se sont produits à l'origine, entre la sensation de la vue et la libération du chien, étaient, au plus strict sens du mot, des opérations intellectuelles et rationnelles. Cessent-elles d'être telles quand l'homme cesse d'en avoir conscience? Cela dépend de ce qui est l'essence et de ce qui est l'accident dans ces opérations qui, prises ensemble, constituent la ratiocination.

La ratiocination peut se résoudre en affirmation, et celle-ci consiste à marquer en quelque manière l'existence, la coexistence, la succession, la similitude ou la dissemblance des choses ou de l'idée des choses. Quiconque fait cela raisonne; et, si une machine produit les effets de la raison, je ne vois pas plus de raison pour lui contester la puissance ratiocinante, parce qu'elle est inconsciente, que je n'en vois pour refuser à la machine de M. Babbage le titre de machine à calculer, d'après les mêmes principes.

Donc il me semble qu'un garde-chasse raisonne, qu'il soit conscient ou inconscient, que son raisonnement s'opère seulement par *neurosis* ou qu'il implique plus ou moins de *psychosis*, et, si cela est vrai du garde-chasse, c'est tout aussi vrai du lévrier. Les ressemblances essentielles dans tous les points de structure et de fonction, en tant qu'on peut les étudier, entre le système nerveux de l'homme et celui du chien, ne permettent pas de douter que les processus s'opérant chez l'un soient exactement les mêmes qui ont lieu chez l'autre. On ne peut douter que, chez le chien, la matière nerveuse qui se trouve entre la rétine et les muscles subisse une série de changements, précisément analogues à ceux qui, chez l'homme, donnent lieu à la sensation, à une série de pensées et à la volition.

Il est impossible de dire si cette *neurosis* est accompagnée d'une *psychosis* telle que la nôtre ; mais ceux qui disent que les changements nerveux qui, dans le chien, correspondent à ceux qui servent de base à la sensation chez l'homme, ne sont pas non plus accompagnés de conscience, sont également obligés de soutenir que ces changements nerveux du chien, correspondant à ceux qui servent de base à la sensation chez l'homme, ne sont pas non plus accompagnés de conscience. En d'autres termes, s'il n'y a pas lieu de croire qu'un chien pense, il n'y a pas lieu de croire non plus qu'il sente.

Chacun sait que Descartes aborda hardiment ce dilemme, et soutint que tous les animaux sont de pures machines, entièrement dépourvues de conscience[1]. Mais il n'a point nié, et nul ne peut nier que, dans ce cas, ils ne soient des machines ratiocinantes, capables d'accomplir les opérations qu'accomplit le système nerveux quand il raisonne. Car, même en supposant que chez l'homme, et chez l'homme seul, la *psychosis* s'ajoute à la *neurosis*, la *neurosis* commune à l'homme et à l'animal donne à leur processus ratiocinant une unité fondamentale. Mais la position de Descartes ouvre la porte à de très sérieuses objections, si la preuve que les animaux sentent ne suffit pas à prouver qu'ils sentent réellement. Quelle est la valeur du témoignage qui nous fait croire que notre semblable seul sent? La seule preuve dans cet argument par analogie est la similitude de sa structure et de ses actions avec les nôtres. Et, si cette preuve est assez bonne pour prouver que notre semblable sent, sûrement elle doit être assez bonne pour prouver qu'un singe sent. Car les différences de structure et de fonction entre les hommes et les singes sont entièrement insuffisantes pour justifier la supposition que, tandis que les hommes ont les états de conscience que nous nommons *sensations*, les singes n'ont rien de pareil. En outre, nous avons d'aussi bonnes preuves que les singes sont capables d'émotion et de volition que nous en avons que d'autres hommes en sont capables. Mais, si les singes possèdent trois des quatre états de conscience que nous découvrons en nous-mêmes, quelle raison peut-il y avoir de leur refuser le quatrième? S'ils sont capables de sensation, d'émo-

[1] Voyez Huxley, *les Animaux sont-ils des automates* in *les Problèmes de la Biologie*, Paris, 1891, p. 218.

tion, de volition, pourquoi leur refuserait-on la pensée (dans le sens d'acte prédicatif) ?

On n'a jamais pu répondre à ces questions. Et, comme la loi de continuité est tout aussi opposée, de même que le sens commun de l'humanité, à l'idée que tous les animaux sont des machines inconscientes, on peut en toute sécurité se porter fort qu'aucune réponse suffisante ne leur sera jamais donnée.

Il y a tout lieu de croire que la conscience est une fonction de la matière nerveuse, quand cette matière nerveuse est parvenue à un certain degré d'organisation, tout comme nous savons que le sont les autres « actions auxquelles sert le système nerveux », telles que les actions réflexes et autres. Ainsi que j'ai, ailleurs, osé exprimer mon opinion sur la question, « nos pensées sont l'expression de changements moléculaires dans cette matière de vie qui est la source de tous nos autres phénomènes vitaux ».

M. Wallace fait à cet énoncé l'objection suivante :

« N'ayant pas réussi à trouver, dans les écrits du professeur Huxley, un guide pour suivre les étapes par lesquelles il passe, de ces phénomènes vitaux, qui consistent seulement, en dernière analyse, en mouvements de parcelles de matière, à ces autres phénomènes que nous nommons pensée, sensation ou conscience ; mais, sachant qu'une expression d'opinion si positive, venant de lui, aura un grand poids sur l'esprit de beaucoup de personnes, j'essaierai de montrer, aussi brièvement que je pourrai le faire, sans sacrifier la clarté, que cette théorie est non seulement impossible à prouver, mais est aussi, à mon avis, incompatible avec les conceptions exactes de la physique moléculaire. »

Sans vouloir manquer de respect à M. Wallace, il nous semble que ses réflexions sont entièrement à côté de la question. Je ne sais réellement absolument rien et n'espère pas savoir jamais par quels pas s'effectue le passage du mouvement moléculaire aux états de conscience, et je suis entièrement d'accord avec le sens du passage du professeur Tyndall, qu'il cite, imaginant apparemment que ce passage est en opposition avec mon opinion.

Tout ce que j'ai à dire, c'est que, à mon avis, la conscience et l'action moléculaire sont susceptibles d'être exprimées l'une par l'autre, tout comme la chaleur et l'action mécanique peuvent être exprimées en termes l'une de l'autre. Je ne me hasarderai point à dire si nous serons jamais en état d'exprimer la conscience en mètres et kilos, ou non, mais, qu'il y ait des preuves de l'existence d'une corrélation entre le mouvement mécanique et la conscience, c'est ce qui est aussi évident que quoi que ce soit. Supposons les pôles d'une batterie électrique mis en rapport avec un fil de platine. Une certaine intensité du courant donne lieu, dans l'esprit d'un assistant, à l'état de conscience que nous appelons une « lumière rouge terne »; — une intensité un peu plus grande, à un autre que nous nommons une « lumière rouge vif »; l'intensité augmentant encore, la lumière devient blanche et, enfin, elle éblouit, et un nouvel état de conscience se produit que nous appelons douleur. Le même fil et le même appareil nerveux étant donnés, la quantité de force électrique requise pour donner lieu à ces divers états de conscience sera la même, si fréquemment que l'expérience soit répétée. Et comme la force électrique, les ondes lumineuses et les vibrations nerveuses causées par l'empreinte des ondes lumineuses sur la rétine sont toutes des expressions des changements moléculaires qui ont lieu dans les éléments de la batterie, de même la conscience, en un certain sens, est une expression des changements moléculaires qui ont lieu dans cette matière nerveuse, qui est l'organe de la conscience.

Et, puisque cet exemple et nombre d'autres semblables qu'on peut citer prouvent qu'une forme de conscience est, en tous cas, au sens le plus strict, l'expression d'un changement moléculaire, il ne vaut réellement pas la peine de poursuivre la recherche pour savoir si un fait aussi aisément constaté s'accorde avec un système particulier de physique moléculaire ou non.

M. Wallace me semble avoir, en réalité, mêlé ensemble deux propositions très distinctes: la première est la vérité incontestable que la conscience est en corrélation avec les changements moléculaires de l'organe de la conscience ; l'autre que la nature de cette corrélation est connue ou peut être conçue, ce qui est une toute autre affaire. M. Wallace, probablement, croit à cette corrélation de phénomènes que nous appelons cause et effet tout aussi fermement que moi. Mais, s'il a jamais été à même de se faire la plus faible idée de la manière dont une cause donne lieu à un effet, tout ce que je puis dire, c'est que je lui porte envie. Prenons le plus simple cas que l'on puisse imaginer. Supposons une balle en mouvement allant en frapper une autre qui est au repos. Je sais très bien qu'il est de fait que la balle en mouvement communiquera un peu de son mouvement à la balle au repos, et que le mouvement des deux balles après leur collision est précisément en corrélation avec les masses des deux balles et la quantité de mouvement de la première. Mais comment en est-il ainsi? De quelle manière pouvons-nous concevoir que la *vis viva* de la première balle passe dans la seconde? J'avoue que je ne puis pas plus concevoir ce qui se passe dans ce cas que je ne puis pas concevoir ce qui arrive lorsque le mouvement des particules de ma matière nerveuse, causé par le contact d'une balle semblable, donne lieu à l'état de conscience que j'appelle douleur. En dernière analyse tout est incompréhensible, et tout le but de la science est simplement de réduire les incompréhensibilités fondamentales au plus petit nombre possible.

Mais, pour en revenir au critique de la *Quarterly*, il admet que les animaux ont des « images mentales d'objets sensibles, combinées à tous les degrés de complexité, que gouvernent les lois de l'Association ». Il est à présumer que par cette assertion confuse et imparfaite, le critique entend admettre plus que n'expliquent les paroles. Car des images mentales d'objets sensibles, même bien que « combinées à tous les degrés de complexité » ne sont et ne peuvent être rien de plus que des images mentales d'objets sensibles. Mais les jugements, les émotions et les volitions ne peuvent aucunement être compris sous le chef d'« images mentales d'objets sensibles. » Si le lévrier n'était pas mieux doué, mentalement, que ne le croit le critique, il pourrait avoir l'« image mentale » de l'« objet sensible » — le lièvre — et celle-ci pourrait se combiner avec les images mentales d'autres objets sensibles, à n'importe quel degré de complexité, mais il n'aurait pas la faculté de juger qu'elle se trouve à une certaine distance de lui ; aucune faculté de percevoir sa ressemblance avec son souvenir d'un lièvre, et aucun désir de l'atteindre. Par conséquent il resterait immobile, et le noble art de la chasse à courre n'existerait pas D'autre part, si cet art est grandement exercé, il s'ensuit que les lévriers seuls possèdent nombre de facultés mentales dont l'existence chez un animal quelconque est absolument niée par le critique de la *Quarterly*.

Enfin, quelles sont les facultés mentales qu'il réserve comme étant la prérogative spéciale de l'homme ? Il y en a deux. D'abord, la reconnaissance de « nous-mêmes par nous-mêmes comme étant affectés, et percevants : conscience de soi. »

Secondement : « La réflexion sur nos sensations et nos perceptions et notre recherche pour savoir ce qu'elles sont et pourquoi elles sont : raison. »

Le critique appelle raison la faculté désignée dans la dernière phrase, sans assigner le moindre motif pour se départir ainsi, à la fois, de l'usage général et de la convenance technique. Mais, si l'homme ne doit pas être considéré comme un être ratiocinant, s'il ne se demande ce que sont ses sensations et ses perceptions, et pourquoi elles sont, qu'est-ce donc qu'un Hottentot, ou un nègre australien ou le simple paysan d'un district agricole ordinaire? Et même, que deviennent le petit propriétaire ou le curé moyens? Combien de ces braves gens qui lisent d'ordinaire la *Quarterly Review* resteraient bouche bée si vous alliez leur demander s'ils ont jamais réfléchi à ce que sont leurs sensations et leurs perceptions, et pourquoi elles sont?

Si la nouvelle définition de la raison qu'inaugure le critique de la *Quarterly* était correcte, la plupart des hommes, même chez les nations les plus civilisées, seraient privés de ce suprême trait caractéristique de l'humanité. Et, si elle est aussi absurde que je le crois, alors, comme la raison n'est certainement pas la conscience de soi, et comme, tout aussi certainement, elle est une des « actions que régit le système nerveux », nous devons, si l'on adopte la classification du critique, la chercher parmi ces quatre facultés que, selon lui, les animaux possèdent. Et ainsi, pour la seconde fois, il se rend en réalité à discrétion, tout en semblant défendre sa position.

Le critique de la *Quarterly* reproche aux évolutionistes, ainsi que nous l'avons vu, leur manque complet de connaissances de la philosophie. M. Mivart n'est pas moins affligé de l'ignorance des sciences morales dont fait preuve M. Darwin. Il lui est pénible que M. Darwin (et nous autres) n'ait pas saisi la distinction élémentaire entre la moralité matérielle et la moralité formelle; et il pose comme étant un axiome, qu'il n'est pas permis, même à un débutant, d'ignorer le fait que « des actes, non accompagnés par des actes mentaux de volonté consciente dirigée vers l'accomplissement du devoir » sont « absolument destitués du degré le plus rudimentaire de bonté réelle ou formelle ».

Ceci peut être l'opinion de M. Mivart, mais c'est une proposition qui ne peut, en réalité, occuper le rang d'un axiome incontesté. M. Mill la conteste [1]. L'écrivain le plus influent d'une école entièrement opposée, M. Carlyle, ne se lasse jamais de la nier, et de soutenir le mérite de la vertu qui est inconsciente d'elle-même ; il est, même à mon avis, très difficile de concilier l'affirmation de M. Mivart avec ce noble résumé de tout le devoir de l'homme : « Tu aimeras le Seigneur ton Dieu de tout ton cœur, de toute ton âme et de toute ta force, et tu aimeras ton prochain comme toi-même. » Selon la définition de M. Mivart, l'homme qui aime Dieu et son prochain et, par pur amour et affection pour tous deux, fait tout ce qu'il peut pour leur plaire, est néanmoins dépourvu d'un atome de vraie bonté.

Et il arrive, en outre, que M. Darwin, qui est accusé par M. Mivart d'ignorer la distinction entre la bonté matérielle et celle qui est formelle, discute cette question dans un passage qui mérite d'être lu [2] et conclut d'une façon opposée à l'axiome de M. Mivart.

On ne devrait, en aucune circonstance, affirmer avec confiance comme vraie une proposition qui a été si discutée et si contestée. Pour ma part, je la rejette entièrement, parce que la conséquence logique de l'adoption

[1] L'*Utilitarianisme*.
[2] Vol. I, page 87.

d'un tel principe est refuser toute vertu morale à la sympathie et à l'affection. Selon l'axiome de M. Mivart, l'homme qui, en voyant un autre lutter dans l'eau, s'y jette au risque de sa propre vie pour le sauver, fait donc ce qui « manque du degré le plus rudimentaire de la vraie bonté », à moins que, en ôtant son habit, il ne se dise à lui-même : « Maintenant, attention, je vais faire ceci parce que c'est mon devoir, et non pour aucune autre raison ; » et le plus beau caractère auquel puisse atteindre l'humanité, celui de l'homme qui fait le bien sans y penser, parce qu'il aime la justice et la miséricorde, et que le mal lui répugne, n'a aucun droit à notre approbation morale. Mais nier qu'un homme agisse d'une façon morale parce qu'il ne pense pas à se demander s'il agit d'une façon morale ou non, cela revient à refuser le titre de mathématicien à l'enfant qui calculait si bien, parce qu'il ne savait pas comment il faisait ses calculs. Si l'humanité accepte jamais, d'une manière générale, l'axiome de M. Mivart, et agit en conséquence, elle deviendra une communauté des plus insupportables ; mais elle ne l'a jamais accepté, et je me hasarde à espérer que l'évolution ne réserve rien d'aussi terrible à la race humaine.

Mais, si une action, dont le motif n'est que l'affection ou la sympathie, peut mériter l'approbation morale, et être réellement bonne, qui de nous, ayant possédé un chien, niera que des animaux ne soient capables de telles actions? M. Mivart dit, à la vérité :

« On peut affirmer en toute sécurité qu'il n'y a aucune trace chez les brutes d'actions simulant la moralité qui ne soient explicables par la crainte de la punition, l'espoir du plaisir, ou par l'affection personnelle [1]. »

Mais on peut affirmer, avec tout autant de vérité, qu'il n'y a aucune trace chez les hommes d'actions qu'on ne puisse attribuer aux mêmes motifs. Quand un homme fait quelque chose c'est soit parce qu'il craint d'être puni, s'il ne le fait pas, ou parce qu'il espère trouver du plaisir à le faire, ou parce qu'il satisfait ses affections [2] en le faisant.

En acceptant pour un moment le point de vue absolu des moralistes, il faut accorder qu'il y a, dans chaque homme, une perception innée du bien et du mal. Ceci veut dire, simplement, que, lorsque certaines idées sont présentées à son esprit, le sentiment de l'approbation nait, et que, devant certaines autres, c'est le sentiment de la désapprobation. Faire votre devoir, c'est gagner l'approbation de votre conscience ou sens moral; manquer à votre devoir, c'est sentir qu'elle vous désapprouve, ainsi que nous le disons tous. L'approbation est-elle un plaisir ou une douleur? Un plaisir sans doute. Et le blâme est-il un plaisir ou une douleur? Une douleur sans doute. Par conséquent, les moralistes n'entendent réellement dire que ceci : c'est qu'il y a dans la nature même de l'homme quelque chose qui le rend conscient de ces douleurs et de ces plaisirs particuliers. Et, lorsqu'ils parlent de principes immuables

[1] Page 221.

[2] En séparant le plaisir et l'affection, je ne fais que suivre M. Mivart sans admettre la justesse de cette séparation.

et éternels de moralité, le seul sens intelligible que je puisse donner à leurs mots, c'est que, la nature de l'homme étant ce qu'elle est, il a toujours été, et sera toujours, capable d'éprouver ces douleurs et ces plaisirs particuliers. Je n'ai, *a priori*, rien à reprendre à cette proposition. En admettant la vérité, je ne vois pas que la faculté morale soit établie sur un autre pied qu'aucune des autres facultés de l'homme. Si je préfère dire que c'est une loi immuable et éternelle de la nature humaine que « le gingembre brûle la bouche », cette assertion a un fondement de vérité aussi solide que l'autre, bien que je pense qu'on l'exprimerait ainsi dans un langage d'une emphase superflue. J'avoue n'avoir jamais pu comprendre pourquoi la querelle entre les Intuitionistes et les Utilitariens est si violente. L'Intuitioniste n'est, après tout, qu'un Utilitarien qui croit qu'une classe particulière de plaisirs et de douleurs a une importance spéciale, à cause de ses fondements dans la nature même de l'homme, et de son rapport inséparable avec son existence même comme être pensant. Et, en ce qui concerne le motif de l'affection personnelle, l'amour, ainsi que le dit Spinoza d'une manière profonde, c'est l'association du plaisir avec ce qui est aimé[1]. Ou bien, s'il faut s'adresser au bon sens commun, la satisfaction de l'affection est-elle un plaisir ou une douleur? Sûrement un plaisir. De la sorte, que le motif qui nous fait commettre une action soit l'amour de notre pro-

[1] « Nempe, amor nihil aliud est quam lætitia, concomitante idea causæ externæ. » *Ethices*, III, XIII.

chain, ou que ce soit l'amour de Dieu, on ne peut nier que le plaisir n'ait part à ce motif.

Voilà pour répondre aux arguments de M. Mivart. Je ne puis m'empêcher de regretter qu'il les ait délayés en attribuant aux doctrines des philosophes avec lesquels il n'est point d'accord des conséquences logiques qu'on a, à diverses reprises, prouvé n'en point découler ; et, lorsque le raisonnement ne lui suffit plus, il essaie la puissance d'un sobriquet déplaisant. Suivant les théories de M. Spencer, de M. Mill et de Darwin, M. Mivart nous dit que *la vertu n'est qu'une sorte de chasse à courre* ; et, pour que nous ne perdions pas le sel de cette plaisanterie, il l'écrit en lettres italiques. Mais, quand cela serait ? En serait-elle moins la vertu ? Supposons que je dise que la sculpture n'est « qu'une sorte » de taille de pierres, et la peinture « qu'une sorte » de barbouillage de toile, et la musique « qu'une sorte » de bruit ; ces affirmations sont entièrement vraies, mais elles montrent seulement que je ne vois aucun autre moyen de déprécier quelques-uns des plus nobles côtés de l'humanité qu'en me servant pour les décrire d'un langage qui est insuffisant et propre à égarer le jugement. Et l'inconvenance spéciale de ce sobriquet particulier pour les théories en question naît de la circonstance dont M. Mivart se serait sans doute souvenu si son envie de raillerie n'avait, pour le moment, obscurci son jugement, — le fait que la loi de l'évolution s'applique-t-elle ou non à l'homme, celle de la transmission héréditaire s'y applique certainement. M. Mivart ne niera pas qu'un homme doive une grande part des tendances morales qu'il présente à ses ancêtres ; et l'homme qui hérite d'un kleptomane le désir de voler, ou d'un Howard une tendance à la philanthropie, est en tant qu'il est un exemple de transmission héréditaire, comparable au chien qui a hérité du désir d'attraper un canard dans l'eau, d'un aïeul chien de chasse. De façon que, avec ou sans évolution, les qualités morales peuvent se comparer à une « sorte de chasse à courre », quoique cette comparaison, si elle a pour objet de jeter du discrédit sur l'évolution, ne fasse pas beaucoup d'honneur à la loyauté de ceux qui l'ont avancée.

Le critique de la *Quarterly* et M. Mivart fondent leurs objections à l'évolution des facultés mentales de l'homme hors de celles de quelque forme animale inférieure, sur ce qu'ils soutiennent être une différence d'espèce entre les facultés mentales et morales des hommes et celles des bêtes, et j'ai essayé de montrer, en exposant l'entier manque de solidité de leur base philosophique, que ces objections sont dépourvues d'importance.

Les objections avancées par M. Wallace contre la théorie de l'évolution des facultés mentales de l'homme hors de celles des bêtes, par des causes naturelles, sont d'un ordre différent, et demandent un examen séparé.

Si je le comprends bien, il ne doute aucunement que les facultés corporelles et mentales de l'homme ne soient le produit de l'évolution de celles de quelque animal inférieur, mais il est d'avis qu'un agent supérieur à celui qui a réglé l'évolution des animaux ordinaires a dû être en jeu dans le cas de l'homme.

« Une intelligence supérieure a guidé le développement de l'homme dans une direction définie et pour un but spécial, tout comme l'homme guide le développement de beaucoup de formes animales et végétales[1]. »

Je comprends ceci comme voulant dire que, tout comme le biset a été produit par des causes naturelles, tandis que l'évolution du pigeon culbutant a demandé l'intervention spéciale de l'intelligence de l'homme, de même quelque forme anthropoïde peut avoir évolué par la variation et la sélection naturelle; mais elle n'aurait jamais donné naissance à l'homme, à moins qu'une intelligence supérieure n'eût joué le rôle de l'amateur de pigeons.

Suivant M. Wallace:

« Que nous comparions le sauvage avec les types supérieurs de l'homme, ou avec les brutes qui l'entourent, nous sommes également poussés à conclure que, dans son cerveau grand et bien développé, il possède un organe tout à fait hors de proportion avec ses exigences[2].

Et il demande:

« Qu'y a-t-il dans la vie du sauvage si ce n'est la satisfaction des besoins de la faim de la manière la plus simple et la plus facile? Quelles pensées, quelles idées, quelles actions y a-t-il qui l'élèvent de beaucoup de degrés au-dessus de l'éléphant ou du singe[3]? »

[1] *The Limits of Natural Selection as applied to Man. Loc. cit.*, p. 359.

[2] Page 343.

[3] Page 242.

Je réponds à M. Wallace en citant un remarquable passage qui se trouve dans son article instructif sur l'*Instinct chez l'Homme et les Animaux*:

« Les sauvages font de longs voyages en beaucoup de directions, et toutes leurs facultés étant concentrées sur le sujet, ils acquièrent une connaissance étendue et exacte de la topographie, non seulement de leur propre district, mais de toutes les régions qui l'entourent. Chacun de ceux qui voyagent dans une nouvelle direction communique ses connaissances à ceux qui ont moins voyagé, et des descriptions de routes et de localités et de menus incidents de voyage forment un des objets principaux de la conversation autour du feu le soir. Chaque voyageur ou captif d'une autre tribu ajoute à la masse d'informations, et, comme l'existence même d'individus et de familles et de tribus entières dépend de la certitude de ces connaissances, toutes les facultés perceptives subtiles du sauvage adulte sont dirigées vers leur acquisition et leur perfectionnement. Le bon chasseur ou le vaillant guerrier en viennent ainsi à connaître la position de chaque colline ou chaîne de montagnes, la direction et les confluents de tous les cours d'eau, la situation de chaque espace caractérisé par une végétation particulière, non seulement dans le territoire qu'il a lui même traversé, mais peut-être à cent milles autour de ce territoire. Son observation sagace lui permet de découvrir les plus légères ondulations de la surface, les changements divers du sous-sol, et des altérations dans le caractère de la végétation qui seraient tout à fait imperceptibles pour un étranger. Son œil est toujours ouvert dans la direction où il va ; le côté moussu des arbres, la présence de certaines plantes sous l'ombre des rochers, le vol des oiseaux, le matin et le soir, sont pour lui des indications directrices presque aussi sûres que le soleil dans les cieux[1]. »

J'ai vu assez de sauvages pour pouvoir déclarer que rien n'est plus admirable que cette description de tout ce qu'un sauvage doit apprendre. Mais elle est incomplète. Il y faut ajouter la connaissance qu'un sauvage est obligé d'acquérir des propriétés des plantes, des caractères et des habitudes des animaux, et des indications détaillées par lesquelles on découvre leur marche ; il faut aussi tenir compte qu'un Australien peut faire d'excellents paniers et filets, et des lances finement ajustées et équilibrées, qu'il apprend à se servir de ces lances de manière à percer un pain de quatre livres à cinquante mètres de distance ; et que, très souvent, comme dans le cas des Indiens d'Amérique, le langage d'un sauvage présente des complexités qu'un Européen très cultivé trouve difficiles à pénétrer ; considérez aussi que, chaque fois que le sauvage poursuit un gibier, il déploie une finesse d'observation, et une exactitude de raisonnement inductif et déductif, qui, appliquée à d'autres objets, assurerait quelque renom à un homme de science, et je pense que nous n'aurons plus besoin de demander pourquoi il possède une si bonne provision de cervelle. Je dirais volontiers que, en complexité et en difficulté, le travail intellectuel d'un « bon chasseur ou guerrier », dépasse considérablement celui d'un Anglais ordinaire. Les examinateurs du Service Civil inspirent une grande terreur à nos jeunes Anglais, mais leur férocité n'a

[1] Pages 207 à 208.

jamais été jusqu'à exiger d'un candidat qu'il possédât d'une paroisse une connaissance semblable à celle que M. Wallace indique être possédée par les sauvages de territoires ayant 150 kilomètres, et plus, de diamètre.

Mais supposons, pour faciliter le raisonnement, qu'un sauvage ait plus de matière cérébrale que ses besoins ne semblent l'exiger ; tout ce qu'on peut dire, c'est que l'objection à la sélection naturelle, s'il y en a une, s'applique tout aussi fortement aux animaux inférieurs. Le cerveau d'un marsouin est étonnant par sa masse et par le développement de ses circonvolutions cérébrales. Et, cependant, depuis que nous n'ajoutons plus foi à l'histoire d'Arion, il est difficile de croire que les marsouins soient embarrassés de leur excès d'intelligence, et il est encore plus difficile d'imaginer que leurs gros cerveaux ne soient qu'un prélude à l'arrivée de quelque cétacé distingué de l'avenir. Et puis, certainement, un loup doit avoir trop de cervelle, autrement comment le chien, avec la même quantité et la même forme de cerveau, peut-il développer une intelligence aussi singulière ? Le loup est au chien dans la même relation que le sauvage à l'homme ; et, par conséquent, si la théorie de M. Wallace est vraie, une puissance supérieure à dû surveiller le déloppement du loup hors de quelque race inférieure, afin de le préparer à devenir chien.

M. Wallace soutient, en outre, que l'origine de quelques-unes des facultés mentales de l'homme par la conservation des variations utiles n'est pas possible. Par exemple, telles sont :

« La capacité de former des conceptions idéales de l'espace et du temps, de l'éternité et de l'infini ; la capacité pour d'intenses sentiments artistiques de plaisir dans la forme, la couleur, et la composition, et pour ces idées abstraites de forme et de nombre qui rendent possibles la géométrie et l'arithmétique. »

« Comment, demande-t-il, se sont développées d'abord toutes ces facultés, quand elles n'auraient pu être d'aucune utilité possible à l'homme, dans les premières étapes de la barbarie ? »

Il n'est besoin d'aller loin pour trouver la réponse. Les sauvages les plus inférieurs sont aussi dénués de telles conceptions que les brutes elles-mêmes. Quelle sorte de conception de l'espace, du temps, de la forme et du nombre peut avoir un sauvage qui n'a pu compter au-delà de cinq ou six, qui ne sait comment dessiner un triangle ou un cercle, et n'a pas la moindre idée de séparer la qualité particulière que nous appelons *forme* des autres qualités des corps ? Aucune de ces aptitudes ne se trouve chez les hommes, à moins qu'ils ne fassent partie d'une société passablement avancée. Et, dans une société de ce genre, il y a d'abondantes conditions par lesquelles une influence sélective s'exerce en faveur des personnes qui montrent une approximation vers la possession de ces capacités.

Le sauvage qui peut amuser ses compagnons en leur contant une bonne histoire au coin du feu nocturne est tenu par eux en estime, et en est récompensé d'une façon ou d'une autre ; — en d'autres termes, c'est un avantage pour lui que d'avoir cette faculté. Celui qui peut sculpter un aviron ou la proue d'un canot mieux que les autres, l'emporte de même sur son voisin moins adroit. Celui qui sait mieux compter que les autres, attrape plus d'ignames dans l'échange, et apprécie plus justement le nombre d'une tribu hostile. L'expérience de la vie quotidienne montre que les conditions de notre existence sociale actuelle exercent l'influence sélective la plus extraordinairement puissante en faveur des romanciers, des artistes, et des esprits puissants de toute espèce, et il semble hors de doute que toutes les formes de l'existence sociale ont dû avoir la même tendance, si nous prenons en considération le fait incontestable que les animaux eux-mêmes possèdent la faculté de distinguer la forme et le nombre, et qu'ils sont capables de trouver du plaisir à certaines formes et à certains sons. Si nous admettons, ainsi que le fait M. Wallace, que les sauvages les plus inférieurs ne sont pas élevés de « beaucoup de degrés au-dessus de l'éléphant et du singe », et si nous admettons, en outre, ainsi que je soutiens qu'il faut l'admettre, que les conditions de la vie sociale tendent puissamment à donner l'avantage aux individus qui varient dans la direction de l'excellence intellectuelle ou esthétique, qu'y a-t-il qui puisse empêcher de croire que ces facultés d'ordre supérieur, comme tout le reste, doivent leur développement à la sélection naturelle?

Enfin, en ce qui concerne le développement du sens moral hors des simples sentiments de plaisir et de douleur, de sympathie et d'antipathie, dont les animaux inférieurs sont pourvus, je ne puis rien trouver dans les raisonnements de M. Wallace à quoi n'aient déjà répondu M. Mill, M. Spencer ou M. Darwin.

Je ne me propose pas de suivre le critique de la *Quarterly*, et M. Mivart, à travers la longue chaine d'objections de détail qu'ils présentent contre les théories de M. Darwin. Quiconque a examiné ce sujet avec soin sera à même d'en tirer tout autant de « difficultés »; mais il échouera, je crois, tout aussi complètement qu'ils me semblent l'avoir fait, en essayant d'avancer un seul fait qui contredise réellement les théories darwiniennes.

De temps en temps aussi, leurs objections et leurs critiques sont basées sur des erreurs qui leur sont propres. Comme, par exemple, quand M. Mivart et le critique de la *Quarterly* insistent sur les ressemblances entre les yeux des céphalopodes et ceux des vertébrés, oubliant entièrement les différences frappantes et fondamentales qui les séparent, ou quand le critique de la *Quarterly* reprend M. Darwin pour avoir dit que les gibbons :

« Sans l'avoir appris, peuvent marcher ou courir debout avec assez de vitesse, bien qu'ils se meuvent d'une manière gauche, et avec beaucoup moins de sécurité que l'homme. »

Le critique de la *Quarterly* dit :

« Ceci est un peu erroné, puisqu'il n'est pas expliqué que cette marche debout s'effectue en plaçant les bras, énormément longs, derrière la tête ou en les tenant en arrière pour équilibrer la marche. »

Maintenant, avant de gloser ainsi sur une petite affirmation de ce genre, le critique de la *Quarterly* aurait dû s'assurer qu'il ne se trompait point. Mais il est de fait qu'il a tout à fait tort. Je soupçonne qu'il a tiré son idée de la manière dont marche un gibbon d'une citation de *La place de l'Homme dans la Nature*[1]. Mais, à cette époque, je n'avais pas encore vu marcher un gibbon. Depuis que j'en ai vu marcher, je puis assurer que rien ne peut être plus exact que la description de Darwin. Le gibbon que je vis marchait sans mettre ses bras derrière sa tête, ni les tenir en arrière. Tout ce qu'il faisait était de toucher la terre avec les doigts étendus de ses longs bras, de temps en temps, tout comme on voit un homme, portant un bâton, sans en avoir besoin, en toucher la terre pendant qu'il marche.

Puis, un grand nombre des objections avancées par M. Mivart et le critique de la *Quarterly* s'appliquent à l'évolution en général, tout autant qu'à la forme particulière de cette théorie que soutient M. Darwin, ou plutôt à l'idée qu'ils ont des théories de Darwin et non à ce qu'elles sont réellement. On trouve un excellent exemple de cette classe d'objections dans le chapitre de M. Mivart sur les Ressemblances Indépendantes de Structure. M. Mivart dit que ces dernières ne sauraient être expliquées par :

« Un absolu et pur darwinien, mais qu'il n'est pas improbable qu'une puissance innée et une loi d'évolution, aidées par l'action correctrice de la sélection naturelle, aient fourni des besoins et des aides semblables[2]. »

[1] Huxley, *La Place de l'Homme dans la Nature*. Paris, 1892.
[2] Mivart, page 82.

Je ne sais trop ce que M. Mivart entend par un « darwinien absolument pur »; M. Mivart attribue à cet être légendaire tant de singulières opinions que je doute de jamais en rencontrer un vivant. Mais je ne vois rien dans son énoncé de l'opinion qu'il s'imagine avoir le premier formulée qui soit réellement incompatible avec ce que je crois être les théories de M. Darwin.

Je crois comprendre que le fondement de la théorie de la sélection naturelle est le fait que les corps vivants tendent incessamment à varier. Cette variation n'est ni indéfinie, ni fortuite, et n'a pas lieu dans toutes les directions, au sens strict de ces mots.

A parler exactement, elle n'est pas indéfinie, ni n'a lieu dans toutes les directions, parce qu'elle est limitée par les caractères généraux du type auquel l'organisme présentant la variation appartient. Une baleine ne variera pas dans le sens de produire des plumes, ni un oiseau dans la direction de produire de la baleine. Dans le langage familier, on peut dire, sans inconvénient, que les vagues se brisant sur la grève sont indéfinies, fortuites, et se brisent en tout sens. Dans le langage scientifique, au contraire, une telle affirmation serait une erreur grossière, parce que chaque parcelle d'écume est le résultat de forces parfaitement définies, opérant suivant des lois non moins définies. Semblablement, chaque variation d'une forme vivante, si petite soit-elle, si apparemment accidentelle soit-elle, ne peut se concevoir que comme expression de l'action des forces moléculaires, ou « puissances », résidant à l'intérieur de l'organisme. Et, comme ces forces agissent certainement suivant des lois définies, leur résultat général est, sans aucun doute, d'accord avec quelque loi générale qui les domine toutes. Et il semble que l'on n'objecte point à nommer ceci une « loi évolutioniste ». Mais nul n'en sait plus long là-dessus, ni n'a contribué, dans le moindre degré, à avancer la doctrine de l'évolution qui a surtout besoin d'une théorie de la variation.

Quand M. Mivart vient nous dire que son « but a été de soutenir la théorie que ces espèces ont évolué par des *lois naturelles* ordinaires (la plupart inconnues) aidées par l'action subordonnée de la « sélection naturelle [1] », il semble croire que son entreprise a le mérite de la nouveauté. Tout ce que je puis dire est que je n'ai jamais eu la moindre idée que le but de M. Darwin fût différent en aucune façon. Si j'affirme que « les espèces ont évolué par la variation [2] (processus naturel dont les lois sont, pour la plupart, inconnues) à l'aide de l'action subordonnée de la sélection naturelle », il me semble que j'énonce une proposition qui constitue la moelle même de la première édition de l'*Origine des Espèces*. Et ce qu'il faut à l'évolutioniste en ce moment, ce n'est pas une répétition du principe fondamental du darwinisme, mais quelque jour jeté sur les questions : quelles sont les limites de la variation ? Et, si une variété naît, peut-on la perpétuer, ou même l'intensifier, quand les conditions sélectives sont indifférentes ou, peut-être, défavorables à son existence ? Je ne puis découvrir que M. Darwin ait jamais été très dogmatique en

[1] Pages 332-331.

[2] Comprenant sous ce chef la transmission héréditaire.

répondant à ces questions. Autrefois, il semble avoir été enclin à y répondre négativement, tandis que maintenant ce serait le contraire. Mettant de côté ces vastes questions de théologie, de philosophie et d'éthique, dont la discussion, soit par la *Quarterly Review*, soit par M. Mivart, n'a aucunement nui au darwinisme — quoi que puisse être ce à quoi elles ont nui — voilà à quoi se réduisent leurs critiques. Ils ont confondu un combat d'avant-postes avec l'assaut d'une forteresse.

A quelques égards, enfin, je ne puis qualifier la discussion du critique de la *Quarterly* que par les épithètes d'injuste et d'inconvenante. Un langage aussi fort demande à être justifié, et c'est pourquoi j'ajoute les raisons suivantes.

Le critique de la *Quarterly* ouvre le feu par une énumération soigneuse de tous les points sur lesquels, au cours de treize ans de travail incessant, M. Darwin a modifié ses opinions. On a souvent et justement remarqué que, ce qui frappe quiconque étudie loyalement les ouvrages de M. Darwin n'est pas tant son activité, son savoir, ou même la fertilité surprenante de son génie inventif, mais cette véracité et cette honnêteté inflexibles qui ne lui permettent pas de cacher un point faible, ou de glisser sur une objection, mais lui font, en toute occasion, indiquer lui-même les défauts de sa cuirasse et, même parfois, à ce qu'il me semble, faire contre lui-même des aveux tout à fait inutiles. Un critique désirant attaquer Darwin n'a qu'à lire ses ouvrages avec l'intention d'observer, non leurs mérites, mais leurs défauts, et il y trouvera, à portée de la main, plus de suggestions hostiles que sa propre pénétration ne lui en aurait offertes sans le concours rempli d'abnégation de M. Darwin.

Cette qualité de loyauté scientifique n'est point assez commune pour qu'il soit besoin de la décourager, et elle me semble mériter une toute autre attitude que celle du critique de la *Quarterly*, qui traite M. Darwin comme un avocat d'Old Bailey traiterait un homme qu'il veut condamner à tout prix, *per fas aut nefas*, et il entame le cas en essayant de créer un préjugé contre le prisonnier dans l'esprit des jurés. Dans son empressement à exécuter ce louable dessein, le critique ne peut même énoncer l'historique de la théorie de la sélection naturelle sans une tentative détournée et tout à fait inexcusable de déprécier M. Darwin. « A M. Darwin, dit-il, et (par la réticence de M. Wallace) à M. Darwin seul, doit être rendue la justice de dire qu'il a, le premier, avancé et démontré la vérité. » Nul ne peut désirer moins que moi de laisser planer un doute sur l'originalité de M. Wallace, ou de mettre en question les droits à l'honneur d'avoir été un des initiateurs de la théorie de la sélection naturelle ; mais dire que Darwin n'a eu seul la gloire d'avoir inauguré la doctrine qu'à cause de la réserve de M. Wallace, est tout simplement ridicule. La preuve en est donnée, en premier lieu, par M. Wallace lui-même, dont la noble absence de jalousie mesquine en cette matière devrait servir de modèle à de plus petits esprits, et qui écrit comme suit :

« J'ai senti toute ma vie, et je ressens encore, la plus sincère satisfaction de ce que M. Darwin ait été à l'œuvre longtemps avant moi, et que je n'aie pas dû essayer d'écrire l'*Origine des Espèces*. Il y a longtemps que j'ai mesuré mes propres forces, et je sais fort bien qu'elles eussent été tout à fait insuffisantes pour cette tâche. »

De sorte que, s'il y a eu quelque réserve en cette affaire, c'est la réserve de M. Darwin pendant les vingt longues années d'études qui se sont écoulées entre la conception et la publication de sa théorie, années qui donnèrent à M. Wallace la chance de découvrir, d'une façon indépendante, l'importance de la sélection naturelle. Et, finalement, si l'on veut bien se rappeler que les articles de M. Darwin et ceux de M. Wallace furent publiés simultanément, en 1858 [1], il s'ensuit que le critique, en essayant, d'une manière détournée, de diminuer la valeur des mérites de M. Darwin, lui a, en réalité, décerné une priorité qui, en stricte légalité, n'existe pas.

M. Mivart, dont les opinions coïncident si souvent avec celles du critique de la *Quarterly*, expose le cas d'une manière que je suis obligé, à mon grand regret, de juger tout aussi incorrecte, bien que l'injustice puisse sembler moins manifeste. Il dit que la théorie de la sélection naturelle est, en général, exclusivement associée avec le nom de M. Darwin, « par suite de la noble abnégation de M. Wallace ». Ainsi que je viens de le dire, nul ne peut honorer M. Wal-

[1] *Journal of the Linnean Society*.

lace plus que je ne le fais, à la fois pour ce qu'il a fait et pour ce qu'il n'a point fait, dans ses rapports avec M. Darwin. Et peut-être que rien ne lui fait plus d'honneur que sa franche déclaration de son inaptitude à écrire un ouvrage tel que l'*Origine des Espèces*. Mais par cette déclaration même, la personne la plus intéressée dans la question répudie d'avance l'affirmation de M. Mivart, que la grandeur de M. Darwin est plus ou moins due à la modestie de M. Wallace.

IV

TROIS CONFÉRENCES SUR L'ÉVOLUTION

PREMIÈRE CONFÉRENCE

Les trois hypothèses sur l'histoire de la nature

Nous nous trouvons faire partie d'un système de choses d'une diversité et d'une perplexité immenses; nous appelons ce milieu où nous existons *Nature*, et il est, pour nous tous, d'un intérêt profond que nous nous formions un concept exact de la constitution de ce système et de l'histoire deson passé. Comme étendue, en rapport avec cet univers, l'homme n'est guère qu'un point mathématique; comme durée, qu'une ombre qui s'évanouit; ce n'est qu'un roseau secoué par les aquilons de la force. Mais, ainsi que Pascal l'a fait remarquer, il y a longtemps, ce roseau est un roseau pensant; en vertu de cette merveilleuse faculté de la pensée, il a le pouvoir de se faire une conception symbolique de l'univers, qui, tout en restant indubitablement très imparfaite et très incomplète comme image du grand tout, lui suffit pourtant comme carte servant à le guider pour ses affaires pratiques. Il a fallu de longs siècles de labeur pénible et souvent infructueux pour que l'homme parvînt à envisager avec fermeté les scènes toujours changeantes de la fantasmagorie de la nature, à noter ce qui est fixe dans ses fluctuations, ce qui est régulier dans ses irrégularités apparentes; et ce n'est qu'à une époque relativement récente, dans ces derniers siècles, que s'est produite la conception d'un ordre universel et d'un cours défini des choses, que nous appelons l'ordre de la nature.

Mais, une fois admise, cette conception de la constance de l'ordre de la nature est devenue l'idée dominante de la pensée moderne. Pour quiconque est au courant des faits sur lesquels se base cette conception et se trouve compétent pour en estimer la signification, il n'est plus possible de concevoir que le hasard ait une place quelconque dans l'univers, ou que les événements dépendent d'autre chose que de la séquence naturelle de cause et d'effet. Nous en sommes venus à regarder le présent comme étant le fils du passé et le père de l'avenir, et, comme nous avons ôté au hasard toute place dans l'univers, nous n'admettons même pas la possibilité d'aucune intervention dans la marche de la nature. Quelles que puissent être les doctrines spéculatives des hommes, il est certain que toute personne intelligente oriente sa vie et risque sa fortune d'après la croyance que l'ordre de la nature est fixe, et que la chaîne de causation naturelle n'est jamais brisée.

Il est de fait qu'aucune de nos croyances n'a une base logique aussi complète que celle-là. Cette conviction est au fond de tout processus de raisonnement ; elle est le fondement de tout acte de la volonté. Elle est basée sur la plus vaste des inductions, et elle est vérifiée par les processus déductifs les plus constants, les plus réguliers, les plus universels. Mais nous devons nous rappeler que toute croyance humaine, si large que soit sa base, si défendable qu'elle puisse paraître, n'est, après tout, qu'une croyance probable, et que nos généralisations les plus étendues et les plus sûres sont simplement des affirmations ayant un haut degré de probabilité. Bien qu'il soit évident pour nous que l'ordre de la nature est constant, au temps où nous vivons, il ne s'ensuit pas nécessairement que nous soyons autorisés à étendre cette généralisation jusqu'à l'infini du passé, et à nier absolument qu'il puisse y avoir eu un temps où la nature ne suivait pas un ordre immuable, où les relations de cause à effet n'étaient point définies, et où des influences en dehors de la nature intervenaient dans la marche générale de la nature. Les hommes prudents admettront qu'un univers aussi différent de celui que nous connaissons peut avoir existé, tout comme un penseur très franc peut admettre qu'il puisse exister un monde où deux et deux ne font pas quatre, et où deux lignes droites renferment un espace. Mais la même circonspection qui force à admettre ces possibilités demande une grande quantité de preuves avant de les reconnaître comme quelque chose de plus substantiel. Et quand on affirme que, il y a tant de milliers d'années, les événements se sont produits d'une manière entièrement étrangère aux lois actuelles de la nature, et tout à fait incompatible avec ces lois, les hommes qui, sans être particulièrement prudents, sont simplement d'honnêtes penseurs, qui hésitent à se tromper eux-mêmes ou à tromper les autres, demandent une preuve des faits qui soit digne de foi.

Les choses se sont-elles ainsi passées, ou non? C'est là une question historique, dont il nous faut chercher la réponse de la même manière que l'on cherche une solution à un problème historique quelconque.

A ma connaissance, li n'y a que trois hypothèses qui aient jamais été, ou qui puissent bien être considérées, quant à l'histoire passée de la nature. Je vais, en premier lieu, énoncer ces hypothèses, puis j'examinerai le témoignage que nous possédons à leur égard et à quelle lumière critique il convient d'interpréter ces témoignages.

Dans la première hypothèse, on admet que des phénomènes de la nature semblables à ceux que présente le monde actuel ont toujours existé ; en d'autres termes, que l'univers a existé, de toute éternité, dans ce qu'on peut appeler, d'une façon générale, son état actuel.

La seconde hypothèse est que l'état de choses actuel n'a eu qu'une durée limitée, et que, à quelque période passée, un état du monde, essentiellement semblable à celui que nous connaissons maintenant, a commencé, sans aucun état précédent d'où il eût pu procéder naturellement. La supposition que des états de nature successifs se sont produits, chacun sans aucun rapport de causation naturelle avec un état antécédent, n'est qu'une simple modification de cette seconde hypothèse.

La troisième hypothèse prétend aussi que l'état actuel des choses n'a eu qu'une durée limitée, mais elle suppose que cet état s'est développé par un processus naturel hors d'un état antécédent, et ce dernier d'un autre précédent, et ainsi de suite, et, dans cette hypothèse, on renonce, d'ordinaire, à essayer d'assigner une limite à la série des changements passés.

Il est si essentiel de se former des idées claires et distinctes sur ce que signifie réellement chacune de ces hypothèses que je vous demanderai d'imaginer ce qui, selon chacune d'elles, eût été visible à un spectateur des événements constituant l'histoire de la terre. Selon la première des hypothèses, si loin dans les temps reculés que pût se placer le spectateur, il verrait un monde essentiellement semblable à celui qui existe maintenant, sauf peut-être dans quelques-uns de ses détails. Les animaux existant alors seraient les ancêtres de ceux qui vivent aujourd'hui, et leur seraient semblables ; les plantes, de même, seraient celles que nous connaissons; et les montagnes, les plaines, et les eaux figureraient les traits marquants de notre terre et de nos eaux actuelles. Cette opinion était courante, dans les temps anciens, d'une façon plus ou moins distincte, combinée quelquefois avec l'idée de cycles récurrents de changements, et son influence a été sentie jusqu'à nos jours. Il est digne de remarque qu'elle n'est point incompatible avec la doctrine de l'Uniformitarianisme, familière aux géologues. Hutton et, dans ses premières années, Lyell, l'ont soutenue. Hutton avait été frappé de la démonstration des astronomes qui faisaient remarquer que les perturbations des corps planétaires, quelque grandes qu'elles fussent, tôt ou tard se rectifient d'elles-mêmes, et que le système solaire possède une faculté d'adaptation propre par lequel ces aberrations sont toutes ramenées à un état moyen. Hutton imagina qu'il pouvait en être de même pour les changements terrestres, bien que nul ne reconnût mieux que lui le fait que la terre est constamment enlevée par la pluie et les rivières, et déposée dans la mer, et qu'ainsi, dans un temps plus ou moins long ou court, les inégalités de la surface terrestre doivent être nivelées, et ses hauts plateaux amenés à l'Océan. Mais, tenant compte des forces intérieures de la terre qui, soulevant le fond de la mer font émerger de nouvelles terres, il pensa que ces opérations de dégradation et d'élévation alternantes pouvaient se compenser réciproquement, et que, de la sorte, pour un temps déterminé, les traits généraux de notre planète pourraient rester ce qu'ils sont. Et, en tant que, dans ces circonstances, il n'y aurait pas de limite nécessaire à la propagation des animaux et des plantes, il est évident que l'application logique de l'idée uniformitarienne pourrait mener à la conception de l'éternité du monde. Je ne veux pas dire que Hutton ou Lyell aient soutenu cette idée; non, assurément; ils auraient été les premiers à la réfuter. Néanmoins, le développement logique de leurs arguments tend directement vers cette hypothèse.

La seconde hypothèse suppose que l'*ordre de choses*

actuel, à quelque période peu éloignée, a pris naissance, tout d'un coup, et que le monde tel qu'il existe maintenant, a eu le chaos pour antécédent phénoménal. C'est la doctrine que vous trouverez exposée très complètement et très clairement dans l'immortel poème de John Milton — le *Divina Commedia* anglaise — le *Paradis perdu*. Je crois que c'est, en grande partie, à l'influence de cette œuvre remarquable, unie aux enseignements quotidiens que nous avons tous reçus dans notre enfance, que cette hypothèse doit d'être si généralement répandue, comme une des croyances courantes de tout peuple parlant anglais. C'est au septième livre du *Paradis perdu* que vous trouverez énoncée l'hypothèse à laquelle je fais allusion et qui peut, brièvement, se résumer ainsi: cet univers visible commença d'exister à un temps qui n'est pas très éloigné du nôtre; les parties qui le composent apparurent, dans un certain ordre défini, dans l'espace de six jours naturels, de telle sorte que le premier jour la lumière fut; qu'au second jour le firmament ou ciel sépara les eaux en dessus de celles qui se trouvaient au dessous; qu'au troisième les eaux se retirèrent de la terre, sur laquelle une vie végétale variée, semblable à celle qui existe encore, fit son apparition; que le quatrième jour vit paraitre le soleil, les étoiles, la lune, les planètes; qu'au cinquième jour les animaux aquatiques naquirent dans les eaux; qu'au sixième, la terre donna naissance à nos animaux terrestres à quatre pattes et à toutes les variétés d'animaux terrestres, sauf les oiseaux apparus le jour précédent, et qu'enfin l'homme lui-même surgit, sur la terre, et que le monde acheva d'émerger du chaos Milton nous raconte, sans la moindre ambiguïté, ce dont un spectateur de ces merveilleux faits eût été témoin. Je ne doute pas que son poème ne soit connu de tous d'entre vous, mais j'aimerais à en rappeler un certain passage à vos esprits, afin de justifier mon assertion en ce qui regarde l'image parfaitement concrète et définie de l'origine du monde animal que Milton a donnée.

Voici ce passage important :

« Le sixième et dernier jour de la création se leva
Avec des harpes au soir et au matin, où Dieu dit :
« Que la terre produise des âmes vivantes de leur espèce,
Du bétail, des bêtes rampantes et des animaux terrestres,
Chacun suivant son espèce. » La terre obéit, et, vite,
Ouvrit son sein fertile, laissant déborder en un seul enfantement
D'innombrables créatures vivantes, des formes parfaites,
Aux membres bien développés. De la terre surgit,
Comme d'une bauge, la bête fauve, où elle réside
Dans la forêt sauvage, le taillis, le fourré ou la tanière ;
Par couples ils se levèrent du milieu des arbres pour marcher ;
Le bétail dans les champs et les vertes prairies ;
Les premiers, rares et solitaires ; ces derniers, en troupeaux,
Paissant tout d'abord et formant des bandes dispersées.
Les rustres mangeurs d'herbe se reproduisaient ; et apparaît à demi
Le lion fauve, piétinant pour libérer
Ses pattes de derrière, — puis sautant, comme ayant rompu ses liens,
Et, rampant, il secoue sa crinière tachetée ; l'once,
Le léopard et le tigre, tout comme la taupe,
Se levant, jetèrent la terre qui s'émiettait au-dessus d'eux
En petites buttes ; le cerf rapide de sous la terre
Éleva sa tête ornée d'andouillers ; à peine de sa boue
Behémoth, le plus gros des fils de la terre, souleva
Son immensité ; les troupeaux, parés de toisons et bêlant
Naquirent comme des plantes : hésitant entre la mer et la terre,
L'hippopotame et le crocodile couvert d'écailles,
Et tout ce qui rampe sur terre vint à paraître soudainement,
Qu'il fût insecte ou ver. »

Il ne peut y avoir aucun doute sur la signification de cet exposé, ni sur ce qu'un homme du génie de Milton s'attendait à ce qu'un témoin oculaire eût réellement vu de ce mode d'origine de toutes les choses vivantes.

La troisième hypothèse, ou hypothèse de l'évolution, suppose que, à une époque relativement récente dans les temps passés, notre spectateur imaginaire aurait trouvé un état de choses très semblable à celui qui existe maintenant; mais que la similitude du passé et du présent diminuerait, par degrés, en proportion avec l'éloignement de sa période d'observation par rapport au jour actuel; que la distribution actuelle des montagnes et des plaines, des rivières et de la mer, serait le produit d'un lent processus de changements naturels agissant dans des conditions de plus en plus différentes de la charpente de la terre, jusqu'à ce que, au lieu de cette charpente, il ne vît plus qu'une vaste masse nébuleuse, représentant les éléments constitutifs du soleil et des corps planétaires. Notre observateur verrait, précédant les formes de la vie existant actuellement, des animaux et des plantes qui ne seraient pas identiques aux nôtres, mais qui leur ressembleraient, dont les différences augmenteraient avec leur antiquité, et deviendraient, en même temps, de plus en plus simples, jusqu'à ce que, finalement, le monde de la vie ne présentât plus que cette matière protoplasmique non différenciée qui, en tant que nous pouvons le savoir, maintenant, est le fondement commun de toute activité vitale.

L'hypothèse de l'évolution suppose qu'à travers

toute cette vaste marche progressive il n'y aurait eu aucune solution de continuité, aucun point auquel nous pourrions dire : « Ceci est un processus naturel, » et : « Ceci n'est pas un processus naturel ; » mais que le tout ensemble pourrait être comparé à ce processus merveilleux de développement qui agit, chaque jour, sous nos yeux, en vertu duquel naît, de la substance demi-fluide, relativement homogène, que nous nommons œuf, l'organisation compliquée d'un des animaux supérieurs. C'est là, en peu de mots, le sens de l'hypothèse de l'évolution.

J'ai déjà dit qu'en traitant de ces trois hypothèses, en essayant de juger laquelle des trois est plus digne de foi, ou si aucune d'elle ne mérite d'être crue — auquel cas notre état d'esprit serait cette suspension de jugement si difficile, sauf pour les intelligences cultivées — nous devons être indifférents à toute considération *a priori*. La question est une question de fait historique. L'univers a pris naissance d'une façon quelconque ; le problème consiste à savoir s'il est venu à l'existence d'une manière ou d'une autre, et, comme préliminaire essentiel à toute discussion ultérieure, permettez-moi de dire deux ou trois mots quant à la nature et aux genres du témoignage historique.

On peut classer sous deux chefs le témoignage relatif à l'occurrence de tout événement des temps passés ; pour plus de commodité, je les appellerai preuves de témoignage, et preuves d'induction. Par preuves de témoignage, j'entends le témoignage humain et, par les preuves d'induction, celles qui ne relèvent pas du témoignage humain. Un fait familier donnera un bon exemple de ce que j'entends par ces deux sortes de preuves, et ce qu'on peut dire concernant leur valeur.

Supposons qu'un homme vous dise qu'il a vu une personne en frapper une autre et la tuer. C'est là un témoignage du fait du meurtre. Mais il est possible d'avoir des preuves d'induction, de circonstances, du fait du meurtre, c'est à-dire que l'on peut trouver un homme mourant d'une blessure sur la tête, ayant exactement la forme et le caractère d'une blessure infligée par une hache, et, en recueillant soigneusement les circonstances de l'entourage, et en en tenant compte, vous pouvez conclure de la façon la plus certaine que l'homme a été assassiné, que sa mort est la conséquence d'un coup porté par un autre homme avec cet instrument. Nous avons beaucoup pour habitude de considérer la preuve tirée des circonstances comme ayant moins de valeur que la preuve tirée du témoignage, et il se peut bien que, là où les circonstances ne sont pas parfaitement claires et intelligibles, ce soit un genre de preuve dangereux et peu sûr; mais on ne doit pas oublier qu'en beaucoup de cas la preuve d'induction ou tirée des circonstances est tout aussi concluante que celle du témoignage, et que, fréquemment, elle est d'un plus grand poids que la preuve tirée du témoignage. Par exemple, dans le cas que je viens de citer, la preuve d'induction peut être meilleure et plus convaincante que l'autre, car il peut être impossible, dans les conditions que j'ai définies, de supposer que l'homme ait trouvé la mort par aucune autre cause que le coup violent d'une hache asséné par un autre homme. La preuve d'induction en faveur d'un meurtre, dans ce cas, est aussi complète et concluante que puisse être une preuve. C'est une preuve que ne peut atteindre ni doute ni falsification, tandis que la déposition d'un témoin donne lieu à une multitude de doutes. Le témoin peut s'être trompé. Il peut être influencé par le désir de nuire. Il arrive constamment qu'un homme, même véridique, déclare que telle chose s'est passée de telle et telle manière et qu'une analyse attentive du témoignage d'induction démontre que ce n'est pas ainsi, mais tout autrement qu'elle s'est passée.

Nous pouvons maintenant examiner la preuve pour ou contre les trois hypothèses. Permettez-moi d'appeler votre attention, d'abord, sur ce qu'on peut dire de l'hypothèse de l'éternité de l'état de choses parmi lequel nous vivons. Ce qui nous y frappera, c'est que c'est une hypothèse qui, vraie ou fausse, n'est susceptible d'être vérifiée par aucune preuve. Car, pour obtenir une preuve d'induction ou de témoignage suffisant à prouver l'éternité de la durée de l'état actuel de la nature, il nous faudrait une éternité de témoins ou une infinité de circonstances, et ni l'une ni l'autre ne sont à notre portée. Il est totalement impossible de reporter la preuve au-delà d'un certain point dans le temps, et tout ce qu'on pourrait dire, tout au plus, serait qu'en tant qu'on a pu remonter aux sources de la preuve, rien n'y contredit l'hypothèse. Mais si vous regardez, non plus au témoignage — qui, considérant l'insignifiance relative de l'antiquité des annales humaines, ne servirait pas à grand chose, en ce cas, — mais à la preuve de circonstance, ou inductive, vous trouverez alors que cette hypothèse est absolument incompatible avec la preuve que nous possédons, preuve d'un caractère si clair et si simple qu'il est impossible d'échapper, en aucune façon, aux conclusions qu'elle nous impose.

Vous savez tous sans aucun doute que la substance externe de la terre, seule accessible à l'observation directe, n'est pas d'un caractère homogène, mais qu'elle est composée de nombre de couches ou assises, dont les groupes principaux figurent sous leurs titres, dans le diagramme suivant (p. 181). Chacun de ces groupes représente nombre de couches de sable, de pierre, d'argile, d'ardoise, et de divers autres matériaux.

Un examen attentif montre que les matériaux dont chacune de ces couches de roches plus ou moins dures est composée sont, pour la plupart, de la même nature que ceux qui se forment actuellement dans des conditions connues, sur la surface terrestre. Par exemple, la chaux, qui constitue une grande partie du système Crétacé dans quelques endroits du globe, est pratiquement identique, dans ses caractères physiques et chimiques, avec une substance maintenant en cours de formation au fond de l'océan Atlantique, et couvrant un espace énorme ; d'autres couches sont comparables aux sables qui se forment sur les bords de la mer, massés ensemble, et ainsi de suite. Sauf pour les roches d'origine ignée, on peut prouver que toutes ces couches pierreuses, dont l'ensemble n'a pas moins de 70,000 pieds, ont été formées par des influences naturelles, soit par la dispersion ou alluvion de la terre ferme, soit par l'accumulation des dépouilles ou débris de plantes et d'animaux. Nombre de ces couches sont pleines de semblables dépouilles, — les soi-disant « fossiles ». Ces restes de milliers d'espèces d'animaux et de plantes, aussi parfaitement reconnaissables que ceux des formes existantes de vie que vous rencontrez dans les musées, ou que les coquilles que vous ramassez sur la grève, ont été fixés dans les anciens sables, ou argiles, ou grès, tout comme on les trouve maintenant dans les dépôts, sablonneux, argileux, ou crétacés sous l'eau. Ils nous offrent des annales, dont la nature générale ne peut être faussement interprétée, des espèces de choses qui ont vécu sur la surface de la terre, pendant le temps qu'a enregistré cette grande épaisseur de roches stratifiées. Mais, une étude même superficielle de ces fossiles nous montre que les animaux et les plantes qui vivent de notre temps, n'ont eu qu'une durée temporaire : car les vestiges de ces formes modernes de la vie ne se rencontrent, pour la plupart, que dans les couches tertiaires supérieures ou recentes, et leur nombre diminue rapidement dans les dépôts inférieurs de cette époque. Dans le Tertiaire plus ancien, la place des animaux et plantes actuels est prise par d'autres formes aussi nombreuses et diversifiées que celles qui vivent maintenant dans les mêmes localités, mais elles en diffèrent plus ou moins ; dans les roches Mésozoïques, celles-ci sont remplacées par d'autres que divergent encore plus des types modernes ; et dans les formations Paléozoïques, le contraste est encore plus marqué. Ainsi, la preuve d'induction nie absolu-

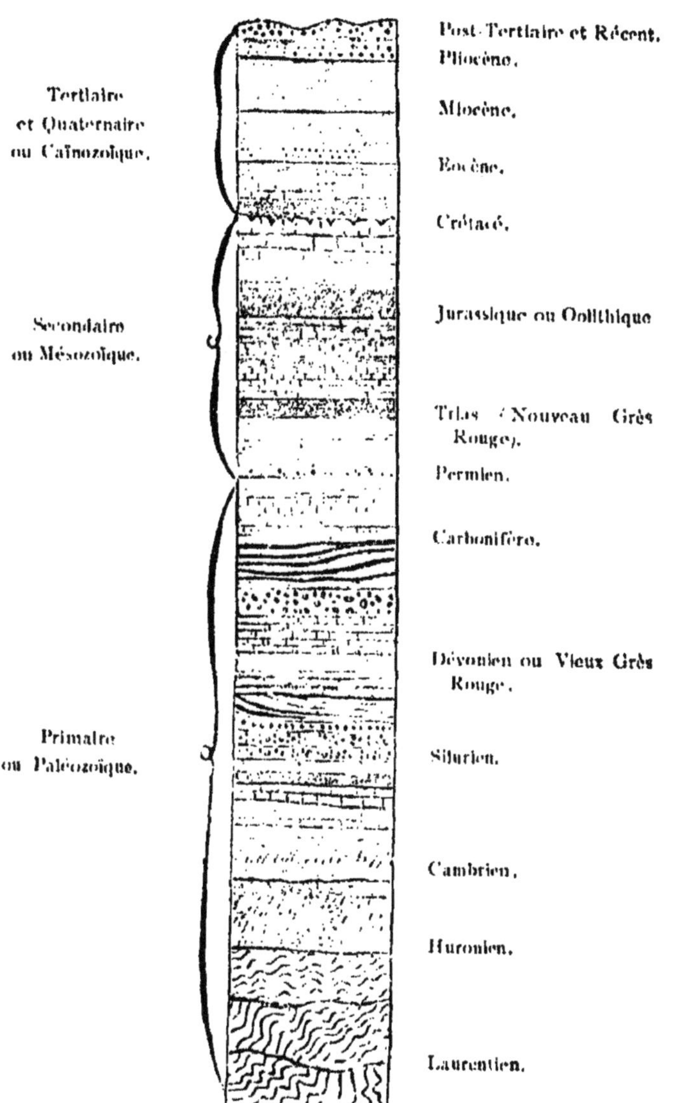

FIG. 1. — Coupe idéale de l'écorce terrestre.

ment la conception de l'éternité de l'état de choses actuel. Nous pouvons dire avec certitude que la condition actuelle des choses n'a existé que pendant une période relativement courte, et que, en tant que la nature animale et végétale est en cause, cette condition a été précédée par une condition différente. Nous pouvons suivre cette preuve jusqu'au point le plus bas des roches stratifiées, point où disparaissent entièrement les indications de la vie. L'hypothèse de l'éternité de l'état actuel de la nature peut donc être mise hors de cause.

Nous en venons maintenant à ce que j'appellerai l'hypothèse de Milton, à l'hypothèse suivant laquelle l'état actuel des choses n'aurait donc qu'un temps relativement court, et au commencement de ce temps, serait venu en existence au cours de six jours. Je ne doute pas que vous n'ayez eu l'esprit surpris de m'entendre parler de cette hypothèse comme étant de Milton, plutôt que d'en donner le nom le plus habituel, tels que « la doctrine de la création », ou « la doctrine biblique », ou « la doctrine de Moïse », dénominations qui, appliquées à cette hypothèse, vous sont certainement plus connues que le titre d'hypothèse Miltonienne. Mais j'ai eu des raisons, que je ne puis m'empêcher de trouver sérieuses, pour suivre cette marche. En premier lieu, j'ai écarté le titre de « doctrine de la création », parce que je n'ai point affaire, en ce moment, avec la question de savoir pourquoi les objets constituant la nature sont venus à exister, mais bien quand ils ont commencé d'exister, et dans quel ordre. C'est ici une question aussi strictement historique que la question du moment où les Angles et les Jutes envahirent l'Angleterre, et celle de savoir s'ils précédèrent ou suivirent les Romains. Mais la question de la création est un problème philosophique, et n'est pas à résoudre ou même à poser par la méthode historique. Ce que nous voulons apprendre, c'est si les faits, en tant que nous les connaissons, donnent la preuve que les choses naquirent de la manière décrite par Milton, ou non; quand cette question sera réglée, il sera temps de rechercher les causes de leur origine.

En second lieu, je n'ai point parlé de cette doctrine comme étant celle de la Bible. Il est très vrai que des personnes d'opinions générales aussi diverses que le protestant Milton et le célèbre Père Jésuite Suarez donnaient au premier chapitre de la Genèse l'interprétation formulée dans le poème de Milton. Il est très vrai que tous, dans notre enfance, nous avons été imbus de cette idée, pénétrés par cette interprétation; mais je n'oserais m'aventurer à dire qu'on peut l'appeler, à proprement parler, la doctrine biblique. Ce n'est point mon affaire, et il n'est pas de ma compétence de dire ce que signifie ou ne signifie pas le texte hébreu ; en outre, si j'affirmais que c'est là la doctrine de la Bible, je me trouverais en présence de l'autorité de nombre de lettrés, sans parler des savants, qui, à diverses époques, ont absolument nié que la Genèse renfermât une semblable doctrine. Si nous devons nous en rapporter à beaucoup de commentateurs, dont l'autorité n'est point à dédaigner, nous devons croire que ce qui semble défini si clairement dans la Genèse — comme si l'on eût pris beaucoup de peine pour éviter les possibilités d'erreurs — n'est pas du tout le sens du texte. Le récit est divisé en périodes que nous pouvons faire aussi longues ou aussi courtes que l'exigera la commodité. On nous laisse libres de comprendre que le texte original n'est pas contraire à la croyance que les plantes et animaux les plus complexes se sont développés par des processus naturels hors de rudiments sans structure, pendant des millions d'années; celui qui n'est pas versé dans la langue hébraïque ne peut qu'admirer à distance la merveilleuse flexibilité d'une langue qui se prête à de si diverses interprétations. Mais, assurément, en présence d'autorités si contradictoires sur des matières où il se sent incompétent comme juge, il s'abstiendra, ainsi que je le fais, de donner une opinion.

En troisième lieu, je me suis abstenu avec soin de parler de cette doctrine comme étant Mosaïque, parce que nous avons été maintenant assurés, par l'autorité des critiques les plus éminents et même par des dignitaires de l'Église, qu'il n'y a aucune preuve que Moïse ait écrit le livre de la Genèse, ou même en ait eu connaissance. Vous comprendrez que je ne formule aucun jugement — il serait impertinent de ma part d'offrir même une hypothèse — sur un tel sujet. Mais puisque c'est là qu'en est l'opinion chez les lettrés et les ecclésiastiques, il est bon pour les laïques et ceux qui ne savent point l'hébreu, d'éviter de s'embrouiller dans les controverses d'une question si discutée. Par bonheur, Milton ne nous permet aucunement de douter de ce qu'il veut dire, et je puis, par conséquent, en toute sécurité, parler de l'opinion en question comme étant l'hypothèse Miltonienne.

Nous avons maintenant à faire l'épreuve de cette hypothèse; pour ma part, je n'ai de préventions ni pour ni contre. S'il y a des preuves en faveur de cette vue, aucune difficulté théorique ne m'empêchera de les accepter. Mais il faut des preuves. Les hommes de science prennent une sotte habitude — non, je dirai plutôt une habitude utile — de ne rien croire sans preuves, et ils considèrent les croyances qui ne sont pas appuyées sur des preuves comme non seulement illogiques mais immorales. Nous allons, si vous le voulez bien, appliquer à cette vue l'épreuve du témoignage d'induction; car par ce que je viens de dire, vous comprendrez que je ne me propose pas de discuter la question du témoignage direct qu'on pourrait alléguer en sa faveur. Si ceux qui ont pour affaire de juger ne s'entendent ni sur l'authenticité de la seule preuve de cette espèce qui soit offerte, ni sur les faits dont elle témoigne, il est superflu de discuter une semblable preuve.

Mais il me sera permis de moins regretter la nécessité de rejetter la preuve tirée du témoignage, puisque l'examen de la preuve des circonstances mène à la conclusion qu'elle est non seulement hors d'état de justifier l'hypothèse, mais qu'encore, elle est contraire à celle-ci.

Les considérations sur lesquelles je base cette conclusion sont du caractère le plus simple possible. L'hypothèse Miltonienne contient des assertions très définies concernant la succession des formes vivantes. Il est dit que les plantes, par exemple, ne firent leur apparition qu'au troisième jour, et pas avant. Et vous comprendrez que le poète entend par plantes celles qui existent maintenant, c'est-à-dire les ancêtres, dans le mode ordinaire de propagation du semblable par le semblable, des arbres et arbustes qui fleurissent dans le monde actuel. Cela doit être ainsi; car s'ils étaient différents, les plantes existantes devraient être le résultat d'une création séparée postérieure à celle que Milton a décrite, dont nous n'avons aucun récit, ni aucune raison de supposer l'occurrence; ou bien ils seraient nés des souches primitives par un processus évolutif.

En second lieu, il est évident qu'il n'y eut pas de vie animale avant le cinquième jour, et que, au cinquième jour, les animaux aquatiques et les oiseaux apparurent. Il est évident, en outre, que les animaux terrestres autres que les oiseaux firent leur apparition le sixième jour, et pas avant. D'où il suit que, si dans toute la vaste masse des preuves tirées des circonstances, quant à ce qui s'est réellement passé dans l'histoire du globe, nous trouvons des indices de l'existence d'animaux terrestres autres que les oiseaux, à une certaine période, il est parfaitement sûr que tout ce qui s'est passé depuis ce temps doit être reporté au sixième jour.

Nous trouvons de nombreuses preuves de l'existence d'animaux terrestres dans la grande formation carbonifère, d'où l'Amérique tire une si grande proportion de sa richesse actuelle et potentielle, dans ces couches de charbon qui ont été formées par la végétation de cette période. Les animaux ont été décrits non seulement par les naturalistes d'Europe, mais par vos propres naturalistes. On y trouve de nombreux insectes alliés à nos blattes. Il y a des Araignées *Anthracomarti* et des Scorpions de grande taille, ces derniers si semblables aux Scorpions existants qu'il faut l'œil exercé du naturaliste pour les distinguer. En tant qu'on puisse prouver que ces animaux ont vécu dans l'époque Carbonifère, il est parfaitement évident que, si nous acceptons le récit Miltonien, l'immense masse de roches qui s'étend du milieu des formations paléozoïques jusqu'aux degrés supérieurs de la série, doit appartenir au jour que Milton appelle le sixième jour. Mais, en outre, il est expressément dit que les animaux aquatiques prirent naissance le cinquième jour, et pas avant ; d'où il suit que toutes les formations où l'on peut prouver l'existence de restes d'animaux aquatiques, et qui constatent par conséquent que ces animaux existaient au temps où ces formations étaient en cours de dépôt, doivent avoir été déposés soit durant la période nommée cinquième jour par Milton, soit après. Mais il n'y a absolument aucune formation fossilifère d'où les restes d'animaux aquatiques soient absents. Les plus anciens fossiles des roches Siluriennes sont des dépouilles d'animaux marins ; et si l'opinion soutenue par le Président Dawson et le Dr Carpenter, quant à la nature de l'Éozoon, est bien fondée, les animaux aquatiques ont existé à une période précédant le dépôt du charbon d'autant de temps que celle du charbon est éloignée de la nôtre, puisque l'Éozoon se trouve dans ces couches Laurentiennes qui sont à la base des séries de roches stratifiées. D'où il suit, assez clairement, que toute la série des roches stratifiées, si l'on veut les faire accorder avec la théorie de Milton, doit être rapportée aux cinquième et sixième jours, et que nous ne pouvons espérer trouver la moindre trace des produits des jours les plus anciens dans les annales géologiques. Si nous considérons ces simples faits, nous verrons combien sont futiles les tentatives faites pour établir un parallèle entre l'histoire que nous raconte la croûte terrestre, telle que nous la connaissons, et l'histoire que Milton nous raconte. Toute la série des roches stratifiées fossilifères doit être rapportée aux deux derniers jours, et ni la formation Carbonifère ni aucune autre ne peuvent donner de preuves de l'œuvre du troisième jour.

Ce n'est point la seule objection à opposer à toute tentative pour rétablir l'harmonie entre le récit Miltonien et les faits inscrits dans les roches fossilifères : il y a une autre difficulté. Suivant le récit de Milton, l'ordre où seraient apparus les animaux dans les roches stratifiées serait celui-ci : les poissons, y compris les baleines et les oiseaux ; après eux, toutes les variétés d'animaux terrestres, les oiseaux exceptés. Rien ne pourrait différer davantage des faits que nous découvrons ; nous n'avons pas la plus légère preuve de l'existence des oiseaux avant la formation Jurassique ou même Triasique, tandis que les animaux terrestres, ainsi que nous venons de le voir, se trouvent dans les roches Carbonifères.

S'il y avait concordance entre le récit Miltonien et

le témoignage tiré des circonstances, nous devrions avoir de nombreuses preuves de l'existence des oiseaux dans les roches Carbonifères, Dévoniennes et Siluriennes. Je n'ai pas besoin de dire que ce n'est point le cas, et qu'aucune trace d'oiseaux ne fait son apparition jusqu'à la période bien plus tardive que j'ai mentionnée.

Et puis, s'il était vrai que toutes les variétés des poissons, et les grandes Baleines, et autres animaux semblables eussent apparu le cinquième jour, nous devrions trouver les restes de ces animaux dans les roches plus anciennes, dans celles qui furent déposées avant l'époque Carbonifère. Nous trouvons des poissons, en nombre et en variété considérables; mais les baleines sont absentes, et les poissons ne sont pas ceux qui existent de nos jours. On ne trouve pas une seule des espèces de poisson existantes dans les formations Dévonienne ou Silurienne. D'où il suit que nous nous retrouvons en présence du même dilemme que j'ai déjà placé devant vous : ou les animaux venus au monde au cinquième jour n'étaient pas ceux que nous avons maintenant, et ne sont pas les ancêtres directs et immédiats de ceux qui existent ; auquel cas il a dû se passer ou des créations nouvelles dont on ne dit rien, ou un processus évolutif a dû se produire ; ou bien il faut renoncer à toute cette histoire comme étant non seulement dépourvue de preuves d'induction, mais contraire aux preuves qui existent.

J'ai placé devant vous, en quelques mots, un énoncé de l'ensemble et de la substance de l'hypothèse de Milton. Laissez-moi maintenant essayer d'exposer aussi brièvement l'effet de la preuve d'induction dans son rapport avec l'histoire passée de la terre, qui nous est fournie, sans la possibilité d'une erreur, sans le risque d'une omission, quant à ses traits principaux, par les roches stratifiées. Nous trouvons là que la grande série des formations représente une période de temps dont nos chronologies humaines peuvent à peine nous donner une unité de mesure. Je n'oserais prétendre dire comment nous devons estimer ce temps, en millions ou en billions d'années. La détermination de sa durée absolue est d'ailleurs absolument sans importance pour le but que je me propose. Mais nul doute que cette durée ne soit énorme.

Il résulte des plus simples méthodes d'interprétation que, laissant de côté certains assemblages de roches métamorphosées, et certains produits volcaniques, tout ce qui est maintenant terre ferme a été autrefois au fond des eaux. Il est tout à fait certain que, à une période relativement récente de l'histoire du monde — l'époque Crétacée, — aucun des grands traits physiques qui caractérisent la surface du globe n'existait. Il est certain qu'il n'y avait pas de Montagnes Rocheuses. Il est aussi certain que l'Himalaya n'existait pas. Et de même, ni les Alpes ni les Pyrénées n'existaient. La preuve en est aussi claire que possible, et c'est simplement que nous trouvons sur les flancs de ces montagnes, élevées par les forces de soulèvement qui les ont créées, des masses de roches Crétacées qui formaient le fond de la mer avant que ces montagnes n'existassent. Il est clair, par conséquent, que les forces de soulèvement qui leur ont donné naissance ont opéré après l'époque Crétacée, et que les montagnes elles-mêmes sont, en grande partie, construites de matériaux déposés dans la mer qui occupait autrefois leur place. A mesure que nous remontons la suite des temps, nous rencontrons de constantes alternances de mer et de terre, d'estuaires et d'océan ouvert, et, correspondant à ces alternances, nous remarquons les changements de la faune et de la flore auxquels j'ai fait allusion.

Mais l'examen de ces changements ne nous donne nullement le droit de croire qu'il y ait eu quelque solution de continuité dans les processus naturels. Il n'y a aucune trace de cataclysmes généraux, de déluges universels, ou de destructions soudaines de toute une faune ou une flore. Les signes qu'on avait autrefois interprétés en ce sens ont été trouvés erronés, à mesure que notre connaissance s'est accrue, et que les lacunes qui paraissaient autrefois exister entre les différentes formations se sont trouvées comblées. Un témoignage constamment croissant a confirmé la conclusion qu'il n'y a aucune interruption absolue entre les diverses formations, qu'il n'y a eu aucune disparition de toutes les formes de la vie, ni aucun remplacement de celles-ci par d'autres, mais que les changements ont eu lieu lentement et graduellement, qu'un type s'est éteint et qu'un autre a pris sa place, et qu'ainsi, par degrés insensibles, une faune a été remplacée par une autre. De sorte que, durant toute la durée de cette immense période indiquée par les roches stratifiées fossilifères, il n'y a pas la moindre preuve d'une interruption de l'uniformité des opérations de la nature, rien qui indique que les événements aient suivi une autre marche que celle d'une séquence évidente et régulière.

C'est là, dis-je, l'enseignement naturel et visible du témoignage d'induction contenu dans les roches stratifiées. Je vous laisse à décider si, par un artifice quelconque d'interprétation, par une extension quelconque du sens des mots, on peut faire concorder cet enseignement avec l'hypothèse de Milton.

Reste donc la troisième hypothèse, celle que j'ai désignée sous le nom d'hypothèse évolutioniste ; et je me propose, dans de prochaines conférences, de la discuter avec vous aussi sérieusement que nous avons examiné les deux autres hypothèses. Je n'ai pas besoin de dire qu'il est absolument inutile de chercher une preuve de témoignage de l'évolution. La nature même de ce cas empêche la possibilité d'une preuve pareille, car on ne peut pas plus s'attendre à ce que la race humaine témoigne de son origine, qu'à ce qu'un enfant puisse servir de témoin à son acte de naissance. Notre enquête consistera à demander quel appui la preuve inductive, ou de circonstances, prête à l'hypothèse, ou si elle contredit l'hypothèse. Je traiterai le sujet purement au point de vue de l'histoire. Je ne me permettrai de discuter aucune des probabilités spéculatives. Je n'essaierai point de démontrer que la nature est inintelligible à moins que nous n'adoptions quelque hypothèse de ce genre. Il se peut bien, en tant que je le sache, que la nature soit inintelligible ; elle est souvent énigmatique, et je ne vois aucune raison de supposer qu'elle soit tenue à s'adapter à nos idées.

Je placerai devant vous trois sortes de preuves, entièrement basées sur ce que l'on sait des formes de vie animale contenues dans la série des roches stratifiées. J'essaierai de vous montrer qu'il y a une sorte de preuves qui est neutre, c'est-à-dire qui n'est ni favorable ni contraire à l'évolution. J'apporterai ensuite une seconde espèce de témoignage indiquant une forte probabilité en faveur de l'évolution, mais ne la prouvant pas ; et, en dernier lieu, j'alléguerai un troisième genre de preuve qui, étant aussi complète que nous puissions espérer en obtenir en un pareil sujet et étant entièrement et d'une façon frappante en faveur de l'évolution, peut à juste titre s'appeler une preuve démonstrative de son occurrence.

DEUXIÈME CONFÉRENCE

Hypothèse de l'Évolution

LE TÉMOIGNAGE NEUTRE ET LE TÉMOIGNAGE FAVORABLE

Dans la conférence précédente, j'ai indiqué qu'il y a trois hypothèses qu'on peut formuler, et qui ont été énoncées, concernant l'histoire passée de la vie sur le globe. Suivant la première de ces hypothèses, des êtres vivants, tels que ceux qui existent, ont existé de toute éternité sur cette terre. Nous avons appliqué à cette hypothèse le critère de la preuve tirée des circonstances, ainsi que je l'ai appelée, preuve fournie par les restes fossiles contenus dans la croûte terrestre, et nous avons vu qu'elle est évidemment insoutenable. J'ai procédé, ensuite, à l'examen de la seconde hypothèse, que j'ai nommée l'hypothèse miltonienne, non qu'il m'importe particulièrement que John Milton l'ait sérieusement soutenue ou non, mais parce qu'elle est exposée clairement, et de façon à ne pas s'y méprendre, dans son grand poème. Je vous ai fait remarquer que les preuves à notre disposition contredisent aussi complètement cette hypothèse qu'elles contredisent la première. Et j'avoue avoir eu trop de respect pour votre intelligence pour juger nécessaire d'ajouter que la négation gardait toute sa valeur et sa clarté, quelle que fût la source d'où dérivait cette hypothèse ou l'autorité par laquelle on voulait la soutenir. J'ai exposé, en outre, que, selon la troisième hypothèse, celle de l'évolution, l'état actuel des choses est le dernier terme d'une longue série d'états qui, lorsqu'on remonte en arrière, ne montrent aucune interruption ni solution de continuité dans la causation naturelle. Je me propose, dans cette conférence et dans la suivante, d'éprouver cette hypothèse par la pierre de touche des témoignages à notre disposition, et de voir en quoi ce témoignage peut être classé comme indifférent ou neutre, ou jusqu'à quel point on peut le dire favorable, et finalement, jusqu'à quel point il est démonstratif.

On a, presque dès le début des discussions sur l'état actuel des mondes, soit animal, soit végétal, et sur les causes déterminantes de cet état, avancé comme objection à l'évolution, un argument que nous aurons à considérer très sérieusement. Cet argument fut énoncé clairement pour la première fois par Cuvier, dans sa critique des doctrines mises en avant par son grand contemporain Lamarck.

L'expédition française en Egypte avait appelé l'attention des savants sur la remarquable collection d'antiquités de ce pays, et l'on avait rapporté en France de nombreux corps, à l'état de momies, des animaux que les anciens Egyptiens révéraient et conservaient, et qui, selon un calcul raisonnable, ne doivent pas avoir vécu moins de trois ou quatre mille ans avant le temps où ils furent ainsi mis au jour. Cuvier essaya d'éprouver l'hypothèse que les animaux ont subi des modifications graduelles et progressives de structure, en comparant les squelettes et les autres parties des momies qui se trouvaient en état convenable de conservation, avec les parties correspondantes des représentants des mêmes espèces vivant maintenant en Egypte. Il arriva à la conviction qu'aucun changement appréciable ne s'était produit chez ces animaux au cours de cet espace considérable de temps, et nul ne conteste l'exactitude de sa conclusion.

Il est évident que, s'il peut être prouvé que les animaux ont persisté, sans subir aucun changement de structure qu'on puisse démontrer, pendant une période aussi longue que quatre mille ans, on ne peut soutenir aucune forme d'hypothèse d'évolution supposant que les animaux subissent un changement constant et nécessairement progressif ; à moins, il est vrai, qu'on n'affirme en outre que quatre mille ans constituent un temps trop court pour qu'on puisse découvrir un changement assez grand.

Mais il n'est pas moins clair que si le processus évolutif des animaux n'est pas indépendant des conditions du milieu, s'il peut être indéfiniment hâté ou retardé par des variations dans ces conditions, ou si l'évolution est simplement un processus d'adaptation à des conditions qui varient, l'argument contre l'hypothèse évolutioniste basé sur le caractère inaltéré de la faune égyptienne perd sa valeur, car les monuments qui sont contemporains des momies témoignent aussi fortement en faveur de l'absence de changements dans la géographie physique et les conditions générales du pays d'Égypte, au temps dont il s'agit, que le font les momies quant aux caractères immuables de sa population actuelle.

Le progrès des recherches depuis Cuvier nous a fourni de bien plus frappants exemples de la longue durée des formes spécifiques de la vie que ceux que nous offrent les ibis et crocodiles égyptiens momifiés. Il s'en trouve un cas remarquable en Amérique, dans le voisinage des chutes du Niagara. Tout auprès du gouffre, et aussi sur Goat Island (l'île de la Chèvre) dans les dépôts superficiels qui couvrent la surface du sous-sol rocheux dans ces régions, on a trouvé des restes d'animaux parfaitement conservés, et, parmi eux, des coquilles appartenant aux mêmes espèces qui habitent maintenant les eaux tranquilles du lac Érié. Il ressort clairement de la configuration du pays que ces vestiges d'animaux furent déposés dans les couches où ils se trouvent dans un temps où le lac s'étendait sur la région dans laquelle on les a découverts. Ceci implique la conclusion qu'ils ont vécu et sont morts avant que les chutes n'eussent frayé leur route à travers la gorge du Niagara ; et, en réalité, on a pu déterminer que, lorsque ces animaux vivaient, les chutes du Niagara devaient être au moins 6 milles plus bas dans la rivière qu'elles ne sont maintenant. Beaucoup de calculs ont été faits pour s'assurer de la proportion dans laquelle les chutes ont ainsi reculé. Ces calculs ont varié beaucoup, mais je crois me renfermer dans les bornes de la prudence en assurant que les chutes du Niagara n'ont pas dû reculer de plus d'un pied par an. Six milles, à compter en gros, font 30,000 pieds ; 30,000 pieds, à un pied par an, donnent trente mille années ; et nous sommes ainsi autorisés à conclure qu'il ne s'est pas écoulé une période moins considérable depuis que les coquillages, dont les restes se trouvent dans les couches auxquelles j'ai fait allusion, étaient des créatures vivantes.

Mais il y a une preuve bien plus forte de la longue durée de certains types. J'ai déjà dit que, à mesure que nous remontons à travers la grande série des formations tertiaires, nous trouvons beaucoup d'espèces d'animaux identiques à ceux qui vivent actuellement, diminuant en nombre, il est vrai, mais existant encore, dans une certaine proportion, dans les roches les plus anciennes du Tertiaire. En outre, en examinant les roches de l'époque Crétacée, nous y trouvons les restes de quelques animaux que l'examen le plus attentif ne peut prouver être, à aucun égard important, différents de ceux qui vivent de nos jours. C'est le cas d'une des coquilles Crétacées d'une Térébratule qui a continué à exister sans changements, ou avec des variations insignifiantes, jusqu'aujourd'hui. Il en est de même, pour les Globigérines, dont les squelettes, tous agglomérés, forment une grande proportion de la craie anglaise. On peut rattacher ces Globigérines à celles qui vivent à la surface des grands océans actuels, et dont les restes, tombant au fond de la mer, y forment une boue crayeuse. D'où il suit qu'il faut admettre que certaines espèces existantes d'animaux ne montrent aucun signe distinct de modification ou de transformation, au cours d'un espace de temps aussi grand que celui qui nous ramène à la période Crétacée, et qui, quelle que soit sa mesure exacte, dépasse assurément de beaucoup trente mille années.

Quelques groupes d'espèces sont alliés de si près entre eux qu'il faut l'œil d'un naturaliste pour les distinguer l'un de l'autre. Si nous négligeons les petites différences qui séparent ces formes, et si nous considérons toutes les espèces de groupes semblables comme étant des modifications d'un seul type, nous trouvons que, même parmi les animaux supérieurs, quelques types ont eu une durée merveilleuse. Dans la craie, par exemple, on a trouvé un poisson appartenant au groupe le plus élevé et le plus différencié des poissons osseux, qui porte le nom de *Beryx*. Les restes de ce poisson sont parmi les fossiles les plus beaux et les mieux conservés de la craie anglaise. On peut les étudier anatomiquement, en ce qui concerne les parties dures, presque aussi bien que s'il était d'origine récente. Mais le genre *Beryx* est représenté, de nos jours, par des espèces très voisines qui habitent les océans Pacique et Atlantique. Nous pouvons remonter encore plus loin. J'ai déjà fait allusion au fait que les formations Carbonifères, en Europe et en Amérique, contiennent des vestiges de Scorpions dans un état admirable de conservation, et que ces Scorpions peuvent à peine se distinguer de ceux qui vivent maintenant. Je ne veux point dire qu'ils ne sont pas différents, mais il faut un examen attentif pour les distinguer des scorpions modernes.

Il y a plus. Au fond même de la série Silurienne, dans des couches que quelques autorités rattachent à la formation Cambrienne, où les signes de la vie commencent à nous manquer, — même là, parmi les quelques rares débris d'animaux qui peuvent se découvrir, nous trouvons des espèces de mollusques qui sont alliées de si près aux formes existantes que, à une époque, elles ont été groupées sous le même nom générique. Je veux parler de la *Lingula* bien connue des *Lingula-Flags*, qui, dernièrement, par suite de quelques légères différences, a été placée dans le nouveau genre *Lingulella*. Pratiquement, elle appartient au même grand groupe générique que la *Lingula*, qui se trouve aujourd'hui sur les rivages d'Amérique, de beaucoup d'autres parties du monde.

La même vérité est manifestée, à certaines grandes périodes de l'histoire de la terre, — comme, par exemple, l'époque Mésozoïque. Il y a des groupes de reptiles, tels que les Ichthyosaures et les Plésiosaures, qui apparaissent peu de temps après le commencement de cette époque, et s'y montrent en grand nombre. Ils disparaissent avec la craie, et, à travers toute la grande série des roches Mésozoiques, ils ne présentent aucune modification qui puisse être considérée comme preuve de modification progressive.

Des faits de ce genre sont sans doute contraires à toute forme de la doctrine d'évolution invoquant la supposition qu'il y a une nécessité intrinsèque, de la part de formes animales qui existent, à subir de continuelles modifications; et ils sont tout aussi opposés à la croyance que telle modification doit se produire, aussi dans la même proportion, dans tous les types différents de la vie animale ou végétale. Il est évident que ces faits, tels que je les ai placés devant vous, contredisent directement toute forme de l'hypothèse de l'évolution qui réclame ces deux postulats.

Darwin a rendu un grand service à la doctrine de l'évolution, en général, en ceci: il a montré qu'il y a deux facteurs principaux dans le processus de l'évolution: l'un d'eux est la tendance à varier, dont l'observation a montré l'existence dans toutes les formes vivantes; l'autre est l'influence des conditions du milieu sur ce que je puis appeler la forme mère, et les variations qui s'en sont développées. La cause de la production des variations est un sujet qui n'est pas du tout compris maintenant. Soit que la variation dépende de quelque mécanisme compliqué — si je puis me servir de cette expression, — de l'organisme vivant lui-même, soit qu'elle naisse de l'influence des conditions sur cette forme, c'est là une question qui n'est point vidée et reste en suspens. Mais le point important, c'est que, étant donnée l'existence de la tendance à produire les variations, soit que les variations produites survivent et supplantent la forme mère, soit que la forme mère survive, et supplante les variations, c'est là une affaire qui dépend entièrement des conditions donnant naissance à la lutte pour l'existence. Si les conditions du milieu sont telles que la forme mère soit plus apte à s'en accomoder et à y prospérer que les formes dérivées, cette forme mère s'y maintiendra, et les formes dérivées seront exterminées. Mais si, au contraire, les conditions sont telles qu'elles favorisent plus la forme dérivée que la forme mère, cette dernière sera détruite, et la forme dérivée la remplacera. Dans le premier cas, il n'y aura ni progression ni changement de structure à travers toute série imaginable de siècles; dans le second, il y aura modification et changement de forme.

Donc, l'existence de ces types persistants, ainsi que je les ai nommés, n'est pas un obstacle réel à la théorie de l'évolution. Prenez l'exemple des scorpions déjà cités. Nul doute que, depuis l'époque Carbonifère, certaines conditions ont toujours existé, telles que celles qui existaient quand les Scorpions de cette époque florissaient; conditions où les Scorpions se trouvaient mieux, et plus à même de surmonter les difficultés qui se présentent, qu'aucune variation du type Scorpion qu'ils puissent avoir produite; et, pour cette raison, le type Scorpion a persisté, et n'a pas été supplanté par une autre forme. Et il n'y a aucune raison, dans la nature des choses, pour que, tant que le monde existera, si les conditions favorisent plus les Scorpions qu'aucune variation naissant d'eux, ces formes de la vie ne persistent.

Par conséquent, l'objection fondamentale à l'hypothèse évolutioniste, basée sur la longue durée de certains types animaux et végétaux, n'en est pas réellement une.

Les faits de ce genre — et ils sont nombreux — appartiennent à cette classe de preuves que j'ai appelée indifférente, c'est-à-dire qu'ils ne peuvent donner un appui direct à la doctrine de l'évolution, mais ils sont susceptibles d'une interprétation parfaitement compatible avec cette doctrine.

Il y a un autre ordre de faits appartenant à la classe des preuves négatives ou indifférentes. Le grand groupe des Lézards, qui abonde dans le monde actuel, s'étend à travers toute la série des formations, aussi loin que l'époque Permienne, ou, l'époque Paléozoïque la plus récente. Les Lézards Permiens diffèrent étonnamment peu de ceux qui existent de nos jours. Si nous comparons la somme des différences entre eux et les Lézards modernes avec le prodigieux espace de temps entre l'époque Permienne et le siècle actuel, on peut dire que la quantité de changement est insignifiante. Mais, en faisant remonter nos recherches plus haut, nous ne retrouvons aucune trace de Lézards, ni d'aucun vrai reptile, dans toute la masse de formations antérieure à la formation Permienne.

Maintenant, il est parfaitement évident que, si nous devons accepter nos collections paléontologiques, même d'une façon approximative, comme une représentation adéquate de toutes les formes d'animaux et de plantes qui aient jamais vécu, et si les annales fournies par la série connue des roches stratifiées rendent compte de toute la série d'événements qui constituent l'histoire de la vie sur le globe, un fait pareil est en contradiction directe avec l'hypothèse de l'évotion, parce que cette hypothèse a pour postulat que l'existence de chaque forme doit avoir été précédée par celle de quelque forme qui en différait un peu. Toutefois, nous avons ici à tenir compte de l'importante vérité sur laquelle Lyell et Darwin ont si bien insisté, — l'imperfection des annales géologiques. On peut démontrer que les annales géologiques doivent être incomplètes, qu'elles ne peuvent conserver que des restes trouvés dans certaines localités favorables et sous des conditions particulières, qu'elles doivent être détruites par des processus de dénudation, et oblitérées par des processus de métamorphose. Des couches de roches d'une épaisseur quelconque, bourrées de restes organiques, peuvent cependant, soit par l'infiltration des eaux, soit par l'influence de la chaleur souterraine, perdre tout vestige de ces restes, et, par suite, présenter l'apparence de couches formées dans des conditions où les formes vivantes étaient absentes.

Les roches métamorphiques se rencontrent dans les formations de tous les âges, et, en divers cas, il y a de fortes raisons de croire qu'elles ont contenu des restes organiques, et que ces restes ont été absolument oblitérés.

J'insiste d'autant plus sur les imperfections des annales géologiques que ceux qui ne sont pas au courant de ces sujets sont portés à dire : « Tout cela est très bien, mais, quand vous vous trouvez embarrassé pour justifier votre théorie d'évolution, vous en appelez à l'état inachevé et imparfait des annales de géologie ; » et je désire vous montrer clairement que cette imperfection est un fait capital, dont nous devons toujours tenir compte dans nos spéculations sous peine de nous égarer constamment.

Vous voyez (fig. 2) une singulière série d'empreintes de pieds analogue à ceux qu'a découverts mon ami le professeur Marsh, avec qui j'eus récemment l'occasion de visiter précisément la localité du Massachusetts où se trouvent ces traces.

Je puis, par conséquent, témoigner, s'il en est besoin, de l'exactitude du diagramme. La vallée du Connecticut est une terre classique pour le géologue. Elle contient de grandes couches de grès, couvrant beaucoup de kilomètres carrés, qui ont, évidemment, autrefois, formé une partie d'un ancien rivage ou peut-être de lac. Durant une certaine période de temps, après avoir été déposées, ces couches sont restées assez molles pour recevoir les empreintes des pieds des animaux quelconques qui marchaient dessus, et pour les conserver ensuite exactement de la même manière que de semblables empreintes sont conservées, de nos jours, sur les plages de la baie de Fundy, et ailleurs. La figure 2 représente la trace de quelque animal gigantesque, qui marchait sur ses pattes de derrière. On voit la série de marques faites alternativement, par le pied droit et le pied gauche; de telle sorte que, d'une empreinte à l'autre du pied du même côté, il y a un pas ; ce pas, que nous avons mesuré, est de deux mètres vingt-cinq centimètres

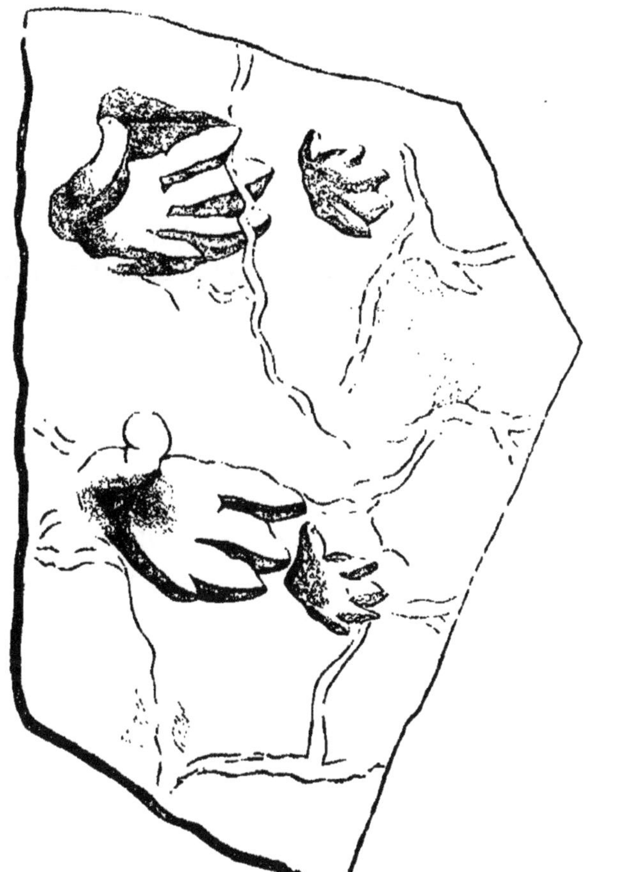

FIG. 2. — Empreintes de pas de reptiles (*Chirotherium*).

environ. Je vous laisse donc à imaginer l'énorme dimension de la créature qui, en marchant le long de cet antique rivage, a fait de telles empreintes.

On trouve, dans ces grès, des milliers d'empreintes semblables. On en a découvert de cinquante ou soixante espèces différentes, et elles occupent d'immenses espaces. Mais, jusqu'à nos jours, il n'a pas été trouvé un seul os, un seul fragment, d'aucun des animaux qui ont laissé ces grandes empreintes ; dans le fait, les seuls restes d'animaux qui aient été trouvés dans tous ces dépôts, depuis qu'on les a découverts jusqu'à aujourd'hui — quoiqu'on les ait activement recherchés, — se bornent à un squelette fragmentaire d'une des plus petites formes. Que sont devenus les os de tous ces animaux ? Nous n'avons point ici affaire à de petites créatures, mais à des animaux dont les pas sont énormes, et leurs débris doivent être restés quelque part. Il est probable qu'ils ont été dissous, et absolument perdus.

J'ai eu l'occasion d'étudier la nature de restes fossiles dont il n'est resté que les moules des os, les matériaux solides du squelette ayant été dissous par l'infiltration des eaux. Dans ce cas, ce fut un heureux hasard qui fit qu'un grès se déposât, et que les os, étant ensuite dissous, laissassent des cavités de la forme qu'avaient ces os. Si le grès eût été différemment composé, les os eussent été dissous, les couches de grès se seraient effondrées ensemble en une seule masse, et on n'eût pu découvrir la plus légère indication de l'existence de l'animal.

Je ne connais pas de preuve plus frappante que celle de ces faits, de la prudence qu'il nous faut apporter dans nos conclusions ; il ne s'ensuit pas, de ce que les restes organiques sont absents dans un dépôt, qu'il n'y ait pas existé des animaux ou des plantes au temps où il s'est formé. Je crois qu'avec une intelligence réelle de la doctrine de l'évolution, d'une part, et une juste appréciation de l'imperfection des annales géologiques, de l'autre, toute difficulté sera écartée de l'espèce de preuve à laquelle j'ai fait allusion; et que nous sommes autorisés à croire que tous les cas pareils sont des exemples de ce que j'ai appelé preuve négative ou indifférente, — c'est-à-dire que ces cas n'appuient aucunement l'hypothèse de l'évolution, mais qu'ils ne doivent pas être considérés comme des obstacles à notre croyance en cette doctrine.

Je passe maintenant à l'examen des cas qui, pour des raisons que j'indiquerai tout à l'heure, ne peuvent être considérés comme démontrant la vérité de l'évolution, mais qui sont tels que nous nous attendrions à les trouver si l'évolution est vraie, et qui sont, par conséquent, tout compte fait, une preuve en faveur de cette théorie. Si la doctrine évolutioniste est vraie, il s'ensuit que, quelque divers que puissent être entre eux les différents groupes d'animaux et de plantes, ils doivent tous avoir été, à un temps ou à un autre, reliés par des formes de transition, de telle sorte que, depuis les animaux supérieurs, quels qu'ils soient, jusqu'au plus petit atome de matière protoplasmique dans lequel la vie puisse se manifester, une série de gradations, conduisant d'une extrémité de la série à l'autre, existe ou a existé. C'est là, sans nul doute, un postulat nécessaire de la doctrine de l'évolution. Mais quand nous considérons la nature telle qu'elle est, nous trouvons un état de choses entièrement différent. Nous voyons les animaux et les plantes se réunir en groupes, dont les différents membres sont alliés d'assez près, mais qui sont séparés par des différences définies, plus ou moins grandes, des autres groupes. En d'autres termes, on ne rencontre maintenant aucune forme intermédiaire comblant ces lacunes ou ces intervalles.

Pour éclaircir ce que je veux dire, laissez-moi appeler votre attention sur les animaux vertébrés qui vous sont le plus familiers, tels que les mammifères, les oiseaux et les reptiles. De nos jours, ces groupes d'animaux sont parfaitement bien définis l'un de l'autre. Nous ne connaissons aucun animal vivant qui soit, en aucun sens, intermédiaire entre le mammifère et l'oiseau, ou entre l'oiseau et le reptile ; mais, au contraire, il y a beaucoup de particularités anatomiques très distinctes, des marques bien définies, par lesquelles le mammifère est séparé de l'oiseau, et l'oiseau du reptile. Les distinctions sont évidentes et frappantes si vous comparez les définitions de ces grands groupes tels qu'ils existent maintenant.

On peut en dire autant de beaucoup des groupes subordonnés, ou ordres, dans lesquels ces grandes classes sont divisées. De nos jours, par exemple, il y a de nombreuses formes de pachydermes non Ruminants, ou ce que nous pouvons appeler, en gros, la tribu des Porcs, et beaucoup de variétés de ruminants. Ces derniers ont leurs traits caractéristiques définis, et les premiers leurs particularités distinctives. Mais rien ne vient remplir la lacune entre les

Ruminants et la tribu des Porcins. Ces deux restent distincts. Il en est de même quant aux groupes inférieurs de la classe des reptiles. La faune actuelle nous montre des Crocodiles, des Lézards, des Serpents et des Tortues; mais aucun lien ne relie le Crocodile au Lézard, ni le Lézard au Serpent, ni aucun de ces groupes entre eux. Ils sont séparés par de véritables solutions de continuité. Si l'on pouvait démontrer que cet état de choses a toujours existé, le fait serait fatal à la doctrine de l'évolution. Si l'on ne trouve nulle part, dans les annales géologiques de l'histoire passée du globe les formes intermédiaires qui, suivant la théorie évolutioniste, devraient avoir existé entre ces groupes, cette absence est un argument négatif du plus grand poids et de la plus grande force contre l'évolution; tandis que, d'autre part, si des formes intermédiaires de ce genre sont découvertes, elles profiteront à l'évolution; bien que, pour des raisons que je vous soumettrai tout à l'heure, nous devions être prudents dans notre appréciation de l'importance de faits de cette espèce.

C'est une circonstance digne de remarque que, dès le commencement de l'étude sérieuse des restes fossiles en réalité, depuis que Cuvier commença ses brillantes recherches sur les fossiles trouvés dans les carrières de Montmartre, la Paléontologie a montré le parti qu'elle tirerait de ce sujet, et la sorte de témoignage qu'il était en son pouvoir de produire.

Je viens de dire que, dans la faune actuelle, le groupe des animaux semblables au Porc et celui des Ruminants sont entièrement distincts l'un de l'autre; mais une des premières découvertes de Cuvier fut celle d'un animal qu'il appela Anoplothérium, et qui se trouva être, à beaucoup d'égards, d'une grande importance, étant d'un caractère intermédiaire entre les Porcins, d'une part, et les Ruminants, de l'autre. Ainsi les recherches dans l'histoire du passé tendirent, dans une certaine mesure, à combler la lacune entre le groupe des Ruminants et celui des Porcins. Un autre animal reconstruit par le grand paléontologiste français, le Paléothérium, tendait semblablement à relier ensemble des animaux en apparence aussi différents que le Rhinocéros, le Cheval et le Tapir. Des recherches subséquentes ont jeté la lumière sur une multitude de faits du même ordre; et, de nos jours, les investigations d'anatomistes, tels que Rutimeyer et Gaudry, ont contribué à combler, de plus en plus, les vides dans la série de nos mammifères actuels et à rattacher l'un à l'autre des groupes qu'on croyait autrefois distincts.

Mais je pense qu'il serait d'un intérêt particulier, au lieu de traiter de ces exemples qui exigeraient beaucoup de détails ostéologiques fastidieux, de passer au cas des Oiseaux et des Reptiles, groupes qui, de nos jours, sont si nettement distincts l'un de l'autre qu'il n'y a peut-être aucune classe d'animaux qui se trouvent plus complètement séparés, dans l'opinion populaire. Les Oiseaux actuels sont, ainsi que chacun le sait, couverts de plumes; leurs extrémités antérieures, modifiées d'une manière spéciale et particulière, sont converties en ailes, à l'aide desquelles la plupart d'entre eux sont mis à même de voler; ils marchent debout sur deux pattes, et ces membres, quand on les examine anatomiquement, présentent nombre de particularités très remarquables, auxquelles j'aurai l'occasion, dans la suite, de faire allusion, et qui ne se rencontrent, même d'une façon approximative, dans aucune forme actuelle de Reptiles. D'autre part, les Reptiles actuels n'ont pas de plumes. Ils ont la peau nue, ou des écailles cornées, ou des plaques osseuses, ou ces deux dernières en même temps. Ils n'ont point d'ailes ; ils ne peuvent ni voler au moyen de leurs membres antérieurs ni marcher habituellement debout sur leurs membres postérieurs, et les os de leurs pattes ne présentent aucune des modifications que nous trouvons chez les Oiseaux. Il est impossible d'imaginer deux groupes séparés d'une manière plus définie et plus distincte, malgré certains caractères qui leur sont communs.

En suivant la trace de l'histoire des Oiseaux dans le passé, nous trouvons leurs restes, quelquefois en grande abondance, dans toute l'étendue des couches Tertiaires ; mais, dans la limite de nos connaissances actuelles, les oiseaux des couches Tertiaires gardent les mêmes caractères essentiels que ceux de nos jours. En d'autres termes, les oiseaux Tertiaires rentrent dans la définition de la classe formée par les oiseaux actuels, et sont tout autant séparés des Reptiles que le sont les Oiseaux actuels. Il n'y a pas très longtemps qu'on n'avait encore trouvé aucun débris d'oiseaux au-dessous des couches Tertiaires, et je n'affirmerai pas que quelques personnes ne fussent prêtes à prouver qu'ils n'auraient pu exister à une période plus reculée. Mais, au cours des quelques dernières années, des restes de ce genre ont été découverts en Angleterre, bien que, par malheur, dans un état si imparfait et si fragmentaire qu'il est impossible de dire s'ils différaient ou non des oiseaux actuels par un caractère essentiel quelconque. En Amérique, le développement des séries de couches Crétacées est énorme; les conditions dans lesquelles ont eu lieu les dépôts des dernières strates Crétacées est très favorable à la conservation des restes organiques; et les recherches, pleines de labeur et de danger, qu'a poursuivies le professeur Marsh dans les coches Crétacées de l'Amérique occidentale, ont été récompensées par la découverte de formes d'oiseaux dont nous n'avions eu jusqu'ici aucune idée. Grâce à son obligeance, je puis mettre sous vos yeux une restauration d'un de ces oiseaux extraordinaires, restauration dont chaque partie peut être entièrement justifiée par les squelettes plus ou moins complets et parfaitement conservés qu'il a découverts. Cet Hespérornis (fig. 3), qui mesurait entre 5 et 6 pieds de longueur, ressemble étonnamment à nos Plongeons ou Grèbes actuels, à beaucoup d'égards; il leur ressemble tellement, en effet, que si le squelette d'Hespérornis eût été trouvé dans un musée sans son crâne, il eût probablement été classé dans le même groupe d'oiseaux, parmi les Plongeons et Grèbes de nos jours[1]. Mais l'Hespérornis diffère de tout oiseau vivant, et

[1] L'absence de toute saillie sur le bréchet et d'autres particularités ostéologiques observées par le professeur Marsh, cependant, donnent à penser que l'Hespérornis pourrait bien être une modification d'un groupe d'oiseaux moins spécialisés que celui auquel appartiennent les oiseaux aquatiques actuels.

ressemble aux reptiles par un détail important, — il est pourvu de dents. Ses longues mâchoires sont armées de dents qui ont des couronnes courbées et d'épaisses racines (fig. 4), et ne sont pas enchassées dans des alvéoles, mais logées dans une rainure. Par ses dents, l'Hespérornis diffère de tout oiseau actuel, et

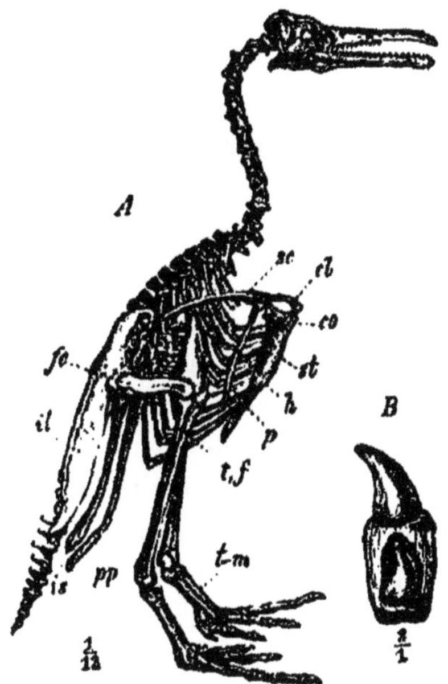

Fig. 3. — *Hesperornis regalis*, Marsh.

de tout oiseau découvert jusqu'ici dans les formations Tertiaires, les dentelures dentiformes des mâchoires de l'Odontoptéryx de l'Argile de Londres n'étant que des processus de la substance osseuse des mâchoires et non des dents au sens propre du mot. Les traits caractéristiques de cet oiseau nous obligent donc à modifier nos définitions des classes des Oiseaux et des Reptiles.

Avant la découverte de l'Hespérornis, la définition de la classe *Aves*, basée sur notre connaissance d'oiseaux vivants, aurait pu s'étendre à tous les Oiseaux; on eût pu dire que l'absence de dents caractérisait la classe des Oiseaux; mais la découverte d'un animal qui, dans chaque partie de son squelette, ressemble exactement aux oiseaux actuels et qui pourtant a des dents, nous montre qu'il y avait autrefois des oiseaux qui, en ce qui concerne les dents, se rapprochaient plus des Reptiles que ne le fait aucun oiseau de nos jours, et, dans une certaine mesure, comble la lacune entre les deux classes.

La même formation géologique a fourni un autre oiseau, appelé Ichthyornis (fig. 5), qui possède aussi des dents; mais les dents sont placées dans des alvéoles distinctes, tandis que celles de l'*Hespérornis* ne le sont pas. Ce dernier a aussi des ailes tellement petites, et presque rudimentaires, qu'il doit avoir été surtout nageur et plongeur comme le Pingouin: tandis que l'Ichthyornis a de fortes ailes et devait posséder une puissance de vol proportionnée. L'Ichthyornis différait aussi en ce fait que ses vertèbres n'ont pas les caractères des vertèbres des oiseaux actuels, ni de ceux qu'on connait du Tertiaire, mais étaient concaves à chaque extrémité. Cette découverte nous oblige à faire encore une modification de la définition du groupe des Oiseaux, et à supprimer encore un des caractères par lesquels presque tous les oiseaux existants se distinguent des Reptiles.

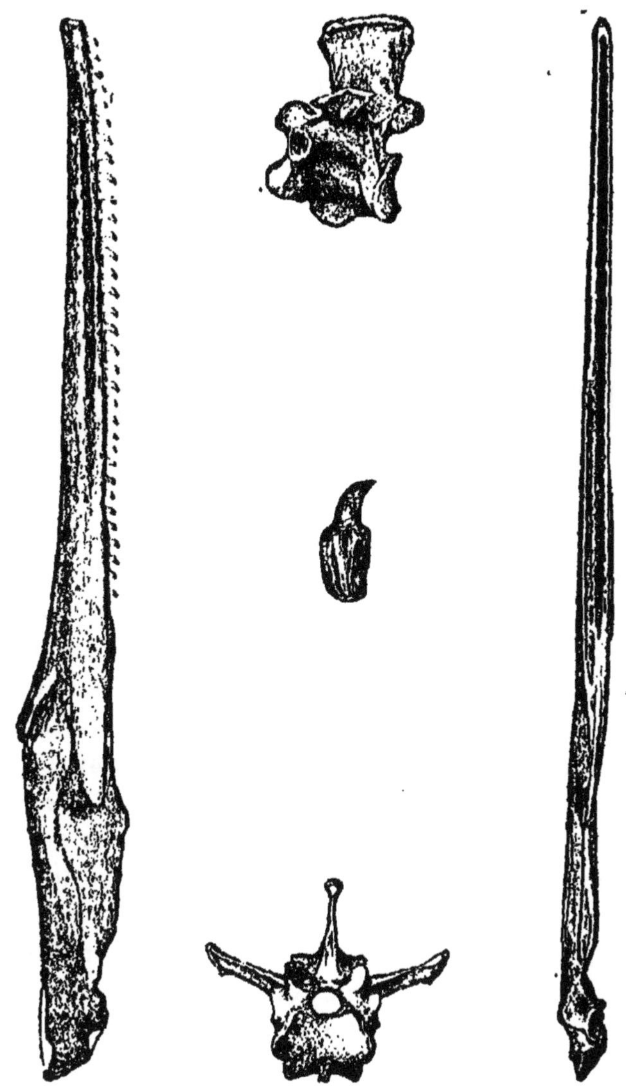

FIG. 4 à 8. — *Hespérornis regalis*. Marsh.

Mâchoire inférieure vue de côté et d'en haut. — Dent séparée. — Vertèbre vue de face et de côté.

En dehors des quelques restes fragmentaires des grès verts anglais auxquels j'ai fait allusion, les roches mésozoïques plus anciennes que celles où l'Hespérornis et l'Ichthyornis ont été découverts n'ont présenté aucune trace certaine d'oiseaux, sauf la remarquable exception des ardoises de Solenhofen. Ces prétendues ardoises se composent d'une boue calcaire à grains fins, qui s'est durcie en pierre lithographique, et dans laquelle des restes organiques sont presque aussi bien conservés qu'ils pourraient l'être dans du plâtre de Paris. Elles ont fourni l'Archéoptéryx, dont l'existence nous a été révélée d'abord par la trouvaille d'une plume fossile, ou plutôt par l'empreinte de cette plume. Il semble assez étonnant qu'une chose aussi périssable qu'une plume, et rien de plus, fût ainsi découverte; cependant, pendant longtemps, on ne connut de cet oiseau que cette plume. Mais, peu à peu, on découvrit un squelette, unique, qui se trouve maintenant au British Museum. Le crâne de cet exemplaire unique [1] manque, par malheur, et il est, par conséquent, impossible de savoir si l'Archéoptéryx possédait, ou non, des dents. Mais le reste de la charpente est assez bien conservé pour ne laisser aucun doute quant aux traits principaux de l'animal, qui sont très singuliers. Les pattes ne sont pas tout à fait comme celles d'un oiseau, mais présentent les caractères spéciaux de celles d'oiseaux percheurs, tandis que le corps est recouvert de vraies plumes. Néanmoins, à quelques autres égards, l'Archéoptéryx

[1] Il s'en trouve maintenant un second exemplaire à Berlin, avec crâne complet et mâchoires dentées (1891).

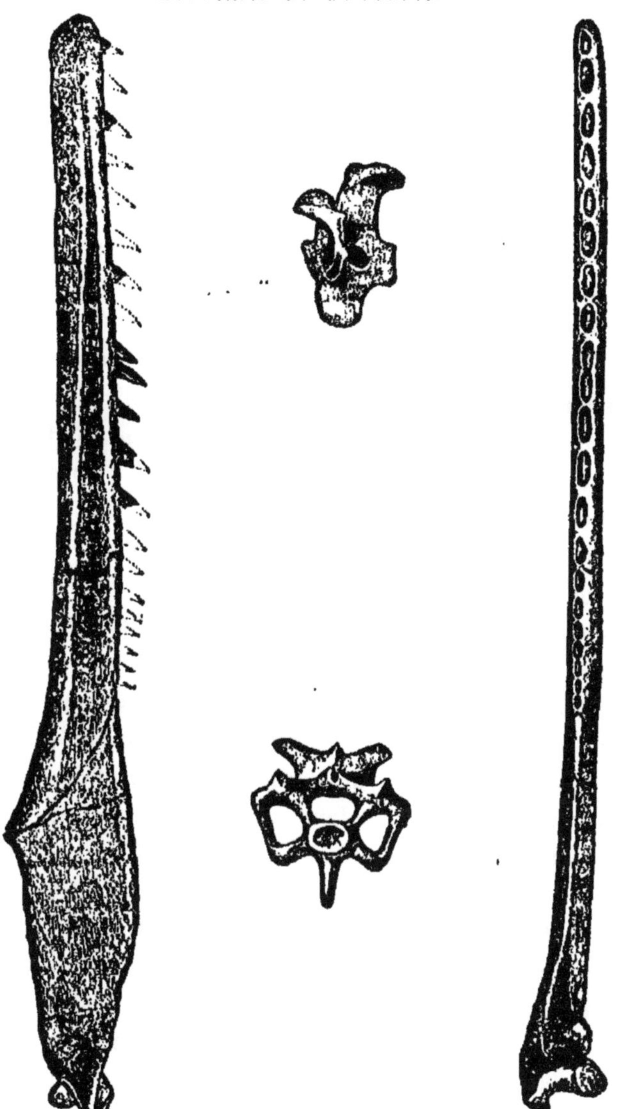

FIG. 9 à 12. — *Ichthyornis dispar*, Marsh.
Mâchoire inférieure vue de côté et d'en haut. — Vues latérale et terminale d'une vertèbre.

ne ressemble pas à un Oiseau, et ressemble à un Reptile. Il a une longue queue composée de beaucoup de vertèbres (fig. 13). La structure de l'aile diffère, en quelques points très remarquables, de ce qu'elle est dans un véritable oiseau. Dans ce dernier, l'extrémité de l'aile répond au pouce et à deux doigts de la main; mais les os du métacarpe ou ceux qui correspondent aux os des doigts qui sont dans la paume de la main sont fondus ensemble en une seule masse; et tout l'appareil, sauf les dernières jointures du pouce, est lié dans un fourreau de téguments, tandis que le bord de la main porte les principales pennes. Chez l'Archéoptéryx, l'os de la partie supérieure du bras est comme celui d'un oiseau, et les deux os de l'avant-bras sont plus ou moins comme ceux d'un oiseau, mais les doigts ne sont pas liés ensemble, — ils restent libres. On n'est pas sûr de leur nombre[1], mais plusieurs d'entre eux, si ce n'est tous, se terminent par des griffes fortement courbées, non comme celles que l'on trouve parfois chez les Oiseaux, mais comme celles des Reptiles; de sorte que, dans l'Archéoptéryx, nous avons un animal qui, dans une certaine mesure, occupe une place intermédiaire entre l'Oiseau et le Reptile. C'est un Oiseau en ce qui concerne ses pattes, et diverses autres parties de son squelette; c'est essentiellement et complètement un oiseau par les plumes; mais c'est plus proprement un Reptile par le fait que la région représentant la main a des os séparés, avec des griffes ressemblant à celles qui terminent les membres antérieurs d'un Reptile. En

[1] Il y en avait trois, toutes terminées par des griffes (1891).

outre, il a une longue queue de Reptile avec une frange de plumes de chaque côté, tandis que, chez tous les véritables Oiseaux connus jusqu'ici, la queue

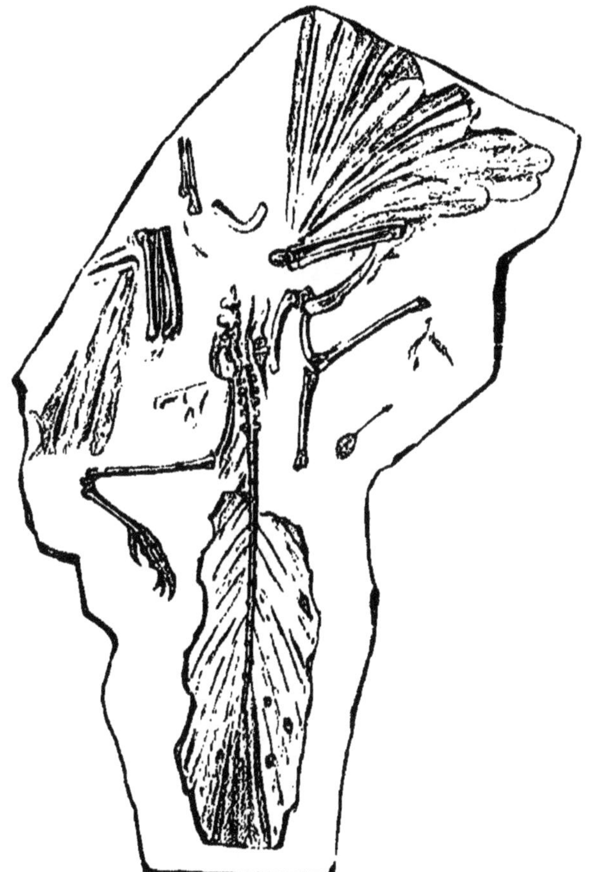

FIG. 13. — *Archæopteryx.*

est relativement courte, et que les vertèbres qui constituent sa charpente sont généralement modifiées d'une manière particulière.

De même que l'Anoplothérium et le Paléothérium, par conséquent, l'Archéoptéryx tend à combler la lacune entre des groupes qui, dans le monde actuel, sont grandement séparés, et à détruire la valeur des définitions des groupes zoologiques basées sur la connaissance des formes actuelles. Des cas, tels que ceux-ci constituent un témoignage en faveur de l'évolution, en ce qu'ils prouvent qu'à des époques reculées

FIG. 14. — *Paléotherium*, d'après Cuvier.

de l'histoire du monde, il y avait des animaux qui dépassaient les bornes des groupes actuels, et tendaient à les fondre en de plus grands assemblages. Ils montrent que l'organisation animale est plus flexible que notre connaissance des formes récentes ne nous amenait à le croire, et que plus d'une transformation et combinaison anatomique, dont le monde actuel ne donne aucun indice, peut néanmoins avoir existé.

Mais il ne s'ensuit aucunement, de ce que le Paléothérium (fig. 14) tient beaucoup du Cheval, d'une part, et du Rhinocéros, de l'autre, qu'il soit la forme de transition par laquelle les Rhinocéros ont passé pour devenir Chevaux, ou *vice versa* ; au contraire, une supposition pareille serait certainement erronée. Je ne pense pas, non plus, qu'il soit probable que la transition du reptile à l'oiseau se soit effectuée par une forme telle que celle de l'Archéoptéryx. Et il conviendra de distinguer les formes intermédiaires entre deux groupes, qui ne représentent pas le passage réel d'un groupe à l'autre, comme types *intercalaires* par opposition aux types *linéaires* qui, d'une façon plus ou moins approximative, indiquent la nature des pas par lesquels s'effectue la transition d'un groupe à l'autre.

J'imagine que ces formes linéaires, constituant une série de transitions entre le Reptile et l'Oiseau, et nous permettant de comprendre la manière dont le Reptile a été métamorphosé en Oiseau, doivent réellement se trouver dans un groupe de Reptiles anciens et éteints connus sous le nom d'*Ornithoscélidés*. Les restes de ces animaux se trouvent dans toute la série des formations Mésozoïques, du Trias à la Craie, et il y a même des indications de leur existence jusque dans les couches Paléozoïques récentes.

La plupart de ces reptiles maintenant connus sont d'une grande taille : quelques-uns atteignent même une longueur de 40 pieds et même plus. La plupart ressemblent à des Lézards et à des Crocodiles dans leur forme générale, et beaucoup d'entre eux, comme les Crocodiles, étaient protégés par une armure de plaques osseuses. Mais chez d'autres, les membres postérieurs s'allongent, et les antérieurs se raccourcissent, jusqu'à ce que leurs proportions relatives se rapprochent de celles qui sont observées chez l'Autruche aux ailes courtes, parmi les oiseaux.

Le crâne est relativement léger, et en quelques cas, les mâchoires, tout en portant des dents, sont en forme de bec à leur extrémité, et semblent avoir été enveloppées dans un fourreau de corne. Dans la partie de la colonne vertébrale qui se trouve entre les os des hanches, et se nomme sacrum, nombre de vertèbres peuvent se réunir en un tout, et à cet égard, comme dans quelques détails de son anatomie, le sacrum de ces reptiles se rapproche de celui des oiseaux.

Mais c'est par la structure du bassin et du membre postérieur que quelques-uns de ces anciens Reptiles ressemblent de la façon la plus remarquable aux Oiseaux, et indiquent clairement la voie par laquelle s'est faite l'évolution des traits caractéristiques les plus spécialisés de l'Oiseau, hors des parties correspondantes chez le Reptile.

Dans la figure 6 sont représentés, à côté les uns des autres, le bassin et les membres antérieurs d'un Crocodile, d'un oiseau à trois orteils, et d'un Ornithoscélidés; pour faciliter la comparaison, on les a mis en positions correspondantes; mais il ne faut pas oublier que, tandis que la position du membre de l'oiseau est naturelle, celle du Crocodile ne l'est pas. Chez l'oiseau, l'os de la cuisse est rapproché du corps, et les métatarsiens de la patte (II, III, IV, fig. 6) sont, d'ordinaire, élevés dans une position plus ou moins verticale; chez le crocodile, l'os de la cuisse s'écarte, et fait un angle avec le corps, et les os du métatarse (I, II, III, IV, fig. 6) reposent à plat sur la terre. D'où il suit que, chez le Crocodile, le corps est généralement ramassé entre les jambes, tandis que, chez l'oiseau, il est élevé sur les pattes de derrière, comme sur des piliers.

Chez le Crocodile, le bassin se compose évidemment de trois os, de chaque côté: l'ilium (Il), le pubis (Pb) et l'ischium (Is). Chez l'oiseau adulte, il ne semble y avoir qu'un os de chaque côté. L'examen du bassin d'un poussin montre cependant, que chaque moitié est composée de trois os, correspondant à ceux qui restent distincts, toute la vie, chez le Crocodile. Il y a donc une identité fondamentale de plan dans la construction du bassin, tant chez l'Oiseau que chez le Reptile, bien que les différences de forme, de grandeur relative, et de direction des os correspondants dans les deux cas soient très grandes.

Mais le contraste le plus frappant entre les deux s'observe dans les os de la jambe et de la partie du pied, nommée tarse, qui suit la jambe. Chez le Crocodile, le péroné (P) est relativement grand, et son extrémité inférieure est complète. Le tibia (T) n'a pas de crête marquée à son extrémité supérieure, et son extrémité inférieure est étroite, et n'est pas en forme de poulie. Il y a deux rangées séparées d'os de tarse (As, Ca etc.) et quatre métatarsiens distincts avec le rudiment d'un cinquième.

Chez l'oiseau, le péroné est petit, et son extrémité inférieure s'achève en pointe. Le tibia a une forte crête à son extrémité supérieure, et l'extrémité inférieure forme une large poulie. Il semble d'abord qu'il n'y ait pas d'os du tarse, et il n'apparait qu'un os, divisé au bout en trois chefs pour les trois orteils qui s'y rattachent, au lieu et place du métatarse.

Chez un jeune oiseau, cependant, l'extrémité apparente du tibia, en forme de poulie, est un os distinct, qui représente les os As, Ca, etc., du Crocodile, tandis que l'os métatarsien, unique en apparence, consiste en trois os, qui, de bonne heure, s'unissent ensemble, et avec un autre os, et représentent la rangée inférieure des os du tarse du crocodile.

En d'autres termes, on peut prouver par l'étude du développement que le bassin et le membre postérieur de l'Oiseau sont simplement les modifications extrêmes du même plan fondamental que celui sur lequel ces parties sont modelées chez les Reptiles.

En comparant le bassin et le membre postérieur de l'Ornithoscélidien avec ceux du Crocodile, d'une part, et ceux de l'Oiseau, de l'autre, il est évident qu'ils représentent un terme moyen entre les deux. Les os du bassin se rapprochent de la forme de ceux de l'oiseau, et la direction du pubis et de l'ischium est à peu près celle qui est caractéristique de l'oiseau ; l'os de la cuisse, par la direction de sa tête, doit avoir eté rapproché du corps ; le tibia a une grande crête, et, fixé d'une manière immuable à son extrémité inférieure, il y a un os en forme de poulie, comme celui de l'oiseau, mais qui reste distinct. L'extrémité inférieure du péroné est bien plus mince, en proportion, que celle du Crocodile. Les os métatarsiens ont une forme telle qu'ils s'emboitent d'une façon immuable, bien qu'il n'ait pas d'union osseuse; le troisième orteil est, comme chez l'oiseau, le plus long et le plus fort. Dans le fait, le membre ornithoscélidien

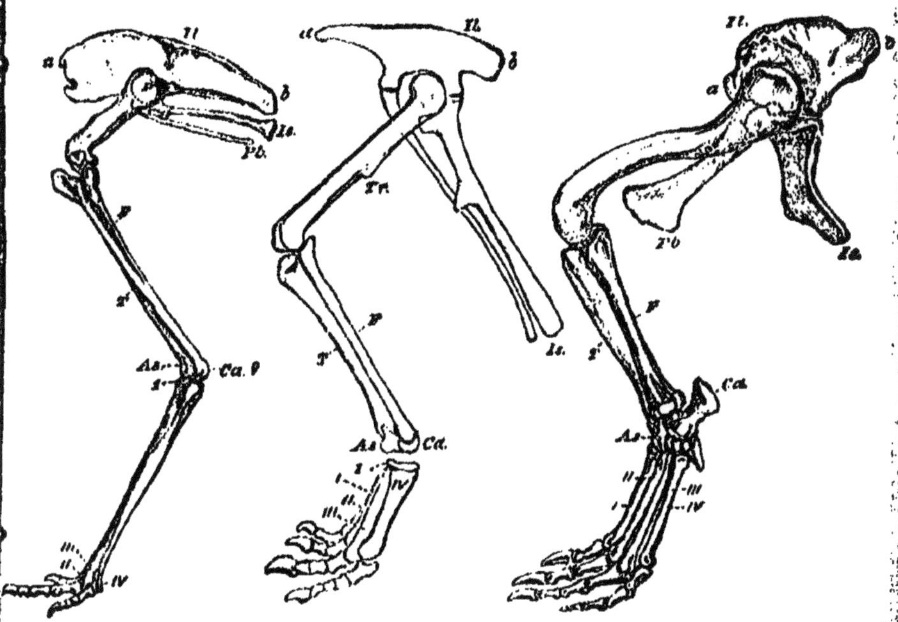

FIG. 15. — Oiseau. FIG. 16. — Ornithoscélidé. FIG. 17. — Crocodile.

Les lettres ont la même signification que dans toutes les figures : *Il.* Ilium. — *A.* Extrémité antérieure. — *B.* Extrémité postérieure. — *Is.* Ischium. — *Pb.* Pubis. — *T.* Tibia. — *P.* Péroné. — *As.* Astragale. — *Ca.* Calcanéum. — I. Partie distale du Tarse. — I, II, III, IV. Os métatarsiens.

peut se comparer à celui d'un poussin qui n'est pas encore éclos.

Si l'on tient compte de tous ces faits réunis, il devient évident que l'opinion que professait Mantell, et dont la probabilité a été démontrée par le distingué anatomiste Leidy, tandis que le professeur Cope fournissait un abondant témoignage à l'appui, opinion suivant laquelle quelques-uns de ces animaux auraient marché sur leurs pattes de derrière, comme les oiseaux, cette opinion devient d'un grand poids. En réalité, on ne peut raisonnablement douter qu'une des plus petites formes des Ornithoscélidés, le *Compsognathus*, dont un squelette presque entier a été découvert dans les calcaires de Solenhofen, ait été un bipède. Les parties de ce squelette sont quelque peu détournées de leurs rapports naturels, mais la figure 7 donne un aperçu exact de la forme générale du *Compsognathus* et des proportions de ses membres, qui, à beaucoup d'égards tiennent beaucoup plus de ceux de l'Oiseau que ceux des autres Ornithoscélidés.

Nous avons été obligés d'étendre la définition de la classe des Oiseaux de façon à y comprendre les oiseaux à dent et ceux qui ont des membres antérieurs en formes de pattes et de longues queues. Il n'y a aucune preuve que le *Compsognathus* ait eu des plumes; mais, s'il en avait eu, il serait toujours malaisé de décider s'il devait être appelé un Oiseau Reptilien ou un Reptile Aviforme?

Puisque le *Compsognathus* marchait sur ses pattes de derrière, il a dû laisser des traces comme celles des oiseaux. Et comme la structure des membres de plusieurs des Orithoscélidés gigantesques, comme l'Iguanodon, nous amène à conclure qu'ils peuvent avoir, constamment ou à l'occasion, pris la même

FIG. 18. — Restauration du *Compsognathus longipes.*

attitude, il s'attache un grand intérêt au fait que, dans les couches Wéaldienne, en Angleterre, on trouve des traces de pas gigantesques, arrangées en ordre semblables à celles du *Brontozoon*, et qu'on ne peut guère douter qu'elles n'aient été faites par quelque Ornithoscélidés, dont on retrouve les restes dans ces mêmes roches. Et, puisque nous savons que des Reptiles qui marchaient sur leurs pattes postérieures, partageant beaucoup de caractères anatomiques des Oiseaux, ont existé, il devient très important de savoir si les traces du Trias du Massachusetts, auxquelles j'ai fait allusion, et qu'on n'hésitait pas, autrefois, à attribuer à des Oiseaux, n'auraient point été faites par des Reptiles Ornithoscélidés, et si, en retrouvant les squelettes des animaux qui ont fait ces traces, nous ne retrouverions pas en eux les véritables phases du processus d'évolution par lequel les Reptiles donnèrent naissance aux Oiseaux.

La valeur probante des faits que j'ai avancés dans cette conférence ne doit être évaluée ni trop haut, ni trop bas. Ce n'est point là une preuve historique de l'occurrence de l'évolution des Oiseaux, hors des Reptiles, car nous n'avons aucun motif sérieux de prétendre que les vrais Oiseaux n'avaient pas fait leur apparition au commencement de l'époque Mésozoïque. Il est, en réalité, très possible, que ces reptiles se rapprochant plus ou moins des Oiseaux de l'époque Mésozoïque, ne soient pas du tout des termes du passage des oiseaux aux reptiles, mais simplement les descendants plus ou moins modifiés de formes Paléo-

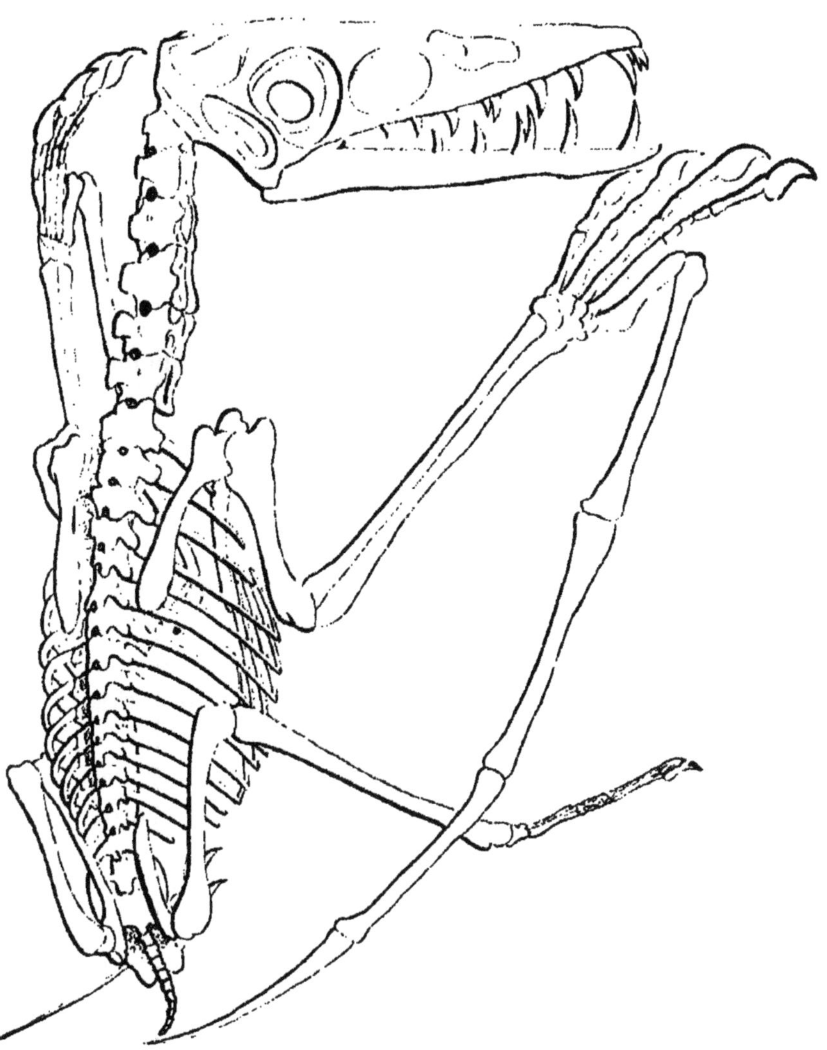

Fig. 19. — Squelette de Ptérodactyle, d'après Pictet.

zoïques, à travers lesquelles cette transition s'est réellement effectuée.

Nous ne sommes pas en mesure de dire que les Ornithoscélidés sont intermédiaires, dans l'ordre de leur apparition sur la terre, entre les Reptiles et les Oiseaux. Tout ce qu'on peut dire est que, si l'on pouvait produire une preuve indépendante de l'occurrence réelle de l'évolution, ces formes intercalaires aplaniraient toute difficulté pour l'explication de la véritable marche du processus en ce qui concerne les oiseaux.

L'existence de ces formes intercalaires, aux anciens jours, est une conséquence nécessaire de la vérité de l'hypothèse de l'évolution ; et il s'ensuit que le témoignage que je vous ai apporté de l'existence de formes semblables est, en tant qu'il a de valeur, en faveur de cette hypothèse.

Il y a une autre série de reptiles disparus, qu'on peut désigner comme intercalaires entre les reptiles et les oiseaux, en tant qu'ils combinent quelques-uns des caractères de ces deux groupes, et qui, puisqu'ils possédaient la faculté de voler, peuvent sembler, à première vue, des représentants plus rapprochés des formes par lesquelles s'opère la transition du reptile à l'oiseau, que ne le sont les Ornithoscélidés.

Ce sont les Ptérosaures, ou Ptérodactyles (fig. 19), dont on rencontre les restes à travers toute la série des roches Mésozoïques, depuis le Lias jusqu'à la Craie, et dont quelques-uns atteignaient de grandes dimensions, leurs ailes n'ayant pas moins de 18 ou 20 pieds d'envergure. Ces animaux nous rappellent les oiseaux, par la forme et les proportions de la tête et du cou, relativement au corps, et par le fait que les extrémités des mâchoires étaient souvent, si ce n'est toujours, plus ou moins largement enveloppées dans des becs cornés. En outre, leurs os contenaient des cavités à air, qui les rendaient spécifiquement plus légers, ainsi que cela se passe chez la plupart des oiseaux. L'os du sternum était grand et en forme de quille, comme chez la plupart des oiseaux et des chauves-souris, et la ceinture scapulaire ressemblait d'une manière frappante à celle des oiseaux ordinaires. Mais il me semble que la ressemblance spéciale des Ptérodactyles avec les oiseaux finit là, à moins que je n'ajoute l'entière absence de dents qui caractérise les grands Ptérodactyles (*Pteranodon*) qu'a découverts le professeur Marsh. Tous les autres Ptérodactyles connus ont des dents incrustées dans des alvéoles. Dans la colonne vertébrale et les membres postérieurs, il n'y a aucune ressemblance spéciale avec les oiseaux, et, si nous examinons les ailes, nous les trouvons construites d'après un principe différant totalement de celui qui préside à la construction des ailes d'oiseaux.

Elles ont quatre doigts. Ces quatre doigts sont grands, et les trois qui correspondent au pouce et aux deux doigts suivants dans la main se terminent par des griffes, tandis que le quatrième se prolonge énormément et se convertit en un grand stylet articulé. Vous voyez, du premier coup d'œil, d'après ce que j'ai déjà dit de l'aile de l'oiseau, que rien ne peut moins ressembler à une aile d'oiseau que ceci. On a, généralement, tiré la conclusion que ce doigt devait soutenir une palmure s'étendant entre lui et le corps. Un échantillon existant prouve que cela était réellement ainsi, et que les Ptérodactyles étaient dépourvus de plumes, mais que les doigts soutenaient une vaste membrane interdigitale ressemblant à l'aile d'une chauve-souris ; en réalité, il est indubitable que cet ancien reptile volait à la façon des chauves-souris.

Ainsi, quoique le Ptérodactyle soit un reptile qui a été modifié de façon à pouvoir voler, et, par suite, ainsi que l'on pouvait s'y attendre, quoiqu'il présente quelques points de ressemblance avec d'autres animaux qui volent, il a, pour ainsi dire, quitté la ligne qui mène directement des Reptiles aux Oiseaux, et il a perdu l'aptitude à subir les changements qui conduisent à l'organisation caractéristique de cette dernière classe. Donc, considérés en rapport avec les classes des Reptiles et des Oiseaux, les Ptérodactyles me semblent être, dans un sens limité, des formes intercalaires ; mais elles ne sont pas, même d'une manière approximative, linéaires, dans le sens d'exemples de modifications anatomiques par lesquelles s'est effectué le passage du Reptile à l'Oiseau.

TROISIÈME CONFÉRENCE

La preuve démonstrative de l'Évolution

On dit l'occurrence des faits historiques démontrée quand le témoignage prouvant qu'ils se sont produits est d'un caractère tel qu'il rend sérieusement invraisemblante la supposition qu'ils ne se sont pas produits; la question que j'ai à traiter maintenant est de savoir si l'on peut obtenir, ou non, une preuve de cette puissance, en faveur de l'évolution animale, par les annales de la succession de formes vivantes que nous fournissent les restes fossiles.

Ceux qui ont suivi les progrès de la Paléontologie savent que des témoignages du genre que j'ai défini ont été produits en quantités considérables et toujours croissantes au cours des dernières années. En réalité, la quantité de ce témoignage et sa nature satisfaisante sont quelque peu surprenantes, si l'on songe aux seules conditions dans lesquelles nous pouvons espérer l'obtenir.

Il est évidemment inutile de chercher un témoignage de ce genre ailleurs que dans les localités où les conditions physiques ont été telles qu'il a pu se déposer une série de couches, d'une façon non interrompue ou rarement interrompue, pendant une longue période de temps; dans lesquelles, le groupe d'animaux à examiner a existé en telle abondance qu'il ait fourni la quantité nécessaire de restes, et dans lesquelles, enfin, les matériaux composant les couches puissent garantir la conservation de ces restes dans un état passablement parfait et non troublé.

Il se trouve que le cas qui remplit, au moment actuel, le plus complètement toutes ces conditions est celui de la série d'animaux éteints qui aboutissent au Cheval; et par ce nom, je ne veux point seulement désigner les animaux domestiques si bien connus de tous, mais aussi leurs alliés, l'Ane, le Zèbre, le Couagga, et autres pareils. Bref, j'emploie le mot Cheval comme équivalent du mot technique *Equidæ*, qu'on applique à tout le groupe de ces animaux existants.

Le Cheval est, à beaucoup d'égards, un animal remarquable, peut-être surtout en ce qu'il nous offre l'exemple du mécanisme vivant le plus parfait qui soit au monde. En réalité, parmi les œuvres de l'invention humaine, on ne peut dire qu'il y ait une locomotive aussi admirablement adaptée à ses fins, faisant le plus d'ouvrage avec la plus petite quantité de combustible, que cette machine fabriquée par la nature, — le Cheval. Et, comme conséquence nécessaire de toute sorte de perfection, qu'elle soit mécanique ou autre, nous trouvons que le cheval est une créature superbe, un des plus beaux parmi les animaux terrestres. Regardez l'équilibre parfait de sa forme, le rythme et la force de ses mouvements. La machine locomotive réside, ainsi que vous le savez, dans ses membres antérieurs et postérieurs; ce sont des leviers flexibles et élastiques capables d'être mus par des muscles très puissants; et pour fournir aux machines qui donnent à ces leviers la force qu'ils dépensent, le Cheval est pourvu d'un appareil très perfectionné pour broyer sa nourriture et en extraire le combustible requis.

Sans essayer de vous emmener trop loin dans la région des détails ostéologiques, je dois néanmoins vous ennuyer avec quelques exposés de la structure anatomique du Cheval ; et plus particulièrement, il nous faudra obtenir une idée générale de la structure de ses membres antérieurs et postérieurs, et de ses dents. Mais je ne toucherai que les points absolument nécessaires pour notre sujet.

Voyons, tout d'abord, le membre antérieur. Chez la plupart des quadrupèdes, comme chez nous, l'avant-bras contient des os distincts appelés le radius et le cubitus. La région correspondante chez le Cheval semble, de prime abord, ne posséder qu'un os. Toutefois, un examen attentif nous permet de distinguer dans cet os une partie qui répond clairement à l'extrémité supérieure du cubitus. Cette partie est unie intimement avec la masse principale de l'os représentant le radius, et forme un mince os dont on peut suivre les traces le long du corps du radius, et qui, ensuite, la plupart du temps, s'amincit et disparait. Il faut encore plus d'attention pour s'assurer de ce qui est néanmoins positif, c'est-à-dire du fait qu'une petite partie de l'extrémité inférieure de l'os de l'avant-bras du Cheval, qui ne se distingue bien que chez le très jeune poulain, est en réalité l'extrémité inférieure du cubitus.

Ce qu'on appelle communément le genou d'un Cheval est son poignet ou carpe. Le « canon » correspond à l'os médian des cinq os du métacarpe, qui, chez nous, soutiennent la paume de la main. Le « paturon », l' « os de la couronne » et l' « os du sabot » des vétérinaires correspondent aux articulations de nos doigts médians, tandis que le sabot est simplement un ongle grande- ment augmenté et épaissi. Mais, si ce qui est au-dessous du « genou » du cheval correspond ainsi au doigt du milieu chez nous : que sont donc devenus les autres doigts? Nous trouverons à la place du second et du quatrième doigt deux os minces qu'on nomme les styloïdes d'environ deux tiers de la longueur du canon, qui finissent en fuseau à leur extrémité inférieure, et n'ont pas d'articulations digitales, ou phalanges ainsi qu'on les nomme. Parfois, de petits nodules osseux, ou cartilagineux se trouvent à la base de ces deux métacarpiens rudimentaires, et il est probable qu'ils représentent les rudiments du premier et du cinquième orteil. Ainsi, la partie du squelette du Cheval correspondant à celle de la main de l'homme contient un doigt médian trop grand et au moins deux doigts latéraux imparfaits, et ceux-ci correspondent, respectivement, au troisième, au second et au quatrième doigts de l'homme.

Des modifications correspondantes se trouvent dans les membres postérieurs. Chez nous et chez la plupart des quadrupèdes, la jambe contient deux os distincts, un grand, le tibia, et un beaucoup plus petit et plus mince, le péroné. Mais, chez le Cheval, le péroné semble, au premier abord, réduit à son extrémité supérieure ; un os mince et court, uni au tibia et finissant en pointe inférieurement, en occupe la place. Toutefois, l'examen de l'extrémité inférieure de l'os du jarret, chez un poulain, montre une partie distincte de matière osseuse qui est l'extrémité inférieure du péroné, de telle sorte que l'extrémité inférieure du jarret, apparemment simple, est en réalité composée des extrémités, fondues ensemble, du tibia et du péroné, tout comme l'extrémité inférieure de l'os de l'avant-bras, apparemment simple, est composée du radius et du péroné fondus ensemble.

Le talon du Cheval est ce qu'on appelle vulgairement le *jarret*. Le carron postérieur répond à l'os métatarsien médian du pied humain; le paturon à l'os de la couronne, et l'os du sabot aux trois os de l'orteil médian, et le sabot de derrière, à l'ongle, comme dans le pied de devant. Et, comme dans l'avant-pied, il y a seulement deux languettes représentant le second et le quatrième doigts de pied. Parfois on trouve les traces d'un rudiment de cinquième orteil.

Les dents d'un Cheval n'offrent pas moins de particularités que ses membres. La machine vivante, comme toute autre, doit être bien bourrée de combustible pour accomplir sa tâche ; si le Cheval doit suffire à l'usure, et exercer l'énorme quantité de force nécessitée par sa propulsion, il doit être nourri bien et rapidement. A cette fin, il lui faut de bons instruments tranchants, une machine à concasser puissante et durable. En conséquence, les douze dents incisives du cheval sont serrées ensemble et concentrées dans la partie antérieure de sa bouche, comme autant de doloires ou ciseaux. Les molaires sont grandes, et ont une structure extrêmement compliquée où entrent nombre de substances différentes de dureté inégale. La conséquence est qu'elles s'usent dans des proportions différentes, et il s'ensuit que la surface de chaque molaire est toujours aussi inégale qu'une bonne meule de moulin.

J'ai dit que la structure des dents molaires est très compliquée, les parties les plus dures et les plus molles étant, pour ainsi dire, entrelacées. Il en résulte que, à mesure que la dent s'use, la couronne présente un dessin particulier, dont la nature n'est pas facile à déchiffrer de suite, mais qu'il est important que nous comprenions clairement. Chaque dent molaire de la mâchoire supérieure a une paroi externe formée de telle façon que, sur la couronne usée, elle présente la forme de deux croissants, l'un devant et l'autre derrière, dont les côtés concaves sont tournés en dehors. Du côté interne du croissant de devant, une *crête antérieure*, en forme de croissant, passe à l'intérieur et en arrière, et sa face interne s'agrandit en un fort pli longitudinal ou *pilier*. De la partie de devant du croissant de derrière, une *crête postérieure* prend une direction semblable, et a aussi son pilier.

Les intervalles profonds ou *vallées* entre ces crêtes et la paroi externe sont remplis de substance osseuse qu'on nomme *cément*, et qui recouvre toute la dent.

Le dessin de la face usée de chaque dent molaire de la mâchoire inférieure est tout différent. Il semble formé de deux crêtes en forme de croissants, dont les côtés convexes sont tournés en dehors. L'extrémité libre de chaque croissant est un *pilier*, et il y a un grand *pilier* double au point de rencontre des deux croissants. Le tout est, pour ainsi dire, incrusté dans du cément qui comble les vallées, comme pour les molaires du haut.

Si l'on applique l'une sur l'autre les faces masticatrices d'une molaire supérieure et d'une molaire inférieure du même côté, on verra que les crêtes opposées ne sont nulle part parallèles, mais qu'elles s'entrecroisent fréquemment, et que, de la sorte, dans l'acte de la mastication, une surface dure est constamment appliquée à une surface molle, et *vice versa*. Les dents constituent ainsi un appareil broyant d'une grande efficacité, et qui se répare aussi vite qu'il s'use, grâce à la croissance longuement continuée des dents.

Il faut encore noter quelques particularités de la dentition du Cheval, parce qu'elles ont une portée pour ce que j'aurai bientôt à dire. Ainsi les couronnes des incisives ont une cavité particulièrement profonde, qui donne lieu à la « marque » bien connue du Cheval. Il y a un grand espace entre les incisives extérieures et les molaires antérieures. Dans cet espace, le Cheval mâle, adulte, présente, près des incisives, de chaque côté, en haut et en bas, une dent canine, qui est communément absente chez les juments. Chez un jeune Cheval, il n'est pas rare de voir, en avant de la première molaire, une très petite dent, qui tombe assez vite. Si l'on compte cette petite dent, il y a sept dents derrière la canine, de chaque côté, à savoir : la petite dent en question, et les six grandes molaires, parmi lesquelles, par une particularité singulière, la première dent qu'on rencontre est plutôt plus grande que les suivantes.

J'ai maintenant fini d'énumérer les traits caractéristiques de l'anatomie du Cheval, qui sont les plus importants pour le but que nous nous proposons.

Pour quiconque connaît l'anatomie des animaux vertébrés, ces traits montrent que le Cheval dévie grandement de la structure générale des mammifères, et que le type chevalin est, à beaucoup d'égards, une modification extrême du plan général de ceux-ci. Les mammifères les moins modifiés, en réalité, ont le radius et le cubitus, le tibia et le péroné, distincts et séparés. Ils ont cinq doigts distincts et complets à chaque pied, et aucun de ces doigts n'est beaucoup plus grand que le reste. En outre, chez les animaux moins modifiés, le nombre total des dents est très généralement de quarante-quatre, tandis que chez les Chevaux, il est d'ordinaire de quarante, et, en l'absence des canines, peut être réduit à trente-six; les incisives sont dépourvues du pli remarqué chez le Cheval; les molaires diminuent graduellement de taille depuis le milieu de la série jusqu'à l'extrémité antérieure; tandis que leurs couronnes sont courtes, atteignent vite leur longueur complète, et présentent de simples crêtes ou tubercules, au lieu des replis complexes des molaires du Cheval.

Il s'ensuit que les principes généraux de l'hypothèse évolutioniste mènent à conclure que le Cheval doit être dérivé de quelque quadrupède qui possédait cinq doigts complets à chaque pied; qui avait les os de l'avant-bras et de la jambe complets et séparés, et qui possédait quarante-quatre dents, parmi lesquelles les couronnes des incisives et des molaires avaient une anatomie simple, tandis que les dernières augmentaient de grandeur en allant d'avant en arrière, à tout le moins dans la partie antérieure de la série, et avaient des couronnes courtes.

Et si telle a été l'évolution du Cheval, et si les restes des différentes phases de cette évolution ont été conservés, ils doivent nous présenter une série de formes où le nombre des doigts devient réduit; les os de l'avant-bras et de la jambe prennent peu à peu la condition chevaline, et la forme et l'arrangement des dents se rapprochent, successivement, de ceux qui règnent chez les Chevaux existants.

Examinons les faits, pour voir dans quelle mesure ils répondent aux exigences de la doctrine évolutioniste.

En Europe, on trouve des restes abondants de Chevaux dans les couches du Quaternaire et du Tertiaire récent, jusque dans le Pliocène. Mais ces Chevaux, qui sont si communs dans les dépôts des cavernes et dans les graviers d'Europe, sont, à tous égards, essentiellement semblables aux Chevaux qui existent maintenant. Et cela est vrai de tous les Chevaux de la dernière partie de l'époque Pliocène. Mais, dans les dépôts appartenant à l'ancien Pliocène et au Miocène récent, qui se voient aux Iles Britanniques, en France, en Allemagne, en Grèce, aux Indes, nous trouvons des animaux ressemblant beaucoup aux Chevaux — en réalité si semblables aux Chevaux que l'on pourrait suivre les descriptions données par les ouvrages d'anatomie du Cheval sur les squelettes de ces animaux fossiles, — mais qui en diffèrent néanmoins par quelque détail important. Par exemple, la structure de leurs membres antérieurs et postérieurs est quelque peu différente. Les os qui, chez le Cheval, sont représentés par deux crêtes à extrémité inférieure imparfaite, sont aussi longs que les os médians du métacarpe et du métatarse; et, attaché à l'extrémité de chacun, se trouve un doigt à trois articulations du même caractère général que celles du doigt du milieu, seulement beaucoup plus petites. Ces petits doigts sont disposés de façon à ne pas avoir beaucoup d'importance fonctionnelle, et doivent avoir été plutôt de la nature des ergots, tels qu'on en voit chez beaucoup de ruminants. L'Hipparion, ainsi que se nomme le Cheval européen à trois orteils, offre un pied semblable à celui du *Protohippus américain* (*fig. 9*), sauf que, dans l'Hipparion, les petits doigts sont situés plus loin en arrière, et sont d'une moindre grandeur, en proportion, que ceux du Protohippus.

Le cubitus est un peu moins distinct que chez le cheval, et on peut suivre les traces de toute sa longueur, sous forme d'une crétitée effilée, unie intimement au radius. Le péroné semble être dans le même état que chez le Cheval. Les dents de l'Hipparion sont essentiellement semblables à celles du Cheval, mais le dessin des molaires est, en quelques points, un peu plus complexe, et il y a une dépression sur la face du crâne, devant l'orbite, qui ne se voit point chez les Chevaux actuels.

Dans le Miocène ancien, et peut-être dans les derniers dépôts Eocènes de quelques parties de l'Europe, un autre fossile a été découvert, dont Cuvier a décrit quelques parties, et qu'il pensait être un Paléothérium. Mais d'autres découvertes ayant jeté un nouveau jour sur sa structure, on reconnut que c'était un genre distinct, qui fut nommé Anchithérium.

Dans ses caractères généraux, la charpente de l'Anchithérium est très semblable à celle du Cheval. En réalité, Lartet et de Blainville l'appelaient *Palæothe-*

rium equinum ou *hippoïdes;* et de Christol, en 1847, dit qu'il ne différait guère de l'Hipparion que par les caractères de ses dents, et lui donna le nom d'Hipparithérium. Chaque pied possède trois orteils complets; les orteils latéraux sont beaucoup plus grands, en proportion du doigt médian, que chez l'Hipparion, et nul doute qu'ils ne vinssent toucher la terre pendant la locomotion ordinaire.

Le cubitus est complet et tout à fait distinct du radius, bien qu'uni solidement à ce dernier. Le péroné semble, aussi, avoir été complet. Son extrémité inférieure, bien qu'unie intimement à celle du tibia, est clairement marquée, distincte de ce dernier os.

Il y a quarante-quatre dents. Les incisives n'ont pas de forte cavité. Les canines semblent avoir été bien développées chez les deux sexes. La première des sept molaires qui, ainsi que je l'ai dit, manque souvent, et qui, lorsqu'elle existe chez le Cheval, est petite, est ici une dent permanente de bonne grandeur, tandis que la molaire qui la suit n'est qu'un peu plus grande que celles d'arrière. Les couronnes des molaires sont courtes, et bien qu'on discerne encore le modèle fondamental de la dent du cheval, les crêtes du devant et du fond sont moins courbées, les piliers accessoires font défaut, et les vallées, beaucoup moins profondes, ne sont pas comblées avec du cément.

Il y a sept ans, lorsque je m'occupais d'examiner la portée des faits paléontologiques pour la théorie de l'évolution, il me sembla que l'Anchithérium, l'Hipparion et les Chevaux modernes constituent une série dans laquelle les modifications de structure coïncident avec l'ordre d'occurrence chronologique de la manière dont elles devraient coïncider si les Chevaux modernes sont réellement le résultat de la métamorphose graduelle, au cours de l'époque Tertiaire, d'une forme d'ancêtres moins spécialisée. Et je trouvai, par ma correspondance avec feu M. Lartet, l'éminent anatomiste et paléontologiste français, qu'il était parvenu, par les mêmes données, à la même conclusion.

Il me semblait que la seule explication des faits qui eût une ombre de probabilité était que le type Anchithérium s'était métamorphosé en type Hipparion, et ce dernier en type Cheval, au cours de cette période de temps qui est représentée par la dernière moitié des couches Tertiaires [1].

Et il s'ensuit que j'ai toujours, depuis, estimé que ces faits prouvent l'occurrence de l'évolution, par une preuve qui, dans le sens déjà défini, peut être appelée une preuve démonstrative.

Tous ceux qui se sont occupés de la structure de l'Anchithérium, depuis Cuvier jusqu'à nous, ont reconnu ses nombreux points de ressemblance avec un genre bien connu de mammifères Eocènes éteints, les Palæothériums. En réalité, Cuvier, ainsi que nous l'avons

[1] J'emploie le mot « type » parce qu'il est très probable que beaucoup de formes d'animaux, ressemblant à l'Anchithérium et à l'Hipparion, ont existé aux époques Miocène et Pliocène, tout comme beaucoup d'espèces de la tribu du Cheval existent maintenant : et il est très invraisemblable que l'espèce particulière de l'Anchithérium ou de l'Hipparion, que nous avons eu la chance de découvrir, soient précisément celles qui ont fait partie de la ligne directe de la généalogie du Cheval.

vu, considérait ces restes d'Anchithérium comme étant ceux d'une espèce de Palœothérium. Il s'ensuit qu'en cherchant à trouver la trace de la généalogie du Cheval au-delà de l'époque Miocène et de la forme Anchithéroïde, j'ai naturellement cherché ses alliés les plus proches parmi les diverses espèces d'animaux Palœothéroïdes, et je fus amené à conclure que le *Palœotherium minus* (*Plagiolophus*) représente l'étape suivante plus exactement qu'aucune forme alors connue.

Je pense que cette opinion pouvait pleinement se justifier ; mais le progrès des recherches a jeté un jour inattendu sur la question, et nous a conduits beaucoup plus près qu'on n'aurait pu s'y attendre de la connaissance de la vraie série des ancêtres du Cheval.

Vous savez tous que, lorsque l'Amérique fut découverte par les Européens, ils ne trouvèrent aucune trace de l'existence du Cheval en aucun lieu du continent américain. Les récits de la conquête du Mexique insistent sur l'étonnement des indigènes de ce pays quand ils firent connaissance avec cet étonnant phénomène, un homme assis sur un Cheval. Néanmoins, les investigations des géologues américains ont prouvé que des restes de Chevaux se trouvent dans les dépôts géologiques les plus superficiels, à la fois dans l'Amérique du Sud et dans celle du Nord, tout comme en Europe. Par conséquent, pour une raison quelconque — aucune hypothèse plausible sur ce sujet n'a été faite, que je sache, — le Cheval a dû s'éteindre sur le continent américain à une période précédant la découverte de celui-ci. Au cours de ces dernières années, on a découvert dans les territoires de l'Ouest cette merveilleuse accumulation de dépôts, admirablement adaptés pour conserver les restes organiques, dont j'ai parlé l'autre soir, et qui fournit une série consécutive d'annales de la faune de la plus ancienne moitié de l'époque Tertiaire, à laquelle nous n'avons rien de comparable en Europe. Ces dépôts ont fourni des fossiles en excellent état de conservation, et d'un nombre et d'une variété sans exemples. Les recherches de Leidy et d'autres encore ont montré que des formes alliées à l'Hipparion et à l'Anchithérium se trouvent parmi ces restes. Mais ce n'est que récemment que les recherches admirablement conçues, et conduites par le professeur Marsh de la façon la plus complète et la plus patiente, ont donné une juste idée de la grande richesse fossile et de l'importance scientifique de ces dépôts. J'ai eu la bonne fortune de jeter un coup d'œil sur les collections du Musée de Yale, et je puis dire en toute vérité que, à ma connaissance, il n'y a pas de collection d'une région et d'une série de couches comparable, pour l'étendue, ou le soin avec lequel les restes ont été réunis, ou pour leur importance scientifique, à la série de fossiles qui y sont réunis. Cette vaste collection a fourni, sur la question de la généalogie du Cheval, des témoignages du caractère le plus frappant. Ce témoignage tend à nous faire chercher en Amérique, plutôt qu'en Europe, le siège primitif de la série chevaline, et donne à penser que les formes archaïques, et les modifications successives des aïeux du Cheval, sont bien mieux conservées ici qu'en Europe.

L'obligeance du professeur Marsh m'a permis de placer sous vos yeux un diagramme, dont chaque figure est une représentation véritable d'un échantillon qu'on peut voir, actuellement, à Yale (fig. 20).

La succession de formes qu'il a réunies nous porte du haut jusqu'au fond du Tertiaire. Premièrement, nous avons le véritable cheval. Ensuite, nous avons la *forme* Pliocène américaine du Cheval (Pliohippus); dans la conformation de ses membres, il présente quelques légères déviations par rapport au cheval ordinaire, et les couronnes des molaires sont plus courtes. Puis vient le Protohippus, qui représente l'Hipparion Européen, ayant à chaque pied un grand doigt et deux petits, et les caractères généraux de l'avant-bras et de la jambe auxquels j'ai fait allusion. Mais il a plus de valeur que l'Hipparion Européen par la raison qu'il est dépourvu de quelques-unes des particularités de cette forme, — particularités qui tendraient à montrer que l'Hipparion Européen est plutôt un membre d'une branche collatérale, qu'une forme de la ligne directe de succession. Puis, dans l'ordre des temps, en allant à reculons, vient le Miohippus, qui correspond assez bien à l'Anchithérium d'Europe. Il a trois orteils complets, — un grand médian, et deux plus petits et latéraux; et il y a un rudiment du doigt qui répond au petit doigt de la main de l'homme.

Les annales européennes de la généalogie du Cheval s'arrêtent ici; dans le Tertiaire américain, au contraire, la série des ancêtres chevalins se continue dans les formations Eocènes. Une forme Miocène plus ancienne, nommée Mésohippus, a trois orteils en avant, avec une grande crête saillante représentant le petit doigt, et trois orteils derrière. Le radius et le cubitus, le tibia et le péroné sont distincts, et les dents molaires à couronne courte sont d'un dessin Anchithéroïde.

Mais la découverte la plus importante de toutes est l'Orohippus, qui vient de l'Éocène, et est le plus ancien type connu, jusqu'ici, de la série chevaline. Nous trouvons là quatre orteils complets dans le membre de devant, trois dans celui de derrière, un cubitus bien développé, un péroné bien développé, et des molaires à couronne courte de dessin simple.

Ainsi, grâce à ces recherches importantes, il est devenu de toute évidence que, en tant que le comportent nos connaissances actuelles, l'histoire du type Cheval est exactement et précisément telle qu'on eût pu la prédire d'avance d'après la connaissance des principes de l'évolution. Et les connaissances que nous possédons maintenant nous autorisent complètement à nous attendre à ce que, lorsque les dépôts Eocènes encore plus anciens, et ceux qui appartiennent à l'époque Crétacée auront livré leurs restes d'animaux chevalins, nous trouverons, d'abord, une forme possédant quatre orteils complets et un rudiment du premier doigt intérieur dans le pied de devant, et probablement un rudiment du cinquième doigt dans le pied de derrière [1], tandis que chez des formes encore plus

[1] Depuis que cette conférence a eu lieu, le professeur Marsh a découvert un nouveau genre de mammifères chevalins (Eohippus) dans les couches Eocènes inférieures de l'Ouest, qui correspond de très près à cette description. — *American Journal of Science*, Novembre, 1876.

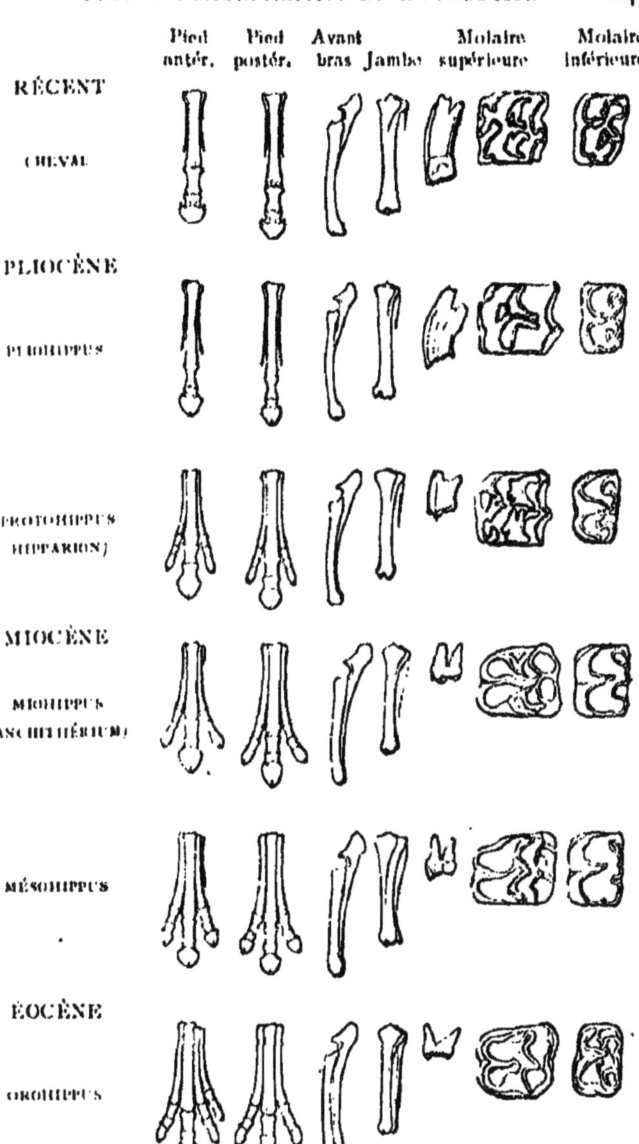

FIG. 20. — Diagramme des membres de cheval.

anciennes, la série des doigts sera de plus en plus complète, jusqu'à ce que nous en venions aux animaux à cinq doigts, chez lesquels, si la théorie de l'évolution est bien fondée, toute la série a dû prendre naissance.

Voilà ce que j'entends par une preuve démonstrative de l'évolution. Une hypothèse inductive est démontrée quand on peut démontrer son accord complet avec les faits. Si ce n'est point là une preuve scientifique, on ne peut prouver aucune conclusion inductive. Et la théorie évolutioniste, à cette heure, repose exactement sur un fondement aussi sûr que la théorie de Copernic sur les mouvements des corps célestes au temps où elle fut promulguée. Sa base logique a précisément le même caractère, — la coïncidence des faits observés avec les exigences théoriques.

Le seul moyen d'échapper, si toutefois il en est un, aux conclusions que je viens d'indiquer, serait de supposer que toutes ces formes chevalines diverses ont été créées séparément à des époques séparées, et je répète qu'il n'y a, ni ne peut y avoir de preuve scientifique d'une telle hypothèse ; et assurément, à ma connaissance il n'y en a pas qui soit soutenue, ou prétende être soutenue par un témoignage ou une autorité d'un autre genre. Je ne puis m'empêcher de penser que le temps viendra où de semblables suggestions, des tentatives aussi évidentes d'échapper à la puissance de la démonstration, seront mises sur le même pied que la supposition de certains écrivains, qui n'est pas, je crois, entièrement éteinte encore, suivant laquelle les fossiles ne seraient que des simulacres, et non des restes, de l'existence antérieure des animaux auxquels ils semblent appartenir, mais sont soit des jeux de la nature, soit des créations spéciales destinées, comme je l'ai entendu suggérer l'autre jour, à éprouver notre foi.

En réalité, tout le témoignage est en faveur de l'évolution, et il n'y en a point contre elle. Et je dis ceci, bien qu'ayant parfaitement conscience des difficultés apparentes qu'on a élevées sur ce qui paraît aux ignorants un fondement solide. Je me heurte constamment à l'argument que la théorie évolutioniste ne peut être bien fondée, parce qu'elle exige une période de temps très étendue, et que la durée de la vie sur terre qu'elle implique, est incompatible avec les conclusions auxquelles arrivent l'astronome et le naturaliste. J'ose dire que je connais bien ces conclusions, car, il y a quelques années, étant président de la Société Géologique de Londres, je pris la liberté de les critiquer, et de montrer à quels égards, à ce qu'il me semblait, une démonstration complète et parfaite leur manquait.

Mais, laissant cela de côté, supposons que, ainsi que les astronomes et quelques physiciens nous le disent, il soit impossible que la vie ait duré sur terre pendant un temps aussi long que l'exige la doctrine de l'évolution — supposons que cela soit prouvé, — je demande, quel fondement a l'assertion que l'évolution exige un temps aussi long ? Le biologiste ne sait absolument rien de la quantité de temps que peut exiger le processus de l'évolution. Il est de fait que les formes chevalines, que je vous ai décrites, se trouvent dans l'ordre que j'ai exposé, dans les couches Tertiaires. Mais je n'ai aucun moyen de deviner s'il a fallu un million d'années, ou dix, ou cent, ou mille millions, pour donner lieu à cette série de changements. Le biologiste n'a aucun moyen de conclure, quant au temps nécessaire pour une certaine quantité de changement organique. Il accepte les évaluations du géologue. Celui-ci, considérant le taux selon lequel les dépôts se forment, et le taux de la dénudation sur la surface de la terre, arrive à des conclusions plus ou moins justifiables quant au temps qu'a nécessité le dépôt d'une certaine épaisseur de roche ; et s'il me dit que le Tertiaire exige pour son dépôt cinq cents millions d'annés, je suppose qu'il a de bonnes raisons pour le dire, et je prends ce temps comme mesure de la durée de l'évolution du cheval, depuis l'Orohippus jusqu'à son état actuel. Et, s'il est dans le vrai, il est indubitable que l'évolution est un processus très lent et qui exige beaucoup de temps. Mais supposons, maintenant, qu'un astronome ou un physicien — par exemple, mon ami sir William Thomson — me dise que mon autorité géologique se trompe entièrement, et qu'il a des preuves sérieuses montrant que la vie ne pouvait exister sur la surface terrestre il y a cinq cents millions d'années, parce qu'alors la terre eût été trop chaude pour que la vie fut possible, ma réponse est : « Cela ne me regarde pas, arrangez-vous avec le géologue, et, quand vous vous serez accordés ensemble, j'adopterai vos conclusions. » Nous acceptons le temps que nous indiquent les géologues et les physiciens; et il est étrange qu'après avoir pris l'heure du physicien, celui-ci se retourne contre nous, et nous dise que nous avançons ou que nous retardons. Ce que nous désirons savoir c'est : est-il vrai que l'évolution se soit produite? Quant au temps que l'évolution a occupé, nous sommes entre les mains du physicien et de l'astronome, dont ces questions sont l'affaire spéciale.

Me voici parvenu, Mesdames et Messieurs, au bout de la tâche que je m'étais assignée quand j'ai promis de faire ces conférences. Je n'ai pas eu pour but de mettre ceux d'entre vous à qui ces sujets étaient encore étrangers à même, en quittant cette salle, de décider de ce qu'est où n'est pas l'hypothèse de l'évolution; mais j'ai désiré vous exposer les principes d'après lesquels toutes les hypothèses concernant l'histoire de la nature doivent être jugées, et en outre de vous faire toucher du doigt la nature des preuves. et la somme de puissance qu'il faut en attendre et en obtenir. A cette fin, je n'ai pas hésité à vous traiter en véritables étudiants, désireux de connaitre la vérité. Je n'ai pas reculé devant de longues discussions où je crains presque d'avoir mis votre patience à l'épreuve; et je vous ai infligé des détails qui étaient indispensables, mais ont bien pu être ennuyeux. Mais je me réjouirai — j'estimerai vous avoir rendu le plus grand service en mon pouvoir — si je vous ai convaincus que la grande question que nous avons discutée ensemble n'est pas de celles dont on peut disposer avec des fleurs de rhétorique. ou par un bavardage vague et superficiel; mais qu'elle réclame l'attention pénétrante d'une intelligence exercée, et la patience d'un observateur exact.

En commençant cette série de conférences, je n'ai pas cru devoir les faire précéder d'un prologue, tel qu'on pouvait l'attendre d'un étranger, car, pendant mon court séjour en votre pays, il m'a été difficile de croire qu'un étranger possédât autant d'amis, et presque davantage qu'un étranger pût s'exprimer dans votre langue de façon à être, selon toute apparence, si facilement intelligible. Autant que j'en puis juger, le corps très intelligent, et je puis ajouter, singulièrement actif et entreprenant, de vos reporters de la presse ne semble point avoir été arrêté par mon accent en rendant compte de la façon la plus complète de tout ce que je puis avoir dit.

Mais le navire sur lequel je pars demain matin est déjà prêt à filer ses amarres : je me réveille de mon illusion, pour me retrouver étranger et inconnu. Je vais retourner à mon foyer et dans mon pays ; mais, auparavant, laissez-moi, en guise d'épilogue, vous présenter mes remerciements les mieux sentis de la réception aimable et cordiale que vous m'avez faite ; et laissez-moi vous remercier encore plus de ce qui peut être considéré comme le compliment le plus flatteur pour un homme dans ma position, c'est-à-dire de l'attention continue et soutenue que vous avez prêtée au long raisonnement que j'ai eu l'honneur d'exposer devant vous.

V

L'ÉVOLUTION EN BIOLOGIE

Dans la première partie du XVIIIe siècle, le terme d'« évolution » fut introduit dans les écrits biologiques pour indiquer le mode selon lequel quelques-uns des physiologistes les plus éminents de ce temps comprenaient la manière dont la génération des choses vivantes se produit, par opposition à l'hypothèse soutenue, au siècle précédent, par Harvey, dans l'ouvrage remarquable [1] qui lui donnerait une place parmi les fondateurs de la science biologique, quand même il n'eût pas découvert la circulation du sang.

Un des premiers buts d'Harvey est de défendre et d'établir, sur la base de l'observation directe, l'opinion déjà professée par Aristote que, du moins chez les animaux supérieurs, la formation du nouvel organisme a lieu non subitement par l'accroissement simultané de tous les organes ou du moins des plus importants organes, de l'adulte, ni par la métamorphose soudaine d'une substance propre à former une miniature du tout qui croît subséquemment ; mais par

[1] Les *Exercitationes de Generatione Animalium*, que le Dr George Ent a publiées en 1651.

épigenèse ou par la différenciation successive d'un rudiment relativement homogène en ces parties et organes qui caractérisent l'adulte.

« Et tout d'abord, comme il est certain que le poussin se produit par *épigenèse*, c'est-à-dire par l'addition de parties qui naissent au fur et à mesure, considérons la partie qui se produit avant toutes les autres, et voyons ce que l'observation nous apprend à son égard, et au sujet de son mode de génération. On a pensé avec raison, et on voit clairement dans l'œuf, ce que Aristote dit de la génération des animaux parfaits, savoir que toutes les parties ne se produisent pas simultanément, mais qu'elles apparaissent l'une après l'autre, selon un ordre ; et, au commencement, il existe une parcelle génitale par la vertu de laquelle, ensuite (comme hors de ce point de départ), toutes les autres parties se développent. C'est comme la gemme ou le bourgeon des graines des arbres — une fève ou un gland, — et ce rudiment est le principe de tout l'arbre futur. Et cette parcelle est comme un fils émancipé, qui vit de ses ressources ; c'est un principe qui vit par lui-même ; de lui dépendent plus tard l'ordre des membres et la disposition de tout ce qui concourt à achever l'animal[1]. Nulle partie ne s'engendre elle-même, mais, une fois engendrée, elle s'accroît elle-même ; aussi est-il nécessaire que cette partie-là naisse la première, qui contient le principe d'accroissement (et ceci est aussi vrai de la plante que de l'animal : tous deux ont également ce principe qui possède la force de végétation ou de nutrition) et qui forme séparément toutes les autres parties, chacune selon son ordre[2] ; enfin il faut que, dans cette parcelle, engendrée avant tout le reste,

[1] Harvey, *De generatione Animalium*, lib. II, cap. x.

[2] Harvey, *Ibid.*, lib. II, cap. IV.

il y ait dès l'origine, l'âme, le sentiment, le mouvement et le principe, le créateur de toute la vie.[1] »

Harvey compare ensuite cette opinion avec celle des *Medici* ou disciples d'Hippocrate et de Galien, qui, « philosophant mal, » imaginaient que le cerveau, le cœur, et le foie sont d'abord simultanément engendrés sous forme de vésicules ; et, en même temps, tout en exprimant qu'il est d'accord avec Aristote pour le principe de l'épigenèse, il soutient que c'est le sang qui est la partie germinative primaire, et non, ainsi que le pensait Aristote, le cœur.

Dans la dernière moitié du XVIIe siècle, la théorie de l'épigenèse ainsi avancée par Harvey fut combattue, sur le terrain de l'observation directe, par Malpighi, qui affirma qu'on peut voir le corps du poussin dans l'œuf, avant que le *punctum sanguineum* ne fasse son apparition. Mais, *on tira* de cette observation *très* correcte une conclusion que rien n'autorisait, à savoir que le poussin, comme tout, existe réellement dans l'œuf avant l'incubation, et que ce qui se produit au cours de cette dernière n'est pas une addition de parties nouvelles, *alias post alias natas*, comme le dit Harvey, mais une simple expansion, ou développement, des organes qui existent déjà, bien qu'ils soient trop petits et trop peu visibles pour qu'on les découvre. Le poids des observations de Malpighi tomba donc dans la balance de la théorie que Harvey nomme celle de la Métamorphose, pour la distinguer de l'épigénèse.

[1] *Exercitatio* 51.

Les idées de Malpighi furent accueillies chaleureusement, pour des motifs philosophiques, par Leibnitz[1], qui y trouva un appui pour son hypothèse des monades, et par Malebranche[2]; tandis qu'au milieu du XVIIIe siècle, non seulement des considérations spéculatives, mais un grand nombre d'observations nouvelles et intéressantes sur les phénomènes de la génération amenèrent l'ingénieux Charles Bonnet et Haller[3],

[1] « Cependant, pour revenir aux formes ordinaires ou aux âmes matérielles, cette durée qu'il leur faut attribuer à la place de celle qu'on avait attribuée aux atomes pourrait faire douter si elles ne vont pas de corps en corps; ce qui serait la métempsychose, à peu près comme quelques philosophes ont cru à la transmission du mouvement et à celle des espèces. Mais cette imagination est bien éloignée de la nature des choses. Il n'y a point de tel passage, et c'est ici où les transformations de MM. Swammerdam, Malpighi et Leuwenhoek, qui sont des plus excellents observateurs de notre temps, sont venues à mon secours, et m'ont fait admettre plus aisément que l'animal, et toute autre substance organisée, ne commence point lorsque nous le croyons, et que sa génération apparente n'est qu'un développement et une espèce d'augmentation. Aussi ai-je remarqué que l'auteur de *la Recherche de la vérité*, M. Regis, M. Hartsœker et d'autres habiles hommes n'ont pas été fort éloignés de ce sentiment. » Leibnitz, *Système nouveau de la nature*, 1695. La théorie de l' « emboîtement » se trouve dans les *Considérations sur le principe de vie*, 1705; la préface de la *Théodicée*, 1710, et les *Principes de la Nature et de la Grâce*, § 6, 1718.

[2] « Il est vrai que la pensée la plus raisonnable et la plus conforme à l'expérience sur cette question très difficile de la formation du fœtus, c'est que les enfants sont déjà presque tout formés avant même l'action par laquelle ils sont conçus, et que leurs mères ne font que leur donner l'accroissement ordinaire dans le temps de la grossesse. » *De la Recherche de la Vérité*, livre II, chap. VII, page 334, 7e édition, 1721

[3] L'auteur doit au Dr Allen Thomson l'indication du témoignage contenu dans une note à l'édition de Haller des *Prælectiones Academicæ*, vol. V, pt. II, page 497, publiée en 1744, prouvant que Haller préconisait à l'origine l'épigenèse.

le premier physiologiste de ce siècle, à les adopter, à les préconiser et les étendre.

Ch. Bonnet affirme que, avant la fécondation, l'œuf de la poule contient un poussin excessivement petit, mais complet, et que la fécondation et l'incubation, font simplement absorber à ce germe des matières nutritives qui sont déposées dans les interstices des parties élémentaires dont le poussin en miniature ou germe, est composé. La conséquence de cette croissance par intussusception est le « développement » ou « évolution » du germe en oiseau visible. Ainsi, un individu organisé (*tout organisé*) « est un corps composé consistant en parties originelles ou *élémentaires*, et en matières que la nutrition leur a associées » ; de sorte que, si ces matières pouvaient être extraites de l'individu (du *tout*), il serait, pour ainsi dire, réduit à un point, et serait ainsi rendu à son premier état de germe ; tout comme en extrayant d'un os la substance calcaire qui est la source de sa dureté, il se trouve réduit à son état primitif de cartilage ou de membrane[1].

L'« évolution » et le « développement » sont, pour Bonnet, des termes synonymes ; et comme, par « évolution », il veut simplement désigner l'expansion de ce qui était invisible en quelque chose de visible, il fut naturellement amené à la conclusion à laquelle Leibnitz était parvenu par une ligne différente de raisonnement, c'est que la génération, au sens propre du mot, n'existe pas dans la nature. La croissance d'un

[1] Ch. Bonnet, *Considérations sur les Corps Organisés*, chap. x.

être organique est simplement un processus d'agrandissement, comme une parcelle de gélatine peut être gonflée par l'intussusception de l'eau ; sa mort est un rétrécissement tel que la gelée gonflée pourrait le subir par la dessiccation. Rien de vraiment nouveau ne se produit dans le monde vivant, mais les germes qui se développent ont existé depuis le commencement des choses, et rien ne meurt réellement, mais, quand ce que nous appelons la mort a lieu, la chose vivante se réduit de nouveau à son état de germe[1].

Les deux parties de l'hypothèse de Ch. Bonnet, savoir la théorie que toutes choses vivantes procèdent de germes préexistants, et que ceux-ci contiennent, les uns renfermés dans les autres, les germes de toutes

[1] Bonnet avait le courage de ses opinions, et dans la *Palingénésie Philosophique*, part. VI, chap. IV, il développe une hypothèse qu'il nomme « évolution naturelle », et qui, si l'on tient compte de ses idées particulières sur la nature de la génération, n'a pas une médiocre ressemblance avec ce que l'on comprend par « évolution » de nos jours : « Si la volonté divine a créé par un seul Acte l'Universalité des êtres, d'où venaient ces plantes et ces animaux dont Moïse nous décrit la production au troisième et au cinquième jour du renouvellement de notre monde ?

« Abuserais-je de la liberté de conjectures si je disais que les Plantes et les Animaux qui existent aujourd'hui sont parvenus par une sorte d'évolution naturelle des Êtres organisés qui peuplaient ce premier monde, sorti immédiatement des *Mains du Créateur*...

« Ne supposons que trois révolutions. La Terre vient de sortir des *Mains du Créateur*. Des causes préparées par sa sagesse font développer de toutes parts les Germes. Les Êtres organisés commencent à jouir de l'existence. Ils étaient probablement alors bien différents de ce qu'ils sont aujourd'hui. Ils l'étaient autant que ce premier monde différait de celui que nous habitons. Nous manquons de moyens pour juger de ces dissemblances, et peut-être que le plus habile naturaliste qui aurait été placé dans ce premier monde y aurait entièrement méconnu nos Plantes et nos Animaux. »

les choses vivantes futures, ce qui est l'hypothèse de l' « emboitement », et la théorie que chaque germe contient, en miniature, tous les organes de l'adulte, ce qui est l'hypothèse de l'évolution ou du développement, au sens primaire de ces mots, doivent être distingués avec soin. En réalité, tout en professant avec fermeté la première, Ch. Bonnet modifia plus ou moins la seconde dans ses derniers ouvrages, et enfin, il admit qu'un « germe » n'est pas nécessairement une vraie miniature de l'organisme, mais peut être simplement une « préformation originelle » capable de produire ce dernier [1].

Mais, ainsi défini, le germe n'est ni plus ni moins que la *particula genitalis* d'Aristote, ou le *primordium vegetale* ou *ovum* de Harvey; et l'évolution d'un tel germe ne se distinguerait point de l' « épigenèse ».

Soutenue par la grande autorité de Haller, la théorie de l'évolution ou du développement prévalut pendant tout le XVIIIe siècle, et Cuvier semble avoir, en substance, adopté les dernières idées de Ch. Bonnet, bien que probablement il ne dût pas aller jusqu'au bout dans la direction de l' « emboitement ». Dans une note bien connue de l'*Éloge* de Laurillard, qui est en tête de la dernière édition des *Ossements Fossiles*, le « radical de l'être, » est à peu près la même chose que la *particula genitalis*, et l'*ovum* de Harvey [2].

[1] « Ce mot (germe) ne désignera pas seulement un corps organisé *réduit en petit;* il désignera encore toute espèce de *préformation originelle dont un Tout organique peut résulter comme de son principe immédiat.* » *Palingénésie Philosophique*, part. X, chap. II.

[2] « M. Cuvier, considérant que tous les êtres organisés sont dérivés de parents, et ne voyant dans la nature aucune force capable

L'éminent contemporain de Ch. Bonnet, Buffon, avait à peu près les mêmes vues quant à la nature du germe, et les exprime même avec encore plus d'assurance :

« Ceux qui ont cru que le cœur était le premier formé, se sont trompés ; ceux qui disent que c'est le sang se trompent aussi : tout est formé en même temps. Si l'on ne consulte que l'observation, le poulet se voit dans l'œuf avant qu'il ait été couvé [1]. »

« J'ai ouvert une grande quantité d'œufs à différents temps avant et après l'incubation, et je me suis convaincu par mes yeux que le poulet existe en entier dans le milieu de la cicatricule, au moment qu'il sort du corps de la poule [2]. »

Le « moule intérieur » de Buffon est l'agrégat des parties élémentaires qui constituent l'individu, et se trouve ainsi l'équivalent du germe de Ch. Bonnet [3], ainsi qu'il est défini dans le passage cité ci-dessus. Mais Buffon imaginait en outre que d'innombrables « molécules organiques » étaient dispersés à travers tout le monde, et que l'alimentation consiste dans l'appropriation, par les parties d'un organisme, des molécules qui leur sont analogues. La croissance, par conséquent

de produire l'organisation, croyait à la préexistence des germes, non pas à la préexistence d'un être tout formé, puisqu'il est bien évident que ce n'est que par des développements successifs que l'être acquiert sa forme ; mais, si l'on peut s'exprimer ainsi, à la préexistence du *radical de l'être*, radical qui existe avant que la série des évolutions ne commence, et qui remonte certainement, suivant la belle observation de Bonnet, à plusieurs générations. » — Laurillard, *Éloge de Cuvier*, note 12.

1 Buffon, *Histoire naturelle*, tome II, éd. II, 1750, p. 350.

2 Buffon, *Ibid.*, p. 351.

3 Voir en particulier Buffon, *loc. cit.*, p. 41.

dans cette hypothèse, était un processus, en partie de simple évolution, et en partie de ce qu'on a appelé « syngenèse ». L'opinion de Buffon, en réalité, est une sorte de combinaison de théories, essentiellement semblables à celles de Bonnet, avec d'autres, quelque peu semblables à celles des *Medici*, que Harvey condamne. Les « molécules organiques » sont les équivalents physiques des « monades » de Leibnitz.

C'est un exemple frappant de la difficulté de forcer les gens à se servir avec exactitude de leur puissance propre d'investigation que la durée de temps pendant laquelle cette forme de la théorie de l'évolution s'est maintenue ; car elle était percée à jour, entièrement et complètement, peu de temps après avoir été énoncée par Caspar Friederich Wolff[1], qui plaça la théorie opposée de l'épigénèse sur les fondements assurés des faits, d'où elle n'a jamais été déplacée. Mais Wolff n'eut pas de successeurs immédiats. L'école de Cuvier manquait lamentablement d'embryologistes, et ce ne fût qu'au cours des trente premières années de notre siècle que Prévost et Dumas en France, et plus tard, Döllinger, Pander, Von Baer, Rathke et Remak, en Allemagne, fondèrent l'embryologie ; à la même époque, ils prouvèrent l'incompatibilité de l'hypothèse de l'évolution, telle que la formulaient Bonnet et Haller, avec des faits faciles à démontrer.

Néanmoins, bien que les conceptions primitivement désignées sous le nom d' « évolution » et de

[1] Wolff, *Theoria Generationis*, 1759.

« développement » eussent été reconnues insoutenables, ces mots continuèrent de s'appliquer au processus par lequel les embryons des êtres vivants font graduellement leur apparition, et les termes *développement*, *entwickelung* et *evolutio* sont maintenant employés, sans distinction, pour la série de changements génétiques qu'offrent les êtres vivants, par des écrivains qui nieraient solennellement que le *développement* ou *entwickelung*, ou *evolutio* se produisent jamais, dans le sens où ces mots étaient habituellement employés par Bonnet ou par Haller.

L'évolution ou le développement, tel est, en réalité, maintenant le nom généralement employé, en Biologie, pour désigner l'histoire des étapes par lesquelles un être vivant quelconque a acquis les caractères morphologiques et physiologiques qui le distinguent. De même que l'histoire civile peut se diviser en biographie, qui est l'histoire des individus, et en histoire universelle, qui est celle de la race humaine, l'évolution se divise naturellement en deux catégories, — l'évolution de l'individu, et celle de la somme totale des êtres vivants. Il sera commode de traiter la théorie moderne de l'évolution sous ces deux chefs.

I

L'ÉVOLUTION DE L'INDIVIDU

On ne connait, jusqu'à ce jour, aucune exception à la loi générale qu'ont établie une multitude immense d'observations directes, que toute chose vivante est née d'une parcelle de matière chez qui l'on ne peut discerner aucune trace des caractères distinctifs de la forme adulte de cette chose vivante : cette parcelle se nomme *germe*. Harvey dit :

« Tout être vivant possède un principe hors duquel et par lequel il est engendré. Nous pouvons l'appeler le *primordium vegetale* ; c'est quelque substance corporelle possédant la vie en puissance ; c'est quelque chose qui existe en soi, et qui est apte à se changer en forme végétative par l'action du principe interne. Ce *primordium*, c'est l'œuf et la graine des plantes ; c'est le fruit du vivipare, et le *vermis* des insectes, comme le dit Aristote ; et les différents organismes vivants ont des principes différents. »

La définition du germe comme « matière potentiellement vivante, et ayant en soi la tendance à prendre une forme vivante définie » semble remplir toutes les exigences de la science moderne. Car, bien que l'on pût, avec quelque raison, se demander si un germe n'est pas d'une façon purement potentielle mais plutôt réellement, vivant, quoique ses manifestations vitales soient réduites au minimum, le terme « potentiel » peut être employé dans un sens assez large pour échapper à cette objection. Et la qualification du mot « potentiel » a l'avantage de nous rappeler que la grande caractéristique du germe n'est pas tant ce qu'il est, mais ce qu'il peut devenir sous des conditions favorables. Harvey partageait la conviction d'Aristote — dont il cite si souvent les écrits, dont il parle comme de son précurseur et de son modèle, avec le respect généreux dont un vrai travailleur est pénétré à l'égard d'un autre — que de semblables germes peuvent naitre, par un processus de « génération équivoque », hors de matière non vivante ; et l'aphorisme qu'on lui attribue si souvent, *Omne vivum ex ovo*, et qui résume, en effet, assez bien ses assertions réitérées, bien qu'on l'emploie incessamment contre les défenseurs modernes de la génération spontanée, ne peut être loyalement ainsi employé que par ceux qui n'ont jamais lu vingt pages des *Exercitationes*. Harvey, en réalité, croyait, aussi implicitement qu'Aristote, à la génération équivoque des animaux inférieurs. Mais, si le cours des recherches modernes n'a fait que mettre en plus grande lumière l'exactitude de la conception de Harvey sur la nature et le mode de développement des germes, il a tout aussi distinctement tendu à nier l'occurrence de la génération équivoque, ou abiogenèse, dans le cours actuel de la nature. Chez l'immense majorité des plantes et des animaux, il est certain que le germe n'est pas uniquement un corps dans lequel la vie est dormante ou potentielle, mais qu'il est, en soi, simplement, une portion détachée de la substance d'un corps vivant préexistant ; et il reste encore à avancer le témoignage qui prouvera à tout homme doué d'une raison circonspecte que *Omne vivum ex vivo* n'est pas une loi du cours actuel de la nature aussi bien établie que *Omne vivum ex ovo*.

Dans tous les exemples examinés jusqu'ici, la substance de ce germe a une composition chimique particulière, consistant au moins en quatre corps élémentaires, savoir : le carbone, l'hydrogène, l'oxygène et l'azote, unis à un composé mal défini connu sous le nom de protéine, et associés à beaucoup d'eau et très généralement, si ce n'est toujours, à du soufre et du phosphore en petites proportions. En outre, jusqu'à nos jours, la protéine n'est connue que comme produit et constituant de la matière vivante. Un vrai germe est ou bien dépourvu de toute structure appréciable par des moyens optiques, ou bien au plus, c'est une simple cellule à nucléus[1].

Dans tous les cas, le processus évolutif consiste en une succession de changements de la forme, de la structure, et des fonctions du germe, changements par lesquels il passe, d'étape en étape, d'une simplicité extrême, ou d'une homogénéité relative de structure visible, à un degré plus ou moins grand de complexité ou d'hétérogénéité ; et le cours de sa différenciation est habituellement accompagné de croissance s'effectuant par intussusception. Cette intussusception, toutefois, est un processus très différent de celui qu'ont imaginé Buffon ou Bonnet. La substance par l'addition de laquelle le germe s'accroît n'est, en aucun cas, simplement empruntée, toute faite, au monde non vivant, et emmagasinée parmi les constituants élémentaires du germe, comme Bonnet l'imaginait ; elle se compose encore moins des « molécules organiques » de Buffon. Les nouveaux matériaux sont en grande mesure, non seulement absorbés, mais assimilés, de façon à devenir partie intégrante de la structure moléculaire du corps vivant dans lequel ils

[1] En quelques cas de multiplication asexuelle le germe est un agrégat de cellules, si nous n'appelons germe que ce qui est déjà détaché de l'organisme du parent.

entrent. Et l'organisme entièrement développé, bien loin d'être simplement le germe *plus* la nutrition qu'il a absorbée, ne contient probablement, à l'état adulte, ni en forme ni en substance, plus qu'une fraction inappréciable des constituants du germe, et est presque, sinon entièrement, fait de nourriture assimilée et métamorphosée. Dans la plupart des cas, du moins, l'organisme à l'état parfait devient ce qu'il est par l'absorption de matière non vivante, et la conversion de celle-ci en matière vivante d'un type spécifique. Ainsi que le dit Harvey [1], toutes les parties du corps sont nourries.

Chez tous les animaux et les plantes, sauf les plus bas placés, le germe est une cellule à nucléus, si l'on emploie ce mot dans son sens le plus large; la première étape du processus évolutif de l'individu est la division de cette cellule en deux portions, ou même plus. Le processus de division se répète, jusqu'à ce que l'organisme d'unicellulaire devienne multicellulaire. La cellule isolée devient un agrégat de cellules, et c'est à la croissance et à la métamorphose de l'agrégat de cellules ainsi produit que tous les organes et les tissus de l'adulte doivent leur origine.

Chez certains animaux appartenant à chacun des groupes principaux dans lesquels les *Métazoaires* sont divisibles, les cellules de l'agrégat de cellules résultant du processus de la division du jaune nommé *morula*, divergent l'une de l'autre de manière à don-

[1] *Ex.* 45. « Ab eodem succo alibili, aliter aliterque cambiato », « ut plantae omnes ex eodem communi nutrimento sive rore seu « terrae humore. »

ner lieu à un espace central, autour duquel elles se disposent comme une tunique ou enveloppe ; et la *morula* devient ainsi une vésicule pleine de fluide, la *planula*. La paroi de la planula est ensuite repoussée de côté, ou invaginée, ce qui la transforme en un sac à doubles parois, avec une ouverture, le *blastopore*, qui conduit dans la cavité que double la paroi intérieure. Cette cavité est la cavité alimentaire primitive, ou *archenteron ;* la couche intérieure, ou invaginée, est l'*hypoblaste*, l'extérieure l'*épiblaste*, et l'embryon, à cette étape, se nomme *gastrula*. Chez tous les animaux supérieurs, une couche de cellules fait son apparition entre l'hypoblaste et l'épiblaste, et se nomme le *mésoblaste*. Au cours ultérieur du développement, l'épiblaste devient l'ectoderme ou couche épidermique du corps ; l'hypoblaste devient l'épithélium de la partie médiane du canal alimentaire, et le mésoblaste donne naissance à tous les autres tissus, sauf le système nerveux central qui prend naissance par une invagination interne de l'épiblaste.

On a observé, avec plus ou moins de modifications de détail, que l'embryon traverse ces étapes successives d'évolution chez beaucoup d'Éponges, de Cœlentérés, de Vers, d'Échinodermes, de Tuniciers, d'Arthropodes, de Mollusques et de Vertébrés ; et il y a de bonnes raisons de croire que tous les animaux dont l'organisation est supérieure à celle des Protozoaires ont le même caractère général dans les premières étapes de leur évolution individuelle. Chacun d'eux, partant de la condition d'une simple cellule à nucléus, devient un agrégat de cellules, et ce dernier traverse un état représentant l'étape de la gastrula, avant de prendre les traits distinctifs du groupe auquel il appartient. Ainsi formulée, la « théorie de la Gastræa » de Haeckel semble être, pour celui qui écrit ces lignes, une des généralisations récentes les plus importantes et les mieux établies. Donc, en ce qui concerne les plantes et les animaux, l'évolution n'est plus une hypothèse, mais un fait ; et c'est par épigenèse qu'elle se produit.

« L'animal est créé par épigenèse ; il attire à lui la matière, l'élabore, la prépare, et s'en sert ; il se forme et s'accroit... C'est le premier *concrementum* du corps futur... Il s'accroit, se divise et se distingue en parties, qui n'apparaissent pas toutes simultanément, mais naissent les unes après les autres, naissant chacune selon son ordre [1]. »

En ces mots, par la divination du génie, Harvey, au XVIIe siècle, résumait le résultat de l'œuvre de tous ceux qui, avec des moyens dont il ne pouvait avoir la conception la plus éloignée, continuent ses travaux au XIXe.

Néanmoins, bien que la théorie de l'épigenèse, telle qu'Harvey la comprenait, ait triomphé définitivement de la théorie de l'évolution telle que la comprenaient ses adversaires du XVIIIe siècle, il n'est pas impossible que, quand on aura porté encore plus loin l'analyse du processus du développement et qu'on aura reconnu l'origine des constituants moléculaires des

[1] Harvey, *Exercitationes de Generatione*. Ex. 45, *Quænam sit pulli materia et quomodo fiat in ovo.*

corps, physiquement grossiers, bien que très menus, que nous appelons germes, la théorie du développement se rapproche davantage de la métamorphose que de l'épigenèse. Harvey pensait que l'imprégnation influencerait l'organisme de la femelle comme une maladie infectieuse, et que le sang, qu'il jugeait être le premier rudiment du germe, naissait dans le fluide clair du *colliquamentum* de l'œuf par un processus de concrétion, comme une sorte de précipité vivant. Nous savons maintenant, au contraire, que le germe femelle ou *ovum*, chez tous les animaux supérieurs et les plantes, est un corps possédant la structure d'une cellule à nucléus; que la fécondation consiste en la fusion de la substance [1] d'une autre cellule à nucléus plus ou moins modifiée, le germe mâle, avec l'*ovum*; et que les constituants du corps de l'embryon sont tous dérivés, par un processus de division, des germes mâle et femelle fondus ensemble. Il suit de là qu'on peut admettre comme concevable, et même probable, que chaque partie de l'adulte contient des molécules, dérivées à la fois du parent mâle et du parent femelle, et que, regardé comme une masse de molécules, l'organisme entier peut être comparé à un tissu dont la chaine dérive de la femelle et la trame du mâle [2]. Et chacune de ces molécules peut constituer une individualité, dans le même sens que tout l'orga-

[1] Ceci n'est point encore démontré dans le cas des plantes phanérogames.

[2] Les singulières révélations fournies par le microscope à l'égard de la structure des noyaux et du rôle qu'ils jouent dans la fécondation, révélations qui se sont produites au cours des quelques dernières années, apportent un appui sérieux à cette hypothèse.

nisme est un individu, bien que la matière de l'organisme ait été constamment se transformant. Les molécules, mâle et femelle, primitives, peuvent jouer le rôle des « moules organiques » de Buffon, et modeler la nourriture assimilée, chacune suivant son propre type, en innombrables molécules nouvelles. Envisagé à ce point de vue, le processus qui, par son aspect superficiel, est de l'épigénèse, semble, dans son essence, être de l'évolution, au sens modifié adopté dans les derniers écrits de Bonnet ; et le développement est purement l'expansion d'un organisme potentiel ou d'une « préformation originelle » selon des lois fixées.

II

L'ÉVOLUTION DE L'ENSEMBLE DES ÊTRES VIVANTS

L'idée que toutes les espèces d'animaux et de plantes ont pris l'existence par la croissance et la modification de germes primordiaux est aussi ancienne que les spéculations de la pensée ; mais la forme scientifique moderne de la théorie peut être attribuée historiquement à l'influence de diverses lignes convergentes de spéculation philosophique et d'observation physique, dont aucune ne remonte plus haut que le XVIIe siècle. Ce sont :

1° L'énoncé, par Descartes, de la conception que l'univers physique, vivant ou non, est un mécanisme, et que, comme tel, il s'explique par des principes physiques ;

2° L'observation des gradations de structure, de la simplicité extrême jusqu'à une très grande complexité, que présentent les choses vivantes, et du rapport de ces formes graduées entre elles ;

3° L'observation de l'existence d'une analogie entre la série des gradations présentées par les espèces qui composent un grand groupe quelconque d'animaux ou de plantes, et la série des conditions embryonnaires des membres supérieurs de ce groupe ;

4° L'observation que de grands groupes d'espèces différant grandement d'habitudes présentent le même plan fondamental de structure, et que des parties du même animal ou de la même plante dont les fonctions sont très différentes, montrent de même des modifications d'un plan commun ;

5° L'observation de l'existence d'organes, à un état rudimentaire et sans utilité apparente, dans une espèce d'un groupe, alors qu'ils sont entièrement développés et ont des fonctions définies dans d'autres espèces du même groupe ;

6° L'observation des effets des conditions qui varient sur la modification des organismes vivants ;

7° L'observation des faits de la distribution géographique ;

8° L'observation des faits de la succession géologique des formes de la vie.

I. Malgré les déguisements laborieux que la crainte des autorités existantes imposa aux opinions véritables de Descartes, il est impossible de lire les *Principes de la Philosophie*, sans acquérir la conviction que ce grand philosophe croyait que le monde physique et tout ce qu'il renferme, vivant ou non vivant, avait pris naissance par un processus d'évolution dû à l'action continue de causes purement physiques, dans une matière primitive relativement informe [1].

Le passage suivant est particulièrement instructif:

« Et tant s'en faut que je veuille que l'on croie toutes les choses que j'écrirai, que même je prétends en proposer ici quelques-unes que je crois absolument être fausses, à savoir: je ne doute point que le monde n'ait été créé au commencement avec autant de perfection qu'il en a; en sorte que le soleil, la terre, la lune et les étoiles ont été dès lors, et que la terre n'a pas eu seulement en soi les semences des plantes, mais que les plantes mêmes en ont couvert une partie, et qu'Adam et Ève n'ont pas été créés enfants, mais en âge d'hommes parfaits. La religion chrétienne veut que nous le croyions ainsi, et la raison naturelle nous persuade entièrement cette vérité; car, si nous considérons la toute-puissance de Dieu, nous devons juger que tout ce qu'il a fait a eu, dès le commencement, toute la perfection qu'il devait avoir.

Mais, néanmoins, comme on connaitrait beaucoup mieux quelle a été la nature d'Adam et celle des arbres du Paradis si on avait examiné comment les enfants se forment peu à peu dans le ventre de leurs mères et comment les plantes sortent de leurs semences, que si on avait seulement considéré quels ils ont été quand Dieu les a créés: tout de même, nous ferons mieux entendre quelle est généralement la nature de toutes les choses qui sont au monde si

[1] Ainsi que Buffon l'a bien dit: « L'idée de ramener l'explication de tous les phénomènes à des principes mécaniques est assurément grande et belle; ce pas est le plus hardi qu'on peut faire en philosophie, et c'est Descartes qui l'a fait. » *L. c.*, p. 50.

nous pouvons imaginer quelques principes qui soient fort intelligibles et fort simples, desquels nous puissions voir clairement que les astres et la terre, et enfin tout ce monde visible aurait pu être produit ainsi que de quelques semences (bien que nous sachions qu'il n'a pas été produit en cette façon), que si nous le décrivions seulement comme il est, ou bien comme nous croyons qu'il a été créé. Et parce que je pense avoir trouvé des principes qui sont tels, je tâcherai ici de les expliquer[1]. »

En lisant entre les lignes de cette singulière manifestation de force d'une sorte et de faiblesse d'une autre, on aperçoit clairement que Descartes croyait qu'il avait deviné le mode d'évolution de l'univers physique; le *Traité de l'Homme* et l'essai *Sur les Passions* donnent d'abondants témoignages, de plus, qu'il cherchait et pensait avoir trouvé une explication des phénomènes de la vie physique par la déduction de lois purement physiques.

Spinoza abonde dans le même sens, et est, comme d'ordinaire, parfaitement franc :

« Les lois et règles de la nature, selon lesquelles toutes choses se font et passent d'une forme en une autre, sont partout et toujours les mêmes[2]. »

La doctrine de la continuité, de Leibnitz, le conduisit nécessairement dans la même direction, et il suppose que chacun des innombrables groupes de monades dont il peuplait le monde est le théâtre d'un processus

[1] Descartes, *Principes de la Philosophie*, 3e partie, § 45.
[2] Spinoza, *Ethicès*, *Pars Tertia*, *Præfatio*.

incessant d'évolution et d'involution. Leibnitz suggère distinctement l'instabilité des espèces [1].

« D'autres s'étonnent de voir parmi les pierres des espèces que vainement on chercherait dans le monde connu, voire même dans le voisinage. Ainsi les cornes d'Ammon, qui font partie des nautiles, diffèrent par la forme et les dimensions de tous ceux qu'offre la mer. Mais qui a fouillé les recoins cachés et les abimes profondes de celle-ci ; combien d'animaux, à nous inconnus jusqu'ici, présente un monde nouveau ? Et il est à croire que, grâce à ces énormes changements, les espèces animales elles-mêmes ont souvent été changées. »

Ainsi, à la fin du XVIIe siècle, était semée la semence qui a, par intervalles, produit des éclosions répétées d'hypothèses évolutionaires, basées, d'une manière plus ou moins complète, sur des raisonnements généraux.

Parmi les premières de ces spéculations, il faut noter celle qu'avance Benoist de Maillet dans son *Telliamed*, qui, bien qu'imprimé en 1735, ne fut publié que vingt-trois ans plus tard. Si l'on prend en considération le fait que ce livre a été écrit avant l'époque de Haller, ou Bonnet, ou Linné, ou Hutton, il mérite certainement un examen plus respectueux qu'il ne le subit d'ordinaire. Car de Maillet n'a pas seulement une conception définie de la plasticité des choses vivantes et de la production des espèces existantes par la modification de celles qui les ont précédées ; mais

[1] Leibnitz, *Prologæa*, XXVI.

encore il saisit, évidemment, la maxime cardinale de la science géologique moderne, à savoir que l'explication de la structure du globe doit être cherchée dans l'application déductive aux phénomènes géologiques des principes établis par induction par l'étude du cours actuel de la nature. Un peu plus tard, Maupertuis [1] suggéra une curieuse hypothèse quant aux causes de la variation, qu'il pense devoir suffire à expliquer l'origine de tous les animaux au moyen d'un seul couple. Robinet [2] suivit à peu près la même direction de pensée que de Maillet, mais avec moins de sobriété; et nous avons déjà mentionné les spéculations de Bonnet dans la *Palingénésie* qui parut en 1769. Buffon (1753-1778) d'abord partisan de l'immutabilité absolue des espèces, parait, ensuite, avoir cru que des groupes plus ou moins grands d'espèces ont été produits par la modification d'une race primitive ; mais il n'a rien ajouté à la théorie générale de l'évolution.

Erasme Darwin [3], bien qu'évolutioniste zélé, peut à peine être signalé comme ayant fait un pas au-delà de ses prédécesseurs ; et bien que Goethe (1791-1794) ait eu l'avantage d'une vaste connaissance de faits morphologiques, et une compréhension exacte de leur signification, tout en jetant toute la puissance d'un grand poète dans l'expression de ses idées, on peut se demander s'il a fourni à la théorie de l'évolu-

[1] Maupertuis, *Système de la Nature. Essai sur la Formation des Corps Organisés*, XIV, 1751.

[2] Robinet, *Considérations philosophiques sur la gradation naturelle des formes de l'être, ou les Essais de la nature qui apprend à faire l'homme*, 1768.

[3] Erasme Darwin, *Zoonomie*, 1794.

tion une base scientifique plus ferme qu'elle n'en possédait avant lui. En outre, quelle que soit la valeur des travaux de Goethe dans ce champ, ils ne furent pas publiés avant 1820, longtemps après que la théorie évolutioniste eut pris un nouvel essor datant des ouvrages de Tréviranus et de Lamarck, — les premiers de ses défenseurs qui furent équipés pour leur tâche avec la connaissance vaste et exacte des phénomènes de la vie, comme ensemble, qui est nécessaire. Il est à remarquer que chacun de ces écrivains semble avoir été amené indépendamment, quoique en même temps, à inventer le même nom de « Biologie », pour la science des phénomènes vitaux, et ainsi, suivant Buffon, ils ont reconnu l'unité essentielle de ces phénomènes et la distinction entre eux et ceux de la nature inanimée. Et il est difficile de dire lequel de Lamarck ou de Tréviranus eut la priorité en énonçant la thèse principale de la théorie évolutioniste ; car, bien que le premier volume de la *Biologie*, de Tréviranus, n'ait paru qu'en 1802, il dit dans la préface de son dernier ouvrage, les *Erscheinungen und Gesetze des organischen Lebens*, daté de 1831, qu'il avait écrit le premier volume de la *Biologie* « il y a environ trente-cinq ans » ou vers 1796.

Or, en 1794, il y a des preuves que Lamarck professait des doctrines présentant un contraste frappant avec celles qu'on peut trouver dans la *Philosophie Zoologique*, ainsi que le montrent les passages suivants.

« 685. Quoique mon unique objet dans cet article n'ait été que traiter de la cause physique de l'entretien de la vie des êtres organiques, malgré cela j'ai osé avancer, en débutant, que l'existence de ces êtres étonnants n'appartient nullement à la nature; que tout ce qu'on peut entendre par le mot nature ne pouvait donner la vie, c'est-à-dire que toutes les qualités de la matière jointes à toutes les circonstances possibles, et même à l'activité répandue dans l'univers, ne pouvaient point produire un être muni du mouvement organique, capable de reproduire son semblable, et sujet à la mort.

« 686. Tous les individus de cette nature, qui existent, proviennent d'individus semblables, qui tous ensemble constituent l'espèce entière. Or, je crois qu'il est aussi impossible à l'homme de connaître la cause physique du premier individu de chaque espèce que d'assigner aussi physiquement la cause de l'existence de la matière ou de l'univers entier. C'est au moins ce que le résultat de mes connaissances et de mes réflexions me portent à penser. S'il existe beaucoup de variétés produites par l'effet des circonstances, ces variétés ne dénaturent point les espèces, mais on se trompe, sans doute, souvent, en indiquant comme espèce ce qui n'est que variété; et alors je sens que cette erreur peut tirer à conséquence dans les raisonnements que l'on fait sur cette matière[1]. »

Les trois premiers volumes de la *Biologie* de Tréviranus, qui contiennent ses idées générales sur l'évolution, parurent entre 1802 et 1805. Les *Recherches sur l'Organisation des Corps Vivants*, où sont données les

[1] J.-B. Lamarck, *Recherches sur les causes des principaux faits physiques*. Paris, seconde année de la République. — Dans la préface, Lamarck dit que l'ouvrage fut écrit en 1776, et présenté à l'Académie en 1780; mais il ne fut pas publié avant 1794, et, à cette époque, il est présumable qu'il exprimait les idées mûries de Lamarck. Il serait intéressant de savoir ce qui amena le changement d'opinions manifesté dans les *Recherches sur l'organisation des corps vivants*, publiées seulement sept ans plus tard.

grandes lignes des théories de Lamarck, furent publiées en 1802, mais l'exposé complet de ses idées, dans la *Philosophie Zoologique*, n'eut lieu qu'en 1809.

La *Biologie* et la *Philosophie Zoologique* sont toutes deux de très remarquables productions et méritent encore une étude attentive; mais elles tombaient mal à propos. La grande autorité de Cuvier était employée à soutenir les respectables hypothèses traditionnelles de la création spéciale et des catastrophes; et les vagabondages de pensée impétueuses du *Discours sur les révolutions de la surface du globe* étaient tenues pour des modèles de saine réflexion scientifique, tandis qu'on repoussait avec dédain les hypothèses réellement beaucoup plus sobres et plus philosophiques de l'*Hydrogéologie*. Pendant nombre d'années, il fut de mode de tourner Lamarck en ridicule, et d'ignorer entièrement Tréviranus.

Néanmoins, l'œuvre avait été accomplie. L'idée de l'évolution ne pouvait plus, désormais, être réprimée, et elle reparait, incessamment, sous une forme ou une autre [1], jusqu'à l'an 1858, où M. Darwin et M. Wallace publièrent leur *Théorie de la Sélection naturelle*. L'*Origine des Espèces* parut en 1859, et il est à la connaissance de tous ceux dont la mémoire peut remonter jusqu'à cette époque, que, désormais, la théorie évolutioniste a pris une position et acquis une importance qu'elle n'avait jamais possédées auparavant. Dans l'*Origine des Espèces* et dans ses autres nombreuses et importantes contributions à la solution

[1] Voir l'*Esquisse Historique* mise en tête de la dernière édition de l'*Origine des Espèces*.

du problème de l'évolution biologique, M. Darwin se borne à discuter les causes qui ont amené l'état actuel de la matière vivante, dans l'hypothèse que cette matière a une fois commencé d'exister. D'autre part, M. Spencer[1] et le professeur Haeckel[2] ont traité le problème entier de l'évolution. Les écrits profonds et rigoureux de M. Spencer incarnent le génie de Descartes dans la science d'aujourd'hui, et peuvent être considérés comme *les Principes de la Philosophie* du XIXe siècle ; quelque hésitation que des esprits moins hardis éprouvent parfois à suivre Haeckel dans beaucoup de ses spéculations, sa tentative d'arranger en système la théorie de l'évolution et de montrer son influence comme pensée centrale de la Biologie moderne, ne peut manquer d'exercer une influence profonde sur les progrès de la science.

Si nous cherchons la raison de la différence entre la position scientifique de la théorie évolutioniste, il y a un siècle, et celle qu'elle occupe maintenant, nous la trouverons dans la grande accumulation des faits, dont on a ci-dessus énuméré les diverses classes, du second au huitième chef. Car ceux qu'on a groupés, au-dessous de la seconde, jusqu'à la septième de ces classes, respectivement, ont eu une portée évidente sur l'hypothèse de l'évolution, tandis qu'ils sont inintelligibles si l'on nie cette hypothèse. Et ceux du huitième groupe sont non seulement inintelligibles, si l'on n'accepte pas l'évolution, mais peuvent être prouvés n'être jamais en désaccord avec cette hypo-

[1] Spencer, *Premiers Principes*, et *Principes de Biologie*.
[2] Haeckel, *Morphologie générale*.

thèse, tandis qu'en quelques cas ils sont exactement tels que l'hypothèse les exige. Il faudrait un volume pour démontrer ces assertions, mais on peut indiquer brièvement la nature générale du témoignage sur lequel elles reposent.

II. Les recherches minutieuses sur les formes les plus inférieures de la vie animale, commencées par Leeuwenhoek et Swammerdam, et continuées par les travaux remarquables de Réaumur, de Trembley, de Bonnet et une foule d'autres observateurs, dans la dernière partie du XVIIe siècle et la première du XVIIIe, attirèrent l'attention des biologistes sur la gradation en complexité d'organisation que présentent les êtres vivants, et eurent pour résultat la théorie de l'« échelle des êtres », si puissamment et clairement exposée par Bonnet, et, avant lui, ébauchée par Locke et par Leibnitz. Dans l'état où en étaient alors les connaissances, il semblait que toutes les espèces d'animaux et de plantes pouvaient être arrangées en une seule série, de manière que, par des degrés insensibles, le minéral devenait plante, la plante polype, le polype ver, et ainsi de suite, à travers des formes de vie de plus en plus supérieures, jusqu'à l'homme placé au sommet du monde animé.

Mais, à mesure que la connaissance avançait, cette conception cessait d'être soutenable sous la forme grossière sous laquelle on l'énonça d'abord. En ne tenant compte même que des animaux et plantes actuellement en existence, il devint évident qu'ils se distribuent en groupes plus ou moins franchement séparés les uns des autres ; et, en outre, que même les espèces d'un seul genre ne peuvent jamais être arrangées en séries linéaires. Leurs ressemblances et leurs différences naturelles ne peuvent s'exprimer qu'en les disposant comme si elles étaient des branches partant d'un même centre hypothétique.

Lamarck, tout en affirmant la proposition verbale que les animaux ne forment qu'une seule série, était forcé par son immense familiarité avec les détails de la zoologie à limiter son assertion aux séries pouvant se former au moyen des abstractions constituées par les caractères communs de chaque groupe [1].

Cuvier, s'appuyant sur l'anatomie, et von Baer sur l'embryologie, ont franchi l'étape suivante, qui consiste à prouver que, même dans ce sens limité, les animaux ne peuvent être arrangés en une seule série, mais qu'il y a plusieurs plans distincts d'organisation à observer parmi eux, dont pas un dans sa modification la plus élevée et la plus compliquée, ne mène à aucun des autres.

Les conclusions énoncées par Cuvier et von Baer ont été confirmées, en principe, par toutes les recherches subséquentes sur la structure des animaux et des plantes. Mais l'effet de l'adoption de ces conclusions a été plutôt de substituer une nouvelle métaphore à celle de Bonnet que d'abolir la conception qu'exprimait cette métaphore. Au lieu de regarder les choses vivantes comme se prêtant à l'arrangement en série comme les échelons d'une échelle, les résultats

[1] « Il s'agit donc de prouver que la série qui constitue l'échelle animale réside essentiellement dans la distribution des masses principales qui la composent, et non dans celle des espèces, ni même toujours dans celle des genres. » — *Phil. Zoologique*, chap. v.

de l'investigation moderne nous forcent à en disposer comme s'ils étaient les rameaux et les branches d'un arbre. Les bouts des rameaux représentent des individus, les plus petits groupes de rameaux des espèces, les plus grands des genres, et ainsi de suite, jusqu'à ce que nous en arrivions à la source de toutes ces ramifications de la branche principale qui est représentée par un plan commun de structure. Au moment actuel, il est impossible de formuler aucune définition, basée sur des caractères anatomiques ou de développement, un peu large, par laquelle un des grands groupes de Cuvier serait séparé de tout le reste. Au contraire, les membres inférieurs de chacun tendent à converger vers les membres inférieurs de tous les autres. On peut en dire autant du monde végétal. La distinction, évidente en apparence, entre les plantes phanérogames et cryptogames a été détruite par la série des gradations entre les deux que présentent les *Lycopodiacées*, les *Rhizocarpées* et les *Gymnospermes*. Les groupes des champignons, des lichens, et des algues se sont complètement fusionnés, et quand les formes inférieures de chacun sont seules examinées, les règnes animal et végétal cessent d'avoir une frontière définie.

S'il est permis de parler métaphoriquement des rapports des formes vivantes entre elles, la similitude à choisir doit, sans nul doute, être celle d'une racine commune d'où deux troncs principaux, représentant, l'un le monde végétal, et l'autre le monde animal, s'élèvent, et chacun se divisant en quelques branches principales, celles-ci se subdivisent en multitude de petites branches, et celles-ci en de plus petits groupes de rameaux.

Ainsi que Lamarck l'a fort bien dit [1]:

« Il n'y a que ceux qui se sont longtemps et sérieusement occupés de la détermination des espèces et qui ont consulté de riches collections, qui peuvent savoir jusqu'à quel point les *espèces*, parmi les corps vivants, se fondent les unes dans les autres, et qui ont pu se convaincre que, dans les parties où nous voyons des *espèces* isolées, cela n'est ainsi que parce qu'il nous en manque d'autres qui en sont plus voisines et que nous n'avons pas encore recueillies.

« Je ne veux pas dire pour cela que les animaux qui existent forment une série très simple et partout également nuancée ; mais je dis qu'ils forment une série rameuse, irrégulièrement graduée, et qui n'a point de discontinuité dans ses parties, ou qui, du moins, n'en a toujours pas eu, s'il est vrai que, par suite de quelques espèces perdues, il s'en trouve quelque part. Il en résulte que les *espèces* qui terminent chaque rameau de la série générale tiennent, au moins d'un côté, à d'autres espèces voisines qui se nuancent avec elles. Voilà ce que l'état bien connu des choses me met maintenant à portée de démontrer, Je n'ai besoin d'aucune hypothèse ni d'aucune supposition pour cela : j'en atteste tous les naturalistes observateurs. »

III. Dans un essai remarquable [2] Meckel dit :

« Il n'y a point de bon physiologiste qui n'ait été frappé en observant que la forme primitive de tous les organismes est une seule et même forme, et que, de cette forme unique, tous les plus bas, comme les

[1] Lamarck, *Philosophie Zoologique*, première partie, chap. III.

[2] Meckel, *Entwurf einer Darstellung der wischen dem Embryozustände der höheren Thiere und dem permanenten derz niederen stattfindenden Parallele, Beiträge zur Vergleichenden Anatomie*, Tome II, 1811.

plus élevés, se développent de telle sorte que ces derniers passent à travers les formes permanentes des premiers comme par des étapes de transition. Aristote, Haller, Harvey, Kielmeyer, Autenrieth et beaucoup d'autres ont fait cette observation, incidemment, et, surtout le dernier, ont appelé l'attention sur elle, et en ont tiré des résultats d'une importance permanente pour la physiologie. »

Meckel donne alors des exemples à l'appui de sa thèse, que les formes inférieures d'animaux représentent des étapes du développement des supérieures.

Après avoir comparé les Salamandres et les *Urodeles* pérennibranches avec les Tétards et les Grenouilles et avoir énoncé la loi que plus l'animal est d'organisation élevée, et plus il traverse vite les étapes inférieures, Meckel dit :

« De ces vertébrés inférieurs jusqu'aux supérieurs, et aux formes les plus élevées parmi ceux-ci, la comparaison entre les conditions embryonnaires des animaux supérieurs et les états adultes des inférieurs peut être plus complètement instituée que si l'étude s'étendait aux Invertébrés, puisque ces derniers sont construits sur un type entièrement dissemblable ; en réalité, ils diffèrent souvent bien plus l'un de l'autre que ne le fait le vertébré inférieur du mammifère le plus élevé ; pourtant les pages suivantes montreront que la comparaison peut aussi, avec quelque intérêt, s'étendre jusqu'à eux. En réalité, il y a une période où, comme Aristote l'a dit depuis longtemps, l'embryon de l'animal le plus élevé a la forme d'un simple ver, et, dépourvu d'organisation interne ou externe, est simplement une masse, presque sans structure, de substance analogue à celle du polype. Malgré l'origine des organes, cette masse reste encore un certain temps, à cause de son manque de squelette osseux interne, ver et mollusque, et n'entre que plus tard dans la série des vertébrés, bien que des traces de colonne vertébrale, même aux premières périodes, témoignent de ses droits à prendre rang dans cette série[1]. »

Si l'on restreint la proposition de Meckel en ceci que la comparaison des formes adultes avec les formes embryonnaires doit être renfermée dans les limites d'un seul type d'organisation et si l'on se souvient, en outre, que la ressemblance entre la forme inférieure permanente avec la phase embryonnaire d'une forme supérieure n'est pas spéciale, mais générale, cette propoposition s'accorde entièrement avec l'embryologie moderne ; bien qu'il n'y ait aucune branche de Biologie qui se soit autant développée et qui ait autant perfectionné ses méthodes, depuis le temps de Meckel, que celle-là. Dans sa forme primitive, la théorie de de l'« arrêt du développement », telle que la soutiennent Geoffroy Saint-Hilaire et Serres, était, sans doute, une exagération des cas. Il n'est pas vrai, par exemple, qu'un poisson soit un reptile arrêté dans son développement, ou qu'un reptile ait jamais été un poisson ; mais il est vrai que l'embryon de reptile, à une phase de son développement, est un organisme qui, s'il avait une existence indépendante, devrait être classé parmi les poissons, et que tous les organes du reptile passent, au cours de leur développement, par des états qui sont très analogues à ceux qui sont permanents chez quelques poissons.

VI. La branche de la Biologie qu'on nomme *Mor-*

[1] Meckel, *Op. cit.*, p. 4 et 5.

phologie est un commentaire et une extension de la proposition que des animaux et des plantes différant grandement, et des parties grandement différentes d'animaux ou de plantes, sont construits sur le même plan. Depuis la comparaison grossière du squelette d'un oiseau avec celui d'un homme par Belon, au XVIe siècle (pour ne pas remonter plus haut) jusqu'à la théorie des membres et la théorie du crâne de notre temps, ou, de la première démonstration des homologies des parties d'une fleur par F.-C. Wolff, jusqu'à la laborieuse analyse des organes floraux qui se pratique de nos jours, la Morphologie présente un progrès continuel vers la démonstration d'une unité fondamentale parmi les apparentes diversités des parties vivantes. Et cette démonstration a été complétée par l'établissement final de la théorie cellulaire qui implique l'admission d'une conformité primitive non seulement de toutes les parties élémentaires chez les animaux et les plantes, respectivement, mais de celles qui sont l'une de ces grandes divisions des choses vivantes avec celles de l'autre. On ne peut dire qu'aucune difficulté *a priori* soit hostile à l'évolution quand on montre que tous les animaux et toutes les plantes procèdent, par des modes de développement qui sont semblables, en principe, d'une matière d'organes protoplasmique fondamentale.

V. Les innombrables cas d'organes qui sont rudimentaires et, en apparence, inutiles, dans des espèces dont les alliées rapprochées possèdent des organes homologues bien développés, et fonctionnellement importants, sont facilement intelligibles par la théorie de l'évolution, tandis qu'il est difficile de concevoir leur raison d'être dans toute autre hypothèse. Cependant un chercheur prudent expliquera probablement plutôt de tels cas d'une manière déductive par la théorie évolutioniste qu'il n'essaiera de soutenir par eux cette théorie Car il est presque impossible de prouver qu'aucune partie, quelque rudimentaire qu'elle soit, n'a aucune utilité, — c'est-à-dire qu'elle ne joue aucun rôle dans l'économie; et si elle est utile, même au moindre degré, il n'y a pas de raison pour qu'elle n'ait pas été créée dans l'hypothèse de la création directe. Néanmoins, bien que l'argument des organes rudimentaires soit une arme à deux tranchants, il n'y en a probablement aucun qui ait produit un plus grand effet pour l'avancement de l'acceptation générale de la théorie évolutioniste.

VI. Les anciens partisans de l'évolution cherchaient les causes de ce processus exclusivement dans l'influence des changements de condition, telles que le climat et la station, ou l'hybridation, sur les formes vivantes. Tréviranus lui-même n'a pas dépassé ce point. Lamarck inaugura la conception d'une action d'un animal sur lui-même comme facteur produisant la modification, il convient de signaler le fait qu'Erasme arwin eut quelque idée de ceci. Partant du fait bien connu que l'usage habituel d'un membre tend à développer les muscles de ce membre, et à produire une facilité de plus en plus grande à s'en servir, il affirme d'une façon générale que l'effort d'un animal pour exercer un organe dans une direction donnée tend à développer cet organe dans cette direction. Mais un peu de réflexion montre que, bien que Lamarck eût, dans une certaine mesure, saisi une vraie cause de modification, cette cause a des effets réels qui ne peuvent suffire pour expliquer aucune modification considérable chez les animaux, et qu'elle ne peut avoir aucune influence sur le monde végétal; et il est probable que rien ne contribua davantage à discréditer l'évolution, au commencement de ce siècle, que le déluge de railleries faciles qu'on déversa sur cette partie de l'hypothèse de Lamarck. La théorie de la sélection naturelle, ou de la survivance du plus apte, fut suggérée à Wells en 1813, et développée ultérieurement par Matthew en 1831. Mais les suggestions ingénieuses de ces écrivains restèrent, en pratique, ignorées et oubliées, jusqu'à ce que la théorie fût, d'une façon indépendante, édifiée et promulguée par Darwin et Wallace, en 1858, dans une publication dont l'effet fut immédiat et profond.

Ceux qui répugnaient à accepter l'évolution sans meilleurs motifs que ceux qu'offrait Lamarck, ou l'auteur de ce livre particulièrement peu satisfaisant, les *Vestiges de l'Histoire naturelle de la Création*, et qui, par conséquent, préféraient suspendre leur jugement sur la question, trouvèrent, dans le principe de la sélection, poursuivi dans toutes ses applications avec une habileté et un savoir merveilleux par M. Darwin, une explication valable de l'occurrence des variétés et des races; et ils virent clairement que si cette explication s'appliquait aux espèces, non seulement elle résoudrait le problème de l'évolution, mais elle expliquerait les faits de la Téléologie, aussi bien que ceux de la Morphologie, et la persistance de quelques formes de vie restées sans changement à travers de longues périodes de temps, tandis que d'autres subissent des métamorphoses comparativement rapides.

Il reste à voir jusqu'à quel point la « sélection naturelle » suffit à la production des espèces. Peu de personnes doutent que, si ce n'est la seule cause de cette production, elle n'en soit un des facteurs des plus importants, et qu'elle ne doive jouer un grand rôle dans le triage des variétés en celles qui sont transitoires, et celles qui sont permanentes.

Mais les causes et les conditions de la variation sont encore à étudier a fond, et l'importance de la sélection naturelle ne sera point atténuée, quand bien même des recherches ultérieures prouveraient que la variabilité est définie et déterminée dans certaines directions plutôt que dans d'autres, par des conditions inhérentes à l'être qui varie. On peut très bien concevoir que chaque espèce tende à produire des variétés d'un nombre et d'une sorte limités, et que l'effet de la sélection naturelle soit de favoriser le développement de quelques-unes de ces dernières, tandis qu'elle s'oppose au développement des autres selon leurs lignes de modification déterminées à l'avance.

VII. Aucune des vérités mises au jour par l'investigation biologique n'était mieux calculée pour inspirer la méfiance à l'égard des dogmes introduits dans la science au nom de la Théologie, que celles qui ont rapport à la distribution des animaux et des plantes sur la surface de la terre. Il fallait un arrangement très habile pour que la limitation des fourmiliers à l'Amérique du Sud, et celle de l'Ornithorhynque à l'Australie pussent être conciliées avec l'interprétation littérale de l'histoire du déluge, et, avec l'établissement de l'existence de provinces distinctes de distribuution, toute croyance sérieuse au peuplement du monde par migration partie du mont Ararat, prit fin.

Dans ces circonstances, il ne restait qu'une alternative à ceux qui niaient l'occurrence de l'évolution, — savoir : la supposition que les animaux et plantes caractéristiques de chaque grande province ont été créés, comme tels, dans les limites où nous les trouvons. Et, comme l'hypothèse des « centres spéciaux », ainsi formulée, était hétérodoxe au point de vue théologique, et inintelligible sous son aspect scientifique, nous pouvons la passer, sans en parler plus de longtemps, comme phase de transition entre l'hypothèse de la création et celle de l'évolution.

VIII. En réalité, les arguments les plus forts et les plus concluants en faveur de l'évolution sont ceux qui se basent sur les faits de la distribution géographique, pris en rapport avec ceux de la distribution géologique.

M. Darwin et M. Wallace insistent tous deux sur le rapport étroit qu'on remarque entre la faune existante d'une région quelconque et celle de l'époque géologique antécédente de la même région, et ils ont raison, car il serait inconcevable qu'il n'y eût aucune connexion génétique entre les deux. On peut exprimer avec des mots la proposition que tous les animaux et les plantes de chaque époque géologique ont été anéantis, et qu'une nouvelle série de formes tres semblables a été créée pour l'époque suivante ; mais il est permis de douter que personne, ayant jamais essayé de se former une image mentale distincte de ce processus de génération spontanée sur la plus grande échelle, ait jamais réussi à réaliser son idéal.

Au cours des vingt dernières années, l'attention des meilleurs paléontologistes a délaissé le travail de manœuvre de fabriquer de « nouvelles espèces » de fossiles, pour s'appliquer à la tâche scientifique de compléter notre connaissance des espèces individuelles, et de retracer la succession des formes présentées par un type donné dans le temps.

Ceux qui souhaitent de se mettre au courant de la nature et de l'étendue du témoignage au sujet de ces questions peuvent consulter les ouvrages de Rütimeyer, Gaudry[1], Kowalewsky, Marsh, et de l'auteur de cet essai. Il doit suffire, ici, de dire que les formes successives du type équin ont été complètement étudiées, tandis que presque tous les autres types existants de Mammifères, d'Ongulés, et des Carnivores ont été suivis, presque d'aussi près, à travers les dépôts tertiaires ; on a marqué les gradations entre les Oiseaux et les Reptiles, et les modifications subies par les Crocodiliens, depuis le Trias jusqu'à nos jours, ont été démontrées. D'après le témoignage de la paléontologie, l'évolution de beaucoup de formes existantes d'animaux hors de ceux qui les ont précédées n'est plus une hypothèse, mais un fait historique ; on ne discute plus maintenant que sur la nature des facteurs physiologiques auxquels est due cette évolution.

[1] Gaudry, *Les Ancêtres de nos Animaux*. Paris, 1888. (*Bibl. scientifique contemporaine*).

VI

LA MAJORITÉ DE « L'ORIGINE DES ESPÈCES »

Beaucoup d'entre vous connaissent ce petit livre, à couverture verte. C'est un exemplaire de la première édition de l'*Origine des Espèces*, et il porte la date de sa publication, — le 1er octobre 1859. Il ne lui manque, par conséquent, que quelques mois pour qu'il ait complété ses vingt et un ans.

Ceux dont la mémoire peut les reporter vers cette époque se souviendront que l'enfant montrait une vitalité remarquable, et qu'un grand nombre d'excellentes gens prirent pour de la perversité les manifestations de sa vigoureuse individualité ; il faut convenir qu'il y eut pas mal de tapage autour de son berceau. Mes réminiscences de cette époque sont d'une vivacité singulière, car j'avais conçu une tendre affection pour un enfant qui me semblait tout promettre ; je lui servis quelque temps de nourrice sèche, et je me trouvai ainsi avoir ma part des orages qui menacèrent l'existence même de cette jeune créature. Pendant quelques années, la tâche, sans aucun doute, fut rude; mais, si l'on considère combien cette apparition de la nouvelle venue dut être déplaisante à ceux qui ne s'en éprirent pas à première vue, je pense que notre siècle doit être loué de ce que la guerre ne fut pas plus cruelle, et de ce que les formes d'opposition, même les plus amères et les moins scrupuleuses, s'éteignirent aussi vite qu'elles l'ont fait.

Je parle de ce temps comme de quelque chose de passé et de fini, ne possédant plus qu'un intérêt historique, j'ai presque dit archaïque. Car, au cours de la seconde décade de l'existence de l'*Origine des Espèces*, l'opposition, bien qu'elle ne fût point éteinte, avait pris un aspect différent. De la part de tous ceux qui avaient quelque raison de se respecter eux-mêmes, elle prit un caractère entièrement respectueux. Dès cette époque, les esprits les plus obtus commencèrent à s'apercevoir que l'enfant n'avait aucune chance de périr par suite de faiblesse congénitale ou de maladie d'enfance, mais qu'il croissait, devenant un solide personnage sur lequel s'émoussaient les gronderies de bonne femme et les menaces de verges.

En réalité, ceux qui ont suivi les progrès de la science pendant les dix dernières années soutiendront entièrement mon assertion qu'il n'y a aucun champ de recherches biologiques où ne se retrouvent les traces de l'*Origine des Espèces;* les savants les plus avancés, en tous les pays, sont ou des champions déclarés de ses doctrines principales, ou tout au moins, s'abstiennent de les combattre; toute une armée d'investigateurs, jeunes et ardents, recherchent et trouvent un inspirateur et un guide dans le grand ouvrage de Darwin, et la théorie générale de l'évolution, à un côté duquel il donne une expression, obtient dans les phénomènes de la biologie, une ferme base d'opérations d'où elle peut partir à la conquête de tout le royaume de la nature.

L'histoire nous avertit toutefois que c'est la destinée habituelle des vérités nouvelles que de commencer comme hérésies et de finir comme superstitions; et, au point où en sont maintenant les choses, il n'est pas téméraire de s'attendre à ce que, dans quelques vingt ans, la génération nouvelle, élevée sous l'influence actuelle, ne coure le danger d'accepter les doctrines principales de l'*Origine des Espèces*, avec aussi peu de réflexion et peut-être aussi peu de fondement que nos contemporains les ont rejetées, il y a vingt ans.

Prions ardemment qu'il n'en soit point ainsi, car l'esprit scientifique a plus de valeur que ses produits, et des vérités professées d'une manière irrationnelle peuvent être plus nuisibles que des erreurs raisonnées. L'essence de l'esprit scientifique est la critique. Celle-ci nous apprend que, toutes les fois qu'une théorie demande notre assentiment, nous devrions répondre : Prenez-le si vous pouvez le forcer. La lutte pour l'existence règne dans le monde intellectuel tout comme dans le monde physique. Une théorie est une « espèce » de pensée, et son droit à exister a la même étendue que sa puissance à résister à l'extinction par sa rivale.

A ce point de vue, il me semble que ce serait une triste manière de célébrer la majorité de l'*Origine des Espèces* que d'insister uniquement sur les faits, tout indubitables et remarquables qu'ils soient, de son influence à portée lointaine et du cortège nombreux de ses disciples ardents occupés à répandre et à développer ses doctrines. On a vu en d'autres circonstances de pures folies et des inepties enflées jusqu'à une taille démesurée au cours d'une vingtaine d'années. Demandons plutôt à ce changement prodigieux de l'opinion de se justifier lui-même; recherchons s'il est arrivé, depuis 1859, quelque chose qui explique, par des motifs rationnels, comment il se fait que tant de gens adorent ce qu'ils brûlaient, et brûlent ce qu'ils adoraient. Ce n'est qu'ainsi que nous pourrons obtenir le moyen de juger si le mouvement dont nous avons été les témoins n'est qu'un simple remous de la mode, ou s'il fait partie du courant insurmontable du progrès intellectuel, et si, comme ce courant, il est à l'abri de toute réaction rétrograde

Toute croyance est le produit de deux facteurs : le premier est l'état de l'esprit auquel on présente le témoignage en faveur de cette croyance, et le second est la force logique du témoignage lui-même. A ces deux égards, l'histoire de la science biologique, au cours des vingt dernières années me semble offrir une ample explication du changement qui a eu lieu, et un examen sommaire des événements saillants de cette histoire nous mettra à même de comprendre pourquoi, si l'*Origine des Espèces* paraissait maintenant, elle rencontrerait une réception très différente de celle qu'elle eut en 1859.

Il y a vingt et un ans, malgré l'œuvre commencée par Hutton, et continuée avec une habileté et une patience rares par Lyell, l'idée dominante au sujet du passé de la terre était en faveur du catastrophisme. De grandes et soudaines révolutions physiques, des créations et extinctions en masse d'êtres vivants, tel était le mécanisme ordinaire de l'épopée géologique, — la mode le voulait ainsi grâce au génie réel, mais appliqué mal à propos, de Cuvier. On soutenait et on enseignait gravement que la fin de chaque époque géologique était signalée par un cataclysme qui balayait tout être vivant sur le globe, pour le remplacer par une création toute neuve lorsque le monde était rentré dans son repos. Personne ne songeait à s'étonner d'un système de nature qui semblait modelé sur la ressemblance d'une série de *rubbers* de *whist*, à la fin de chacun desquels les joueurs renversaient la table et demandaient un nouveau jeu.

Je puis me tromper, mais je doute que, de nos jours, il se trouve un seul représentant autorisé de ces opinions. Le progrès de la Géologie scientifique a élevé le principe fondamental de l'uniformitarianisme, que l'explication du passé doit être cherchée dans l'étude du présent, à la hauteur d'un axiome : et les spéculations hasardées des catastrophistes, que nous écoutions tous, respectueusement, il y a un quart de siècle, ne trouveraient plus aujourd'hui un seul auditeur patient. Aucun géologue physicien ne songe à chercher, en dehors du domaine des causes naturelles connues, l'explication de quoi que ce soit qui s'est passé il y a des millions d'années, pas plus qu'il ne se rendrait coupable d'une absurdité semblable au sujet des événements actuels.

L'effet de ce changement d'opinion sur la spéculation biologique est évident, car, s'il n'y a pas eu de catastrophes physiques périodiques générales, qu'est-ce qui a pu amener les extinctions et nouvelles créations générales de vie qu'on a supposé correspondre aux catastrophes biologiques ? Et s'il n'y a eu aucune interruption semblable du cours ordinaire de la nature dans le monde organique, pas plus que dans le monde inorganique, quelle alternative reste-t-il, si ce n'est d'accepter l'évolution ?

La doctrine de l'évolution, en Biologie, est le résultat nécessaire de l'application logique des principes de l'uniformitarianisme aux phénomènes de la vie. Darwin est le successeur naturel de Hutton et de Lyell, et l'*Origine des Espèces* la séquence logique des *Principes de Géologie*.

La doctrine fondamentale de l'*Origine des Espèces*, comme de toutes les formes de la théorie de l'évolution appliquées à la biologie, est « que les innombrables espèces, genres et familles d'êtres organisés dont le monde est peuplé sont tous descendus, chacun dans sa propre classe ou groupe, de parents communs, et ont tous été modifiés au cours de leur descendance[1].

Et, en regard des faits de la Géologie il s'ensuit que tous les animaux vivants ainsi que les plantes « sont les descendants en ligne directe de ceux qui vivaient longtemps avant l'époque Silurienne[2]. »

C'est une conséquence évidente de cette théorie de la descendance avec modification, ainsi qu'on la nomme quelquefois, que toutes les plantes et les

[1] Darwin, *Origine des Espèces*.
[2] Darwin, *Ibid*.

animaux, quelque différents qu'ils puissent être maintenant. doivent avoir été, à une époque ou à une autre, réunis par des gradations intermédiaires, directes ou indirectes, et que l'apparence d'isolation que présentent divers groupes d'êtres organiques ne doit pas être réelle.

Aucune partie de l'ouvrage de Darwin ne fut plus contraire aux prédilections des naturalistes d'il y a vingt ans que celle-ci. Et ces prédilections étaient très excusables, car il y avait, sans aucun doute, beaucoup à dire, à ce temps-là, en faveur de la fixité de l'espèce et de l'existence de grandes lacunes, qu'il n'y avait alors aucun moyen visible ou probable, de combler, entre les divers groupes d'êtres organisés.

Pour plusieurs raisons scientifiques ou non, on avait beaucoup insisté sur le hiatus entre l'homme et le reste des mammifères supérieurs, et il ne faut pas s'étonner que le combat s'engageât d'abord sur cette partie de la controverse. Je n'ai nul désir de raviver des controverses passées, et, par bonheur, oubliées; mais je dois, simplement, constater le fait que les distinctions de caractères cérébraux et autres, qu'on avait si chaudement affirmé séparer l'homme de tous les autres animaux, en 1860, ont été prouvées n'avoir aucune existence, et que, maintenant, la doctrine contraire est universellement reçue et enseignée.

Mais il y avait d'autres cas dans lesquels les lacunes structurales qu'on affirmait exister entre un groupe d'animaux et un autre n'étaient aucunement fictives, et, lorsque ces lacunes de structure étaient réelles, Darwin ne les expliquait qu'en supposant que les formes intermédiaires qui existaient autrefois s'étaient éteintes. Il dit, dans un passage remarquable :

« Nous pouvons ainsi nous expliquer comment des classes entières diffèrent l'une de l'autre — par exemple, les oiseaux de tout autre animal vertébré, — par l'hypothèse que beaucoup de formes animales de vie ont été entièrement perdues, formes par lesquelles les premiers progéniteurs des oiseaux étaient autrefois reliés aux premiers progéniteurs des autres classes de vertébrés [1]. »

Une critique hostile fit des gorges chaudes de semblables hypothèses. Il était facile, sans doute, de sortir d'embarras en supposant l'extinction ; mais où trouvait-on la plus légère preuve que les formes intermédiaires, qu'exigeait l'hypothèse, entre les oiseaux et les reptiles eussent jamais existé ? Et probablement, à la suite, venait une tirade contre ce déplorable abandon de la voie de « l'induction baconienne ».

Mais le progrès de la connaissance a justifié Darwin dans une mesure à laquelle on pouvait à peine s'attendre. En 1862, on découvrit l'*Archéoptéryx*, qui, jusqu'aux deux ou trois dernières années, a été unique ; c'est un animal qui, par ses plumes et la plus grande partie de son organisation, est un véritable oiseau, tandis que, par d'autres parties, il est aussi distinctement reptile.

J'eus l'honneur, en 1868, de mettre sous vos yeux, dans cet amphithéâtre, les résultats des recherches faites, jusqu'à cette époque, sur les caractères anato-

[1] Darwin, *Origine des Espèces.*

miques de certains anciens reptiles qui montraient la nature des modifications, en vertu desquelles le type du reptile quadrupède se transformait en celui de l'oiseau bipède, et il s'est produit, depuis, une abondante moisson de preuves confirmant la justice des conclusions que je vous avais apportées.

En 1875, la découverte des oiseaux dentés de la formation crétacée du Nord de l'Amérique par le professeur Marsh compléta la série des formes de transition entre les oiseaux et les reptiles, et fit passer de la région de l'hypothèse dans celle de la démonstration des faits, la proposition de Darwin que :

« Beaucoup de formes de vie animales ont été entièrement perdues, par lesquelles les premiers ancêtres des oiseaux étaient autrefois reliés aux premiers ancêtres des autres classes de vertébrés. »

Il paraissait, en 1859, qu'il existait une lacune très marquée et très claire entre les animaux vertébrés et les invertébrés, non seulement dans leur structure, mais, ce qui importait plus, dans leur développement. Je ne crois pas que nous sachions encore quels sont les liens précis qui relient les deux, mais les investigations de Kowalewsky et d'autres sur le développement de l'*Amphioxus* et celui des *Tuniciers* prouvent, d'une manière indubitable, que les différences que l'on avait supposé mettre une barrière entre les deux n'existent pas.

Il n'y a plus aucune difficulté à comprendre comment le type vertébré a pu naitre de l'invertébré, bien que la preuve complète de la manière dont la transition s'opère en effet puisse encore nous manquer.

En 1859, il paraissait aussi y avoir une séparation non moins tranchée entre les deux grands groupes de plantes, les phanérogames et les acotylédones. Ce ne fut que plus tard que la série des recherches remarquables inaugurées par Hofmeister mit au jour les modifications extraordinaires et entièrement inattendues de l'appareil reproducteur des *Lycopodes*, des *Rhizocarpées* et des *Gymnospermes*, par lesquelles les fougères et les mousses sont reliées, par gradations, à la division phanérogamique du monde végétal.

De même, ce n'est que depuis 1859 que nous avons acquis ce trésor de connaissances des formes inférieures de la vie, qui démontre la futilité de toute tentative pour séparer les plantes inférieures des animaux inférieurs, et montre que les deux règnes de la nature vivante ont une frontière commune qui appartient à tous deux ou à aucun d'eux.

On remarquera ainsi que toute la tendance des recherches biologiques depuis 1859 a été d'écarter les difficultés que les lacunes apparentes de la série créaient à cette époque, et la constatation de cette gradation est le premier pas fait vers l'acceptation de l'évolution.

Je compte, comme autre grand facteur dans la production du changement d'opinion qui s'est opéré parmi les naturalistes, l'étonnant progrès qui a eu lieu dans l'étude de l'embryologie. Il y a vingt ans, non seulement nous étions dépourvus de toute connaissance exacte du mode de développement de beaucoup de groupes d'animaux et de plantes, mais les méthodes d'investigation étaient grossières et imparfaites. De nos jours, il n'y a aucun groupe important d'êtres organiques dont on n'ait étudié attentivement le développement, et les méthodes modernes de durcissement et de dissection mettent l'embryologiste à même de déterminer la nature du processus, en chaque cas, avec un degré de détail et d'exactitude qui émerveille tous ceux dont les souvenirs les reportent aux débuts de l'Histologie moderne. Et les résultats de ces investigations embryologiques sont entièrement d'accord avec les exigences de la théorie de l'évolution. Les premiers commencements de toutes les formes supérieures de la vie animale sont semblables, et quelque divers que soient leurs états adultes, ils partent d'un fondement commun. En outre, le processus de développement de l'animal ou de la plante depuis son œuf primaire ou germe, est un véritable processus d'évolution, — un progrès d'une matière presque informe à une matière plus ou moins hautement organisée, en vertu des propriétés inhérentes à cette matière.

Pour ceux qui sont familiarisés avec le processus du développement, toute objection *a priori* à la doctrine d'évolution biologique paraît enfantine. Quiconque a observé comment un animal compliqué se forme, par degrés, dans une masse de protoplasme constituant l'élément essentiel d'un œuf de grenouille ou un œuf de poule, a sous les yeux une preuve suffisante qu'une évolution semblable de tout le monde animal, hors d'une base analogue, est tout au moins possible.

Un autre ordre d'investigation a aussi grandement contribué à éloigner les objections à la doctrine évolutioniste, qui avaient cours en 1859. C'est la preuve donnée par des découvertes successives que Darwin n'exagérait réellement pas l'imperfection des annales géologiques. On ne saurait en donner un exemple plus frappant qu'en comparant notre connaissance de la faune mammifère de l'époque Tertiaire, en 1859, avec celle que nous en avons aujourd'hui. Les recherches de M. Gaudry sur les fossiles de Pikermi furent publiées en 1868; celles de MM. Leidy, Marsh et Cope, sur les fossiles des territoires de l'Ouest de l'Amérique, ont paru presque entièrement depuis 1870, celles de M. Filhol sur les phosphorites du Quercy, en 1878. L'effet général de ces recherches a été de nous présenter une multitude d'animaux éteints, dont l'existence était à peine soupçonnée auparavant; tout comme si les zoologistes faisaient connaissance avec un pays, inconnu jusque-là, aussi riche en nouvelles formes de vie que le Brésil ou l'Afrique du Sud l'ont été autrefois pour les Européens. Il est de fait que la faune fossile des territoires de l'Ouest-Amérique, promet de dépasser en intérêt et en importance tous les autres dépôts Tertiaires réunis; et cependant, à l'exception du cas des Tertiaires Américains, les investigations ne se sont étendues que sur des aires très limitées, et à Pikermi elles étaient bornées à un espace extrêmement petit.

Tels me semblent être les événements principaux de l'histoire du progrès de la connaissance au cours des vingt dernières années, qui expliquent le change ment de sentiment avec lequel la doctrine évolutioniste est maintenant regardée par ceux qui ont suivi les progrès de la science biologique, en ce qui concerne les problèmes qui ont une portée indirecte sur cette théorie.

Mais tout ceci reste à l'état de témoignage secondaire, qui peut empêcher le dissentiment, mais ne force pas l'assentiment. La Paléontologie seule peut fournir un témoignage primaire et direct en faveur de l'évolution. Les annales géologiques, aussitôt qu'on approchera de leur achèvement, doivent, à une question bien posée, donner une réponse affirmative ou négative ; si l'évolution s'est produite, on en trouvera la trace ; si elle ne s'est pas produite, cela seul la réfutera.

Quel était l'état de choses en 1860 ? Écoutons Darwin, à qui l'on peut se fier pour plaider toujours contre lui-même.

« Quant à cette théorie de l'extermination d'une infinité d'anneaux reliant les habitants vivants et éteints du monde, et à chaque période successive reliant les espèces éteintes et d'autres plus anciennes encore, pourquoi chaque formation géologique n'est-elle pas chargée de semblables anneaux ? Pourquoi chaque collection de restes fossiles ne donne-t-elle pas des preuves évidentes de la gradation et de la transformation des formes de la vie ? Nous ne rencontrons aucune preuve de ce genre, et c'est là, de toutes les objections qu'on peut élever contre une théorie, la plus évidente et la plus plausible [1]. »

[1] Darwin, *Origine des Espèces.*

Rien ne pouvait être plus utile à l'opposition que cet aveu d'une franchise caractéristique, et on s'empressa de le fausser en lui faisant dire que les idées de l'écrivain étaient contredites par les faits de la Paléontologie. Mais, en réalité, Darwin ne fit aucune concession pareille. Ce qu'il dit réellement, c'est que la preuve de la Paléontologie n'est pas, d'une manière distincte, en faveur de ses idées, et qu'elle n'est point du tout contre lui ; et, sans essayer d'atténuer le fait, il l'explique par la pauvreté et l'imperfection de cette preuve.

Quelle est la situation, maintenant que, ainsi que nous l'avons vu, *notre connaissance concernant* les mammifères de l'époque Tertiaire est cinquante fois plus grande, et, dans quelques directions, approche même de la perfection ?

C'est simplement que, si la doctrine de l'évolution n'existait pas, les paléontologistes devraient l'inventer, tant elle est irrésistiblement imposée à l'esprit par l'étude des restes des mammifères du Tertiaire qui ont été mis au jour depuis 1859.

Parmi les fossiles de Pikermi, Gaudry[1] trouva les phases successives par lesquelles les anciennes Civettes se sont transformées en hyènes modernes ; à travers les dépôts Tertiaires de l'Amérique Occidentale, Marsh retrouva les traces des formes successives par lesquelles l'ancienne tribu du Cheval parvint à sa forme actuelle, et d'innombrables indications moins complètes du mode d'évolution d'autres groupes des

[1] Gaudry, *Les ancêtres de nos animaux*. Paris, 1888 (*Bibliothèque scientifique contemporaine*).

mammifères supérieurs ont été obtenues. Dans le remarquable mémoire sur les phosphorites du Quercy, auquel j'ai fait allusion, M. Filhol ne décrit pas moins de dix-sept variétés du genre *Cynodictis*, qui remplissent l'intervalle entre les Viverridés, et le Chien ursiforme, nommé *Amphicyon*; je ne connais pas, non plus, de motif solide de faire des objections à la supposition que, dans ce groupe *Cynodictis-Amphicyon*, nous avons la race d'où les Viverridés, les Félidés, les Hyénidés, les Canidés, et peut-être les Procyonidés et les Ursidés de la faune actuelle ont été développés. Il y a, au contraire, beaucoup à dire en faveur de cette supposition.

En résumant ses résultats, M. Filhol dit :

« Pendant l'époque des phosphorites, de grands changements eurent lieu dans les formes animales, et presque les mêmes types que ceux qui existent actuellement devinrent définis l'un de l'autre.

« Sous l'influence de conditions naturelles dont nous n'avons aucune connaissance exacte, bien que leurs traces puissent être découvertes, les espèces ont été modifiées de mille manières : des races sont nées qui, en se fixant, ont ainsi produit un nombre correspondant d'espèces secondaires. »

En 1859, un langage, dont ceci n'est qu'une paraphase involontaire, se lisant dans l'*Origine des Espèces*, était repoussé dédaigneusement comme une spéculation insensée ; maintenant, c'est un exposé sérieux des conclusions auxquelles un chercheur sagace et d'esprit critique se trouve amené par l'étude large et patiente des faits de la Paléontologie. J'ose répéter ce que j'ai déjà dit que, en tant que le monde animal est intéressé, l'évolution n'est plus une spéculation, mais l'assertion d'un fait historique. Elle prend rang à côté de ces principes reconnus avec lesquels les philosophes de toutes les écoles sont obligés de compter.

Ainsi, quand, le 1er octobre prochain, l'*Origine des Espèces* sera majeure, la promesse de sa jeunesse se trouvera amplement tenue, et nous serons prêts à féliciter le vénérable auteur de ce livre, non seulement de ce que la grandeur de son œuvre et son influence durable sur le progrès des connaissances lui ont conquis une place à côté de notre Harvey, mais encore plus de ce que, comme Harvey, il a vécu assez pour survivre à ses détracteurs et à ses adversaires, et pour voir la pierre que l'on rejetait devenir la pierre angulaire de l'édifice.

VII

DE L'ACCUEIL FAIT A « L'ORIGINE DES ESPÈCES »

Pour la génération actuelle, c'est-à-dire pour les gens qui ont quelques années en-deça ou au-delà de de trente ans, le nom de Charles Darwin se place à côté de ceux d'Isaac Newton et de Michel Faraday, et, tout comme ces derniers, présente le type idéal du chercheur et de l'interprète de la nature. Ils le considèrent comme ayant réuni, d'une façon rare, le génie, le travail, et une véracité inflexible, et ayant gagné sa place parmi les hommes les plus fameux de ce siècle uniquement par sa puissance individuelle, en dépit des préjugés populaires, et sans l'encouragement du moindre signe de faveur ou d'appréciation des dispensateurs officiels des honneurs, comme s'étant, malgré une sensibilité extrême à la louange et au blâme, et en dépit de provocations, qui eussent pu justifier une explosion, gardé de toute envie, haine, ou méchanceté, et de n'avoir répondu qu'en toute justice et équité à l'injustice et au dénigrement dont il a été abreuvé, restant jusqu'au dernier de ses jours prêt à écouter patiemment et respectueusement le plus insignifiant de ceux qui le combattaient, pourvu qu'il parlât raison.

En ce qui concerne la théorie de l'origine des formes de la vie qui peuplent notre globe, à laquelle le nom de Darwin est associé aussi étroitement que celui de Newton l'est à la théorie de la gravitation, rien ne semble plus loin de l'esprit de la génération actuelle qu'une tentative de l'étouffer sous le ridicule ou de l'écraser par la véhémence de la dénonciation. La « lutte pour l'existence » et la « sélection naturelle » sont devenues pour nous des mots familiers et des conceptions quotidiennes. La réalité et l'importance des processus naturels sur lesquels Darwin fonde ses déductions ne sont pas plus mises en question que celles de la croissance et de la multiplication; et que la pleine puissance qui leur est attribuée soit, ou non, admise, nul ne doute de leur signification considérable et étendue. Partout où les sciences biologiques sont étudiées, l'*Origine des Espèces* éclaire le sentier du chercheur; partout où elles sont enseignées, elle pénètre le cours de l'enseignement. L'influence des idées darwiniennes n'a pas été moins profonde au-delà du domaine de la Biologie. La plus ancienne de toutes les philosophies, celle de l'évolution, était prisonnière, pieds et poings liés, dans les ténèbres les plus complètes, durant le *millenium* de la scolastique théologique. Mais Darwin infusa du sang nouveau dans l'ancien corps; les liens se dénouèrent, et la pensée revivifiée de l'ancienne Grèce s'est trouvée être une expression plus adéquate de l'ordre universel des choses qu'aucun des plans qu'avaient acceptés et accueillis la crédulité et la superstition de soixante-dix générations d'hommes plus récentes.

Pour quiconque étudie les signes des temps, l'apparition de la philosophie évolutioniste, réclamant sa place sur le trône du monde de la pensée en émergeant des limbes de choses détestées et, selon quelques-uns, oubliées, est l'événement le plus prodigieux du XIXe siècle. Mais les armes les plus efficaces des champions modernes de l'évolution furent forgées par Darwin, et l'*Origine des Espèces* a enrôlé une armée formidable de combattants, dressés à l'école sévère des sciences physiques, dont les oreilles seraient restées longtemps sourdes aux spéculations de philosophes *a priori*.

Je ne pense pas qu'aucune personne franche ou instruite nie la vérité de ce que je viens d'affirmer. Il est permis de haïr le nom même de l'évolution, et on peut nier ses prétentions avec autant de violence que le faisait un Jacobite pour celles de Georges II. Mais elle est pourtant là — non seulement aussi solidement établie que la dynastie hanovrienne, mais, par bonheur, indépendante de toute sanction parlementaire, — et les plus bornés parmi ses antagonistes ont fini par s'apercevoir qu'ils ont affaire à un adversaire dont aucune quantité de paroles injurieuses ne brisera les os.

Les théologiens eux-mêmes ont presque cessé d'opposer la simple signification de la Genèse à la non moins simple signification de la nature. Leurs représentants les plus francs ou les plus avisés ont renoncé à traiter l'Évolution d'hérésie condamnable, et se sont rabattus sur deux autres méthodes. L'une consiste à nier que la Genèse fût destinée à enseigner la vérité scientifique, et ils sauvent ainsi la véracité de son récit aux dépens de son autorité; dans la seconde, ils dépensent leurs forces en ingénieux et pénibles efforts pour la réconcilier avec la science, en torturant des textes dans le vain espoir de leur faire confesser le *credo* de la science. Mais lorsque la *peine forte et dure* est passée, l'antique sincérité du vénérable patient s'affirme de nouveau. La Genèse est foncièrement honnête, et ne professe pas d'être autre chose qu'un recueil de vénérables traditions d'une origine inconnue, qui ne possède ni ne réclame aucune autorité scientifique.

Au moment où ma plume finit de tracer ces lignes, je ne puis m'empêcher de sourire en pensant au terrible fracas qu'auraient produit (et qu'en réalité produisirent de semblables expressions d'opinion, il y a un quart de siècle. Il est de fait que le contraste entre l'état actuel de l'opinion publique sur la question Darwinienne, entre l'estime en laquelle les vues de Darwin sont maintenant tenues par le monde scientifique; entre l'acquiescence, ou du moins la neutralité des théologiens qui se respectent, aujourd'hui, et l'explosion d'antagonisme de tous côtés qui eut lieu en 1858-1859, quand la nouvelle théorie concernant l'origine des espèces fut connue de la génération plus ancienne à laquelle j'appartiens, le contraste est si frappant que n'étaient les preuves documentaires, je serais parfois enclin à penser que mes souvenirs sont des rêves. J'ai, pour ma part, le plus grand respect pour la jeune génération qui s'élève (ils écriront notre histoire et feront bientôt connaître toutes nos folies, s'ils veulent s'en donner la peine) et je voudrais être sûr que le sentiment est réciproque ; mais j'ai bien peur que le récit de nos agissements, au sujet de Darwin, ne soit un grand empêchement à cette admiration pour notre sagesse que j'aimerais leur voir professer. Nous n'avons même pas pour excuse que, il y a trente ans, Darwin était un obscur novice, sans aucun droit à notre attention. Tout au contraire, ses remarquables recherches zoologiques et géologiques lui avaient donné, depuis longtemps, une position assurée parmi les chercheurs les plus éminents et les plus originaux de cette époque ; son charmant *Voyage d'un Naturaliste* lui avait acquis, avec raison, une réputation très répandue parmi le grand public. Je doute qu'il y eût alors aucun homme vivant qui fût plus que lui en droit de s'attendre à ce que, quoi qu'il pût dire sur une question comme celle de l'origine des espèces, il serait écouté avec une profonde attention, et discuté avec non moins de respect ; et il n'existait assurément aucun homme dont le caractère personnel pût être une meilleure sauvegarde contre des attaques inspirées par la méchanceté, et assaisonnées d'impertinences éhontées.

Et pourtant, tel fut le lot d'un des hommes les meilleurs et les plus intègres que j'aie jamais eu la bonne fortune de connaître ; et il fallut des années pour que les faux rapports, le ridicule, et les dénonciations cessassent de constituer la majeure partie des nombreuses critiques de son ouvrage qui sortaient de la presse. Il me répugne de tirer aucune de ces indignes discussions de l'oubli où elles sont[1], avec justice, enterrées, mais je dois justifier une assertion qui peut sembler exagérée à la génération actuelle, et aucune *pièce justificative* n'est plus propre à ce but ni plus digne de cet opprobre que l'article de la *Quarterly Review* de juillet 1860. Depuis que lord Brougham a attaqué le Dr Young, le monde n'a jamais vu d'échantillons de l'insolence d'un faux maître de la science, comparable à cette étonnante production, où un observateur des plus exacts, un raisonneur des plus prudents, et un commentateur des plus loyaux, est représenté comme une personne « évaporée » qui essaie de « soutenir son édifice pourri de conjectures et de spéculations » et dont « la manière de traiter la nature » est réprouvée comme « déshonorant entièrement les sciences naturelles ». Et, tout ce langage hautain et suffisant, qui eût été inconvenant chez un des égaux de Darwin, nous vient d'un écrivain manquant à tel point d'intelligence ou de conscience, ou des deux à la fois, que, en matière d'objection aux théories de M. Darwin, il peut demander : « Est-il croyable que toutes les espèces favorables de navets tendent à devenir des hommes? »

[1] J'ignorais, alors que j'écrivais ce passage, que le voile de l'anonyme recouvrant l'auteur de cet article avait été levé. Mais une confession, que n'accompagne aucun acte de contrition, ne doit donner lieu à aucun adoucissement de la sentence, et la bienveillance avec laquelle M. Darwin parle de son adversaire l'évêque Wilberforce (*Vie et Correspondance de Charles Darwin*, trad. H. de Varigny, t. II, est un exemple si frappant de sa douceur et de sa modestie, qu'elle ne fait qu'augmenter notre indignation contre la présomption de son critique.

qui est assez ignorant de la Paléontologie pour parler des « fleurs et des fruits », des plantes de l'époque carbonifère, et de l'anatomie comparée pour affirmer gravement que l'appareil du poison chez les serpents venimeux est « entièrement séparé des lois ordinaires de la vie animale, et leur est propre »; et des rudiments de Physiologie pour dire : « Quel avantage vital pourrait altérer la forme des corpuscules dans lesquels le sang peut s'évaporer? » L'auteur ne manque point d'assaisonner cette inondation d'absurde ineptie par une petite pointe d'*odium theologicum*. Quelque soupçon de l'histoire des conflits entre l'Astronomie, la Géologie et la Théologie le fait pourtant garder une retraite ouverte par la clause conditionnelle qu'il ne peut « consentir à juger la vérité des sciences naturelles par la parole révélée »; mais, malgré cela, il consacre des pages entières à l'exposé de la conviction que la théorie Darwinienne « contredit la relation directe révélée entre la création et son créateur » et qu'elle est « incompatible avec la plénitude de sa gloire ».

Si je limite mon étude de l'accueil fait à l'*Origine des Espèces* à l'année, ou à peu près, qui suivit le temps de sa publication, je ne me rappelle rien d'aussi sot et grossier que l'article de la *Quarterly Review*, si ce n'est peut-être le discours d'un révérend professeur de la Société Géologique de Dublin qui pourrait se mettre sur le même rang. Mais une grande proportion des critiques de M. Darwin avaient une déplorable ressemblance avec la *Quarterly Review*, en ce qu'il leur manquait soit la volonté, soit l'intelligence de se mettre au courant de sa théorie ; il en était peu qui eussent les connaissances requises pour le suivre à travers l'immense domaine biologique et géologique que couvrait l'*Origine*, tandis que, trop souvent, ils avaient jugé la cause d'avance sur des motifs théologiques et, ainsi que cela semble inévitable en pareil cas, remplaçaient ce qui manquait à leur raisonnement par un excédent d'outrages.

Mais il nous sera plus agréable et plus avantageux d'examiner les critiques qu'ont signées des écrivains dont la science était autorisée, ou qui portaient en eux-mêmes le témoignage de la compétence plus ou moins grande de leurs auteurs et le plus souvent de la bonne foi de ces auteurs. En bornant le champ de mon examen, ou à peu près, à l'année qui suivit la publication de l'*Origine*, je trouve parmi ces critiques Louis Agassiz [1] ; Murray, excellent entomologiste ; Harvey, botaniste éminent, et l'auteur d'un article de l'*Edinburgh Review*, tous fortement opposés à Darwin. Pictet, le paléontologiste genevois distingué, dont l'érudition est si vaste, traite M. Darwin avec un

[1] « Les arguments présentés par Darwin en faveur d'une dérivation universelle, hors d'une forme primaire, de toutes les particularités qui existent actuellement parmi les êtres vivants n'ont pas fait la moindre impression sur mon esprit.

« Tant qu'on n'aura pas prouvé que les faits de la nature n'ont pas été compris par ceux qui les recueillaient, et ont un sens différent de celui qu'on leur a assigné, je considérerai la théorie transformiste comme une erreur scientifique, fausse quant aux faits, sans méthode scientifique, et dangereuse dans sa tendance. » *Silliman's Journal*, Juillet, 1860, p. 143, 154 Extrait du 1° volume les *Contributions to the Natural History of the United States.*

respect en contraste heureux avec le ton des écrivains que nous venons de citer, mais ne consent, après tout, à le suivre qu'à peu de distance [1]. D'autre part, Lyell, qui avait été jusque-là une des colonnes des anti-transformistes (qui le regardèrent ensuite comme Pallas Athéné dut considérer Diane, après l'aventure d'Endymion) se déclara darwinien, non sans de sérieuses réserves. Néanmoins, il avait la force d'une armée, et sa courageuse défense du vrai contre le vraisemblable lui fit infiniment d'honneur. Comme évolutionistes, *sans phrase*, je ne me rappelle, parmi les biologistes, qu'Asa Gray, qui soutint brillamment la lutte aux Etats-Unis; Hooker, qui ne montra pas moins de vigueur ici; sir John Lubbock, notre contemporain, et moi-même. Wallace était absent, dans l'archipel Malais; mais, en dehors de la part directe qu'il prit à la promulgation de la théorie de la sélection naturelle, aucune énumération des influences à l'œuvre, au temps dont je parle, ne serait complète sans la mention de son puissant essai : *On the Law which regulated the Introduction of New Species*, qui fut publié en 1855. En le relisant,

[1] « Je ne vois aucune objection sérieuse à la formation de variétés par la sélection naturelle dans le monde tel qu'il *existe*, et à ce que, en tant que les époques reculées sont en jeu, on puisse, par cette loi, interpréter l'origine d'espèces étroitement alliées entre elles, en supposant, pour remplir ce but, une très longue période de temps. »

En ce qui regarde les variétés simples et les espèces étroitement alliées, je crois que la théorie de Darwin peut expliquer beaucoup de choses, et jeter une grande lumière sur de nombreuses questions. *Sur l'Origine de l'Espèce*, par Charles Darwin. *Archives de la Bibliothèque Universelle de Genève*, pages 242 et 243, mars 1860.

je ne puis comprendre qu'il ait produit une si faible impression.

En France, l'influence d'Élie de Beaumont, et de Flourens — dont le premier s'est « voué à une réputation éternelle » en inventant le sobriquet de *la science moussante* pour l'évolutionisme [1], — pour ne rien dire de la mauvaise volonté d'autres membres puissants de l'Institut, produisit longtemps l'effet de la conspiration du silence, et beaucoup d'années s'écoulèrent avant que l'Académie ne se lavât de la honte de ne pas compter Darwin sur la liste de ses membres. Cependant, un éminent écrivain, qui était en dehors des influences académiques, M. Laugel, donna un exposé excellent et flatteur de l'*Origine* [2]. L'Allemagne prit le temps de la réflexion; Bronn produisit une traduction légèrement modifiée de l'*Origine*, et le *Kladderadatsch* plaisanta sur l'origine simiesque de l'homme ; mais je ne me souviens pas qu'aucune notabilité scientifique se soit déclarée, publiquement, en 1860 [3]. Nul de nous n'eût rêvé, qu'au cours de quelques années, la force (je puis peut-être ajouter la faiblesse) du « Darwinisme » aurait ses

[1] Ceci rappelle l'effet d'une autre petite épigramme académique. La soi-disant théorie vertébrale du crâne a, dit-on, été arrêtée dès son début en France par un académicien chuchotant à son voisin que, dans ce cas, la tête devenait une « vertèbre pensante ».

[2] *Revue des Deux-Mondes*.

[3] Cependant, l'homme qui, après Darwin, a le plus d'influence sur les biologistes modernes, R. E. von Bär, m'écrivit, en août 1860, pour exprimer son assentiment général aux théories évolutionistes. Sa phrase : « J'ai énoncé les mêmes idées... que M. Darwin » (*Vie et Correspondance de C. Darwin*, trad. H. de Varigny, t. II) ne signifie rien de plus, ainsi que le montrent les écrits subséquents.

représentants les plus illustres et les plus brillants dans la terre de l'Erudition. Si un étranger, comme moi, peut se permettre d'interpréter la cause de ce curieux intervalle de silence, je pense que cela tient à ce qu'une moitié des biologistes allemands étaient orthodoxes à tout prix, et l'autre moitié tout aussi décidément hétérodoxes. Ces derniers étaient déjà, *a priori*, évolutionistes, et ont dû éprouver la contrariété naturelle à des philosophes déductifs à qui l'on offre par un fondement inductif et expérimental une conviction qu'ils ont déjà atteinte par un chemin de traverse. Il est, sans aucun doute, mortifiant d'apprendre que, bien que nos conclusions puissent être justes, nos raisons étaient mauvaises, ou, à tout le moins, insuffisantes.

Tout compte fait, donc, les adhérents aux théories de Darwin, en 1860, étaient, numériquement, très insignifiants. Il est indubitable que, si un concile général de l'Église scientifique eût été tenu à ce moment, nous eussions été condamnés par une majorité écrasante. Et il est tout aussi indubitable qu'un tel concile, réuni maintenant, rendrait un décret d'une nature entièrement contraire. Ce serait manquer de sens, aussi bien que de modestie, que d'attribuer aux hommes de cette génération moins de capacité ou de probité que n'en possèdent leurs successeurs. Quelles sont donc les causes qui amenèrent des hommes instruits et équitables de cette époque à former un jugement si différent de celui qui semble juste et loyal à ceux qui leur ont succédé ? C'est réellement là une des questions les plus intéressantes parmi toutes celles qui sont liées à l'histoire de la science, et je vais essayer d'y répondre. Je crains, en ce faisant, d'avoir à encourir le risque de paraître égoïste. Toutefois, si je raconte ma propre histoire, c'est que je la connais mieux que celle des autres.

Je pense avoir lu les *Vestiges of Creation* avant de quitter l'Angleterre, en 1846 ; mais, si cela est, le livre fit très peu d'impression sur moi, et ce ne fut qu'après 1850 que je me trouvai en contact sérieux avec la question « des Espèces ». A cette époque, j'en avais fini depuis longtemps avec la cosmogonie du Pentateuque, que parents et maîtres avaient imprimée à mon intelligence enfantine comme étant la vérité divine, et dont j'eus quelque peine à m'affranchir. Mais mon esprit était impartial à l'égard de toute doctrine qui se présentait, pourvu qu'elle professât se baser sur un raisonnement purement philosophique et scientifique. Il me semblait alors (de même qu'aujourd'hui) que la « création », dans le sens ordinaire du mot, est parfaitement concevable. Je ne vois aucune difficulté à imaginer que, à quelque époque antérieure, cet univers n'existait point, et qu'il fit son apparition en six jours (ou instantanément si l'on veut), par suite de la volonté de quelque Être préexistant. Alors, comme maintenant, le soi-disant argument *a priori* contre le Déisme, et, la Divinité étant donnée, contre la possibilité d'actes de création, me semblait dépourvu de fondement raisonnable. Je n'avais pas alors, et je n'ai pas maintenant, la moindre objection *a priori* à élever contre le récit de la création des animaux et des plantes que donne le *Paradis Perdu*, où Milton a si vivement incorporé le sens naturel de la Genèse. Je suis loin de dire que ce récit soit faux parce qu'il est impossible. Je me borne à ce qui peut être considéré comme une requête modeste et raisonnable, c'est-à-dire à demander quelques parcelles de preuves que les espèces existantes d'animaux et de plantes ont eu cette origine, avant de croire à une assertion qui me semble suprêmement improbable.

Et, pour être exactement juste, j'avais la même réponse à faire aux évolutionistes de 1851 à 1858. A cette époque, sauf le Dr Grant, de l'*University College*, je ne rencontrai personne dans les rangs des biologistes, qui eut une parole à dire en faveur de l'évolution, et le plaidoyer de celui-ci n'était pas fait pour faire avancer la cause. En dehors de ces rangs, la seule personne que je connusse, dont la capacité et le savoir imposassent le respect, et qui fut en même temps un évolutioniste décidé, était M. Herbert Spencer, dont je fis la connaissance en 1852, et avec qui je me liai d'une amitié dont je suis heureux de dire qu'elle n'a jamais connu d'interruption. Nombreuses et prolongées furent nos discussions à ce sujet. Mais la dialectique, d'une rare puissance, de mon ami, et toute l'abondance de ses exemples frappants ne réussirent point à me déloger de ma position agnostique. Je m'appuyai sur deux raisons: la première, c'est que le témoignage en faveur du transformisme était absolument insuffisant; et la seconde, qu'aucune hypothèse faite concernant les causes de la transformation n'était entièrement adéquate à expliquer les phénomènes. En regardant en arrière, maintenant, vers l'état des connaissances à ce moment, je ne vois réellement pas ce qui eût pu justifier toute autre conclusion.

Je n'avais jamais même entendu parler, à cette époque, de la *Biologie* de Tréviranus. Cependant j'avais étudié Lamarck attentivement, et j'avais lu avec soin les *Vestiges*[1]; mais ni l'un ni l'autre de ces ouvrages ne me donnait une raison suffisante pour changer mon attitude négative et critique. Quant aux *Vestiges*, j'avoue que le livre ne fit que m'irriter par l'ignorance prodigieuse, et l'habitude d'esprit peu scientifique que manifestait l'écrivain. S'il eut sur moi quelque influence, ce fut de me tourner contre l'évolution, et le seul article critique au sujet duquel j'aie parfois des scrupules de conscience, comme ayant un caractère de férocité qui était inutile, est celui que j'écrivis sur les *Vestiges* pendant que j'étais sous cette influence.

En ce qui regarde la *Philosophie Zoologique*, on peut dire, sans aucun reproche à Lamarck, que la discussion sur la question des espèces dans cet ouvrage, quoi qu'on en ait pu dire en 1809, est misérablement au-dessous du niveau de la science d'un demi-siècle plus tard. Dans cet intervalle de temps, on a élucidé la structure des animaux inférieurs et des plantes, ce qui a donné lieu à des conceptions toutes nouvelles de leurs rapports; l'Histologie et l'Embryologie, au sens moderne du mot, ont été crées; on a reconstitué la Physiologie; les faits de distribution, géologique et geographique, ont été prodigieusement

[1] *Vestiges of Creation*, par Chambers.

multipliés et mis en ordre. Pour tout biologiste dont les études l'ont mené au-delà d'un simple classement d'espèces, en 1850, la moitié des arguments lamarckiens est surannée, et l'autre érronée, ou défectueuse, en ce qu'elle omet de traiter les diverses classes de preuves qui ont été mises en lumière depuis son temps. En outre, l'hypothèse quant à la cause de la modification graduelle des espèces — l'effort provoqué par le changement des conditions — était, à première vue, inapplicable à tout le monde végétal. Je ne crois pas qu'aucun juge impartial lisant, maintenant, la *Philosophie Zoologique*, et prenant ensuite la critique tranchante et efficace qu'en a fait Lyell (et qui a été publiée dès 1830) soit disposé à assigner à Lamarck une place beaucoup plus élevée, dans l'établissement de l'évolution biologique que celle que Bacon s'attribue à lui-même par rapport à la science physique en général — *buccinator tantum*[1].

Mais, par une curieuse ironie de la destinée, la même influence qui me fit croire aussi peu aux spéculations modernes à ce sujet qu'aux vénérables traditions énoncées dans les deux premiers chapitres de la Genèse, fut peut être plus puissante que toute autre à me garder une sorte de pieuse conviction que la théorie de l'évolution, après tout, serait justifiée. J'ai lu récemment, de nouveau, la première édition des *Principes de Géologie*, et quand je pense que ce

[1] Erasme Darwin promulgua le premier les conceptions fondamentales de Lamarck, et, avec une logique bien plus grande, les appliqua aux plantes. Mais les défenseurs de ses droits n'ont pas réussi à démontrer qu'à aucun égard il ait devancé l'idée centrale de l'*Origine des Espèces*.

livre remarquable a été près de trente ans dans les mains de tous, et qu'il présente à tout lecteur d'une intelligence moyenne un grand principe et un grand fait, le principe que le présent doit expliquer le passé, à moins qu'il ne se montre une preuve suffisante du contraire ; et le fait que, en tant que s'étendent nos connaissances de l'histoire passée de la vie sur notre globe, aucune preuve pareille n'existe[1], je ne puis m'empêcher de penser que Lyell, pour d'autres, comme il l'a fait pour moi-même, a été l'agent principal qui a aplani la route de Darwin. Car l'uniformitarianisme a pour postulat l'évolution tout autant dans le monde organique que dans le monde inorganique. L'origine d'une nouvelle espèce par des influences qui ne seraient pas ordinaires serait une « catastrophe » bien autrement grande qu'aucune de celles que Lyell a soigneusement éliminées de la philosophie géologique sérieuse.

En réalité, nul ne le savait mieux que Lyell lui-même[2]. Si on lit attentivement quelqu'une des premières éditions des *Principes* (surtout éclairé par

[1] Le même principe et le même fait sont le guide et le résultat de toute recherche historique saine. L'*Histoire de la Grèce* de Grote est un produit du même mouvement intellectuel que les *Principes* de Lyell.

[2] Lyell réclame, à bon droit, cette position pour lui-même. Il parle d'avoir « défendu la cause d'une loi de continuité même dans le monde organique, autant que possible sans adopter la théorie *transformiste de Lamarck*.....

« Mais, tandis que je professais que, aussi souvent que certaines formes d'animaux et de plantes disparaissent, pour des raisons inintelligibles pour nous, d'autres prennent leur place en vertu d'une causation qui est au-delà de notre compréhension, il appartenait à Darwin d'accumuler des preuves qu'il n'y a aucune interruption

le jour que jette la série intéressante des lettres publiées récemment par le biographe de sir Charles Lyell), il est facile de voir que, malgré toute son énergique opposition à Lamarck, d'une part, et au progressisme idéal d'Agassiz, de l'autre, Lyell, dans son propre esprit, était fortement enclin à expliquer l'origine de toutes les espèces passées et présentes de choses vivantes par des causes naturelles. Mais il eût aimé, en même temps, garder le nom de création pour un processus naturel qu'il imaginait être incompréhensible.

Dans une lettre adressée à Mantell (datée du 2 mars 1827), Lyell dit avoir lu Lamarck ; il exprime son approbation des théories lamarckiennes et son détachement personnel à l'égard de toute objection basée sur des raisons théologiques. Et bien qu'évidemment alarmé de l'origine pithécoïde de l'homme impliquée par la théorie de Lamarck, il remarque :

« Mais, après tout, que de changements l'espèce peut réellement subir! Combien il sera impossible de distinguer et de tracer une ligne, au-delà de laquelle quelques-unes des espèces prétendues éteintes ne se sont jamais transformées en de plus récentes. »

Puis, le remarquable passage suivant se trouve

entre l'espèce qui arrive et celle qui part, et qu'elles sont l'œuvre de l'évolution et non d'une création spéciale ...

« J'avais certainement préparé les voies, en ce pays, par six éditions de mon ouvrage avant que les *Vestiges de la Création* n'apparussent, en 1842 (1844), pour la réception de la théorie de l'évolution graduelle et insensible des espèces, de Darwin. »

Life and Letters. Lettre à Haeckel, vol. II, p. 436. 23 nov. 1868.

dans le post-scriptum d'une lettre adressée à sir John Herschel en 1836 :

« En ce qui concerne l'origine de nouvelles espèces, je suis bien heureux de voir que vous pensiez probable qu'elle se produise par l'intervention de causes intermédiaires. J'ai laissé cela à deviner, ne pensant point qu'il valût la peine d'offenser une certaine classe de gens en exprimant en paroles ce qui ne pouvait être qu'une hypothèse [1]. »

Il continue, en parlant des critiques qu'on a dirigées contre lui sous le prétexte que, en laissant l'espèce avoir une origine miraculeuse, il est en contradiction avec sa propre doctrine d'uniformitarianisme ; et il laisse entendre qu'il n'y a pas répondu à cause de l'objection qu'il a, en général, contre la controverse.

Les contemporains de Lyell n'étaient pas sans soupçonner quelque peu sa théorie ésotérique. L'*History of the Inductive Sciences*, de Whewell, quelle que soit sa valeur philosophique, mérite toujours d'être lue, et intéresse toujours, quand ce ne serait que comme preuve des limites spéculatives dans lesquelles un ecclésiastique éminent pouvait, à ce moment, se ren-

[1] Dans le même sens, voir la lettre à Whewell, 7 mars 1837, vol. II, p. 5 :

« En ce qui concerne ce dernier sujet (les changements d'une série d'espèces animale ou végétale en une autre,... vous vous souvenez de ce qu'Herschel disait dans la lettre qu'il m'a adressée. Si j'avais affirmé aussi clairement qu'il l'a fait la possibilité que l'introduction ou origine d'une espèce nouvelle fût un processus naturel, et non miraculeux, j'aurais soulevé toute une armée de préjugés, préjugés qui, malheureusement, surgissent à chaque pas que fait un philosophe, lorsqu'il essaie de parler au public de ces mystérieux sujets. » Voir aussi la lettre à Sedgwick, 20 janvier, 1838. Vol. II, p. 35.

fermer en toute sécurité. Au cours de sa discussion sur l'uniformitarianisme, le maitre encyclopédique de Trinity remarque :

« M. Lyell, à la vérité, a parlé de l'hypothèse que « la création successive des espèces peut constituer une partie régulière de l'économie de la nature »; mais, nulle part, je pense, il n'a décrit ce processus de façon à ce que nous vissions dans quel département de la science nous devrions placer l'hypothèse. Ces nouvelles espèces sont-elles créées par la production, à de longs intervalles, d'une progéniture différant, en espèce, de celle des parents ? Ou bien les espèces ainsi créées sont-elles produites sans parents ? Évoluent-elles graduellement hors de quelque substance embryonnaire ? Ou naissent-elles subitement de terre, comme dans la création du poète ?...

« Il faut choisir une de ces formes de l'hypothèse, de préférence aux autres, avec une preuve à l'appui de notre choix qui nous permette de la placer parmi les causes connues de changement, que nous examinons en ce moment. La seule conviction qu'une création des espèces a eu lieu à une ou à plusieurs reprises, tant qu'elle n'est pas en rapport avec nos sciences organiques, est un dogme de théologie naturelle plutôt que de philosophie physique [1]. »

La première partie de cette critique semble parfaitement juste et appropriée; mais, d'après le paragraphe de la fin, Whewell évidemment imagine que par « création » Lyell entend une intervention surnaturelle de la divinité; tandis que la lettre à Herschel montre que, dans son propre esprit, Lyell voulait désigner la causation naturelle; et je ne vois

[1] *History* de Whewell. Vol. III, p. 639-640 (éd. 2, 1847).

aucune raison de douter [1] que, si sir Charles avait pu

[1] Les passages suivants des lettres de Lyell me semblent décisifs sur ce point :

A Darwin, 3 octobre, 1859 (IIe vol., 325), après la première lecture de l'*Origine des Espèces*.

« J'ai vu, depuis longtemps, très clairement, que si l'on fait une concession, tout ce que vous réclamez dans vos dernières pages suivra.

« C'est là ce qui m'a fait hésiter si longtemps, parce que je sentais que le cas de l'Homme et de ses Races, et celui des autres animaux, et celui des plantes, n'est qu'un seul et même cas, et que si la *vera causa* est admise un instant, (au lieu) de quelque cause purement imaginaire et inconnue, telle que le mot « création », toutes les conséquences doivent suivre. »

A Darwin, le 15 mars, 1863 (Vol II, p. 365).

« Je me rappelle que ce fut la conclusion à laquelle il (Lamarck) arriva, au sujet de l'homme, qui me fortifia, il y a trente ans, contre la grande impression que ses arguments avaient d'abord faite sur mon esprit, impression d'autant plus grande que Constant Prévost, élève de Cuvier il y a quarante ans, m'affirma sa conviction « que Cuvier ne pensait pas que les espèces fussent réelles, « mais que la Science ne pouvait avancer sans supposer qu'elles « le sont »

A Hooker, le 9 mars, 1863 (vol. II, p. 361) au sujet de l'opinion de Darwin sur l'*Ancienneté de l'Homme*, § 4.

« Il (Darwin) semble très désappointé que je n'aille pas plus loin dans sa voie, et que je n'en parle pas davantage. Je ne puis que dire que j'ai exprimé complètement mes convictions actuelles, et peut-être même plus que je ne crois, quant à la descendance ininterrompue de l'homme des brutes, et je me trouve convertir à demi un certain nombre de gens qui étaient en armes contre Darwin, et sont encore maintenant opposés à Huxley. »

Il parle d'avoir dû abandonner « des idées anciennes et longtemps nourries, qui constituaient pour moi le charme de la partie théorique de la science aux jours de ma jeunesse, alors que je croyais avec Pascal à la théorie que Hallam appelle celle de l'archange tombé ».

Voir le même sentiment dans la lettre à Darwin du 11 mars 1863, p. 363 :

« Je pense que l'on a besoin, plus que jamais, de la vieille « création »; mais naturellement elle prend une forme nouvelle si les idées de Lamarck, perfectionnées par les vôtres, sont adoptées. »

éviter le corollaire inévitable de l'origine simienne de l'homme — pour lequel il conserva, jusqu'à son dernier jour, une profonde antipathie, — il n'eût soutenu l'efficacité des causes qui sont encore agissantes, pour amener l'état du monde organique, aussi rigoureusement qu'il s'était fait le champion de cette théorie en ce qui concerne la nature inorganique.

Le fait est qu'un œil sagace eût pu voir qu'une forme ou l'autre de la doctrine transformiste était inévitable, du moment que la vérité énoncée par William Smith que les couches géologiques successives sont caractérisées par des espèces différentes de restes fossiles devenait une loi naturelle solidement établie. Nul n'a mieux exposé les conséquences spéculatives de cette généralisation que l'auteur de l'*Histoire des Sciences inductives* :

« Mais l'étude de la Géologie nous offre le spectacle de beaucoup de groupes d'espèces qui se sont, au cours de l'histoire de la terre, succédés à de vastes intervalles de temps, une série d'animaux et de plantes disparaissant, semble-t-il, de la face de notre planète, et d'autres, qui n'existaient pas auparavant, devenant les seuls occupants du globe. Et le dilemme se présente ainsi de nouveau : nous devons ou accepter la théorie de la transformation des espèces, et supposer que les espèces organisées d'une époque géologique furent transformées en celles d'une autre époque par quelque action longtemps continuée de causes naturelles ; ou bien, nous devons croire à beaucoup d'actes successifs de création et d'extinction d'espèces, en dehors du cours ordinaire de la nature, actes que, par conséquent, nous pouvons, proprement, appeler miraculeux[1]. »

Le docteur Whewell se décide en faveur de cette dernière conclusion. Et si quelqu'un lui avait soumis les quatre questions qu'il pose à Lyell dans le passage déjà cité, tout porte à penser qu'il eût certainement rejeté la première. Mais aurait-il réellement eu le courage de dire qu'un *Rhinoceros tichorhinus*, par exemple, « a été produit sans parents », ou « a évolué hors de quelque substance embryonnaire », ou qu'il a surgi soudain de terre comme le lion de Milton « piaffant du pied pour affranchir son train de derrière »? Je me permets de douter que le maître de Trinity, lui-même, avec son courage physique, intellectuel et moral — si bien éprouvé, — eût été capable d'un tel exploit. Nul doute que la réunion soudaine d'une demi-tonne de molécules inorganiques en un rhinocéros vivant ne soit concevable, et, par conséquent, possible. Mais un tel événement est-il assez dans les limites de la probabilité pour justifier la croyance en son occurrence, d'après aucune preuve possible, ou même imaginable ?

En vue de l'assertion (souvent répétée aux premiers jours de l'opposition à Darwin) qu'il n'avait rien ajouté à Lamarck, il est très intéressant de remarquer que la possibilité d'une cinquième alternative, ajoutée aux quatre qu'il avait détaillées, n'a pas surgi dans l'esprit du Dr Whewell. L'idée que de nouvelles espèces peuvent résulter de l'action sélective des

[1] Whewell : *History of the Inductive Sciences*, éd. II, 1845. Vol. III, pl. 24-625. — Voir pour le jugement de l'auteur, p. 638-639.

conditions externes sur les écarts par rapport au type spécifique que présentent les individus — et que nous appelons « spontanées », parce que nous ignorons leur causation — est tout aussi inconnue à l'historien des idées scientifiques qu'elle l'était aux biologistes spécialistes avant 1858. Mais cette idée est l'idée maîtresse de l'*Origine des Espèces*, et contient l'essence du darwinisme.

Donc, en regardant en arrière, il me semble que ma position de critique expectante était juste et raisonnable, et doit avoir été adoptée, d'après les mêmes principes, par beaucoup d'autres personnes. Si Agassiz me disait que les formes de vie qui ont successivement occupé le globe sont des incarnations de pensées successives de Dieu, et que Dieu a oblitéré une série de ces incarnations par une effroyable catastrophe, aussitôt que ses idées eurent pris une forme plus avancée, je me trouvais non seulement incapable d'admettre l'exactitude des déductions tirées des faits de la Paléontologie sur lesquels cette étonnante hypothèse était fondée, mais je dus confesser que je n'avais aucun moyen d'éprouver la vérité de l'explication qu'il en donnait. Et en outre, je ne voyais aucunement ce que l'explication expliquait. Je ne fus pas plus avancé lorsqu'un éminent anatomiste me dit que les espèces succédent les unes aux autres, en vertu d'une « loi de création opérant d'une manière continue ». Cela, pour moi, revenait à dire que les espèces s'étaient succédées, sous la forme de résolutions cherchant à accrocher des voix, avec le mot « loi » pour plaire à l'homme de science, et le mot « création » pour attirer l'orthodoxe. Je me réfugiai dans ce *thätige skepsis* que Goethe a si bien défini, et, contrairement au précepte apostolique d'être tout à tous, je défendis habituellement les doctrines reçues lorsque j'avais affaire à des transformistes, et je soutins la possibilité de la transmutation parmi les orthodoxes, augmentant, sans doute, ainsi, une réputation de combativité inutile, déjà répandue, bien qu'entièrement imméritée.

Je me souviens d'avoir, au cours de ma première entrevue avec Darwin, exprimé ma croyance dans le caractère tranché des lignes de démarcation entre les groupes naturels, et dans l'absence de formes de transition, avec toute l'exubérance de la jeunesse et de ses connaissances imparfaites. Je ne savais point alors qu'il eût depuis beaucoup d'années rêvé à la question des espèces ; et le sourire fin qui accompagna sa réponse courtoise que ce n'était pas là son opinion, m'a longuement hanté et embarrassé. Mais il semble que quatre ou cinq années de dur labeur m'avaient mis à même de comprendre ce qu'il voulait dire, car Lyell [1], écrivant à sir Charles Bunbury (à la date du 30 avril 1856) dit :

« Quand Huxley, Hooker et Wollaston étaient chez Darwin, la semaine dernière, ils attaquèrent (tous les quatre) les espèces, — allant plus loin, je crois, qu'ils ne sont réellement prêts à le faire. »

Il ne me souvient de rien, si ce n'est d'avoir rencontré M. Wollaston, et n'était l'assurance positive

[1] *Life and Letters*, Vol. II, p. 212.

de sir Charles quant à « tous les quatre », j'aurais pensé que mon *outrecuidance* était probablement une contremine au conservatisme de Wollaston. En ce qui concerne Hooker, il était déjà, comme l'Habacuc de Voltaire, « capable de tout » pour plaider en faveur de l'évolution.

Ainsi que je l'ai déjà dit, j'imagine que la plupart de ceux de mes contemporains qui ont pensé sérieusement à cette question, étaient dans le même état d'esprit que moi, — disposés à dire aux mosaïstes comme aux évolutionistes : « Que la peste vous étouffe tous ! » et prêts à se détourner d'une dissension interminable, et apparemment sans profit, pour travailler dans les champs fertiles des faits que l'on peut constater. Et je puis, par conséquent, supposer en outre que la publication des articles de Darwin et Wallace, en 1858, et encore plus celle de l'*Origine*, en 1859, eurent sur eux l'effet du rayon de lumière qui révèle soudain, à un homme qui s'est perdu dans une nuit noire, une route qui, le mène-t-elle directement chez lui ou non, va certainement dans la direction qui lui convient. Ce que nous cherchions, sans pouvoir le trouver, c'était une hypothèse concernant l'origine des formes organiques connues, ne supposant l'action d'aucune cause qu'on ne peut prouver exister et agir actuellement. Nous avions besoin non d'attacher notre foi à telle ou telle spéculation, mais d'acquérir des conceptions claires et définies qu'on pût mettre face à face avec des faits, et dont la validité pût être éprouvée. L'*Origine* nous fournit l'hypothèse que nous cherchions. En outre, elle rendit l'immense service de nous délivrer pour toujours du dilemme : — si vous refusez d'accepter l'hypothèse de la création, qu'avez-vous à offrir que puisse accepter un esprit doué de raison prudente ? En 1857, je n'avais aucune réponse prête, et je ne pense pas que d'autres en eussent. Un an plus tard, nous nous reprochâmes notre sottise d'avoir été embarrassés par une telle question. Ma réflexion, quand j'eûs approfondi l'idée centrale de l'*Origine* : fut « Comme j'a été stupide de ne pas penser à cela. » Je suppose que les compagnons de Christophe Colomb en dirent à peu près autant lorsqu'il mit l'œuf debout sur son extrémité. Les faits de la variabilité, de la lutte pour l'existence, de l'adaptation aux conditions étaient assez connus ; mais aucun de nous n'avait soupçonné que la route vers le cœur du problème de l'espèce les traversait, jusqu'à ce que Darwin et Wallace eussent dispersé les ténèbres, et que le phare de l'*Origine* eût guidé ceux qui demeuraient dans la nuit.

La question de savoir si la forme particulière que la doctrine de l'évolution, appliquée au monde organique, prenait entre les mains de Darwin, serait ou non définitive, m'était indifférente. Dans mes premières critiques de l'*Origine*, je me hasardai à indiquer que son fondement logique restait incertain tant que les expériences d'élevage sélectif ne produiraient pas des variétés plus ou moins stériles entre elles et ce manque de sécurité existe encore de nos jours. Mais avec tous les doutes critiques suggérés par un ingénieux scepticisme, l'hypothèse darwinienne restait incomparable ment plus probable que celle de la création. Et si aucun de nous n'eût été capable de discerner la suprême signification de quelques-uns des faits naturels les plus patents et les plus notoires, jusqu'à ce qu'on nous les eût, pour ainsi dire, mis sous le nez, quelle force gardait ce dilemme : — La création ou rien ? Il était évident que plus tard, la probabilité serait bien plus grande, que les liens de la causation naturelle étaient cachés à nos yeux demi-aveugles, que n'était celle que la causation naturelle fût incapable de produire tous les phénomènes de la nature. La seule marche rationnelle à suivre pour ceux qui n'avaient d'autre but que la vérité, était d'accepter le « darwinisme », comme hypothèse « par provision » pour voir le parti qu'on en pourrait tirer. Il devait ou bien prouver qu'il pouuait élucider les faits de la vie organique, ou s'effondrer sous l'effort. Le sens commun indiquait d'agir ainsi, et, par bonheur, ce fut le sens commun qui l'emporta. Le résultat a été cette volte-face complète du monde scientifique qui doit sembler si étrange à la génération actuelle. Je n'entends point dire que tous les chefs de la science biologique se sont proclamé darwiniens; mais je ne pense pas qu'il y ait, parmi la multitude des laborieux chercheurs de cette génération, un seul zoologiste, ou botaniste, ou paléontologiste, qui ne soit évolutioniste et profondément influencé par les théories de Darwin. Quel que soit le sort dernier de la théorie particulière avancée par Darwin, j'ose affirmer que toute l'habileté et le savoir des critiques hostiles n'ont pu, que je sache, les mettre à même d'alléguer un seul fait dont on puisse dire qu'il ne peut s'accorder avec la théorie darwinienne. Dans la prodigieuse variété et complexité de la nature organique, il y a des multitudes de phénomènes qu'on ne peut déduire d'aucune des généralisations auxquelles nous sommes parvenus. Mais on peut en dire autant de toute autre classe d'objets naturels. Je crois que les astronomes n'ont pas encore réussi à mettre en complet accord avec la théorie de la gravitation les mouvements de la lune.

Il ne conviendrait pas, même si c'était possible, de discuter les difficultés et les problèmes non résolus que l'évolutioniste a jusqu'ici rencontrés, et qui continueront probablement à l'embarrasser pendant plusieurs des générations futures, au cours de cette courte histoire de l'accueil fait au grand ouvrage de Darwin. Mais il y a deux ou trois objections d'un caractère plus général, qui sont basées ou qu'on suppose basées sur des fondements philosophiques ou théologiques, qui furent exprimées à grand bruit aux premiers jours de la controverse darwinienne, et qui, bien qu'on y ait répondu à diverses reprises, se font entendre encore de temps en temps de nos jours.

Le plus singulier de ces mensonges, immortels peut-être, qui continuent à vivre, comme Tithon, bien que le sens et la force les aient depuis longtemps abandonnés, est celui qui accuse M. Darwin d'avoir essayé de remettre sur son trône la vieille déesse païenne, le Hasard. On a dit qu'il suppose que les variations se produisent « par hasard », et que les plus aptes survivent aux « chances » de la lutte pour l'existence, et qu'ainsi le « hasard » se trouve substitué au dessein providentiel.

Ce n'est pas un mince sujet d'étonnement que de voir porter une semblable accusation contre un écrivain qui, à de nombreuses reprises, a averti ses lecteurs que, lorsqu'il se sert du mot « spontané » il veut simplement dire qu'il ignore la cause de ce qu'il qualifie de ce nom ; et dont toute la théorie s'écroule si l'on veut nier l'uniformité et la régularité de la causation naturelle pendant un passé sans limites. Mais la meilleure réponse à faire à ceux qui appellent le darwinisme le règne du « hasard » serait peut-être de leur demander ce qu'ils entendent, eux-mêmes, par le mot « hasard ». Croient-ils que quoi que ce soit, dans cet univers, arrive sans raison ou sans cause ? Conçoivent-ils réellement qu'un seul événement n'ait pas de cause, et n'eût pu être prédit par quelqu'un ayant une connaissance suffisante de l'ordre de la nature ? S'ils ont cette idée, ils sont les vrais héritiers de la superstition et de l'ignorance antiques, et leurs esprits n'ont jamais été éclairés par un rayon de pensée scientifique. Le véritable acte de foi qu'on demande au néophyte de la science, c'est de confesser l'universalité de l'ordre et l'absolue validité, en tous temps et en toutes circonstances, de la loi de causation. Cette confession est un acte de foi, parce que, par la nature des choses, la vérité de semblables propositions n'est pas susceptible de preuve. Seulement, cette foi n'est point aveugle, mais raisonnable, parce qu'elle est invariablement confirmée par l'expérience, et constitue le seul fondement digne de confiance pour toute action.

Si quelqu'un de ceux, en qui survit si étrangement le culte du hasard, de nos ancêtres les plus reculés, se trouve au bord de la mer lorsqu'il souffle une forte tempête, qu'il se rende à la plage, et qu'il étudie la scène. Qu'il note la variété infinie de forme, et de grandeur, des vagues qui s'agitent au large ; ou les courbes des brisants à la cime écumeuse, venant battre contre les rochers ; qu'il écoute le tumulte et le sifflement du galet arraché et rejeté tour à tour sur la grève, ou qu'il regarde les flocons d'écume balayés çà et là par le vent, ou qu'il remarque le jeu des couleurs qui répond à un rayon de soleil tombant sur les myriades de leurs bulles. Là, sans doute, il dira que le hasard est souverain, et il courbera le genou comme s'il entrait dans le sanctuaire de sa divinité. Mais le savant sait, lui, que là, comme partout, se manifeste un ordre parfait ; qu'il n'y a pas une courbe des vagues, ni une note du chœur mugissant, ni un reflet d'arc-en-ciel dans une bulle d'écume, qui soient autre chose qu'une conséquence nécessaire des lois naturelles reconnues, et qu'avec une connaissance suffisante des conditions la science physico-mathématique pourrait expliquer et en réalité prédire chacun de ces événements dus au « hasard ».

Une seconde objection très souvent faite aux théories de Darwin était (et est encore) que ces théories abolissent la Téléologie, et suppriment l'argument tiré du dessein préconçu. Il y a plus de vingt ans que j'ai risqué quelques remarques à ce sujet [1], et mes arguments n'ont pas encore réfutés.

[1] Voyez Huxley, *La Généalogie des animaux* (*The Academy*, 1869, et *les Problèmes de la Géologie et de la Paléontologie*, Paris, 1891, p. 110 et 112.

Le sagace défenseur de la téléologie, Paley, ne faisait aucune difficulté d'admettre que la « production des choses » peut être le résultat d'enchainements de dispositions mécaniques, fixées d'avance par un dessein intelligent et tenues en vigueur par un pouvoir central ; c'est-à-dire qu'il acceptait, par anticipation, la théorie moderne de l'évolution, et ses successeurs feraient bien de suivre leur chef, ou, tout au moins, de prêter l'oreille à ses puissants raisonnements, avant de se jeter dans un antagonisme qui n'a pas de fondement rationnel.

Ayant ainsi disposé de la croyance au hasard, et de la négation du dessein comme n'étant en aucun sens des corollaires de l'Évolution, nous pourrions abandonner à elle-même la troisième calomnie infligée à cette doctrine, à savoir qu'elle est opposée au Déisme. Mais la persistance avec laquelle beaucoup de gens refusent de tirer les conséquences les plus simples des propositions qu'ils professent accepter, rend utile de faire remarquer que la doctrine de l'évolution n'est ni contraire ni favorable au Déisme. Elle n'a rien de plus à faire avec le Déisme que le premier livre d'Euclide. Il est tout à fait certain qu'un œuf normal, fraichement pondu, ne contient ni coq ni poule, et il est tout aussi certain que toute proposition de physique ou de morale, que, si un pareil œuf est conservé dans des conditions favorables, au bout de trois semaines, il s'y trouvera un poulet mâle ou femelle. Il est tout aussi certain que, si la coquille était transparente, nous serions à même d'observer la formation du petit poussin, jour après jour, par un processus d'évolution qui l'amènerait d'un germe cellulaire microscopique à sa complète grandeur et à sa structure compliquée. Par conséquent, l'évolution, dans son sens le plus strict, est en marche, à cette heure, dans ce cas, et dans des millions et des millions de cas analogues, partout où existent des créatures vivantes. Par conséquent, empruntant à l'Évêque Butler un de ses arguments, comme ce qui arrive actuellement doit être compatible avec les attributs de la divinité, si un Être semblable existe, l'Évolution doit être compatible avec ces attributs. Et, s'il en est ainsi, l'évolution de l'univers, qui n'est ni plus ni moins explicable que celle d'un poussin, doit aussi être compatible avec ces attributs. La doctrine de l'Évolution, donc, n'entre même pas en contact avec le Déisme, considéré comme doctrine philosophique. Ce qu'elle heurte surtout, et avec quoi elle est absolument incompatible, c'est la conception de la création que les métaphysiciens théologiques ont basée sur l'histoire racontée au début du livre de la Genèse.

On parle beaucoup, et on se lamente beaucoup, au sujet des soi-disant difficultés religieuses que la science a créées. Dans la science théologique, en réalité, elle n'en a point créé. Il ne se présente pas un seul problème au Déiste philosophe, de nos jours, qui n'ait existé depuis le temps où les philosophes ont commencé à élaborer les principes logiques et les conséquences logiques du Déisme. Toutes les perplexités réelles ou imaginaires qui découlent de la conception de l'univers comme mécanisme déterminé, sont également impliquées dans la supposition d'une Divinité éternelle, toute-puissante et omnisciente. L'équivalent théologique de la conception scientifique de l'ordre est la Providence; et la doctrine déterministe déroule aussi sûrement des attributs de prescience que suppose le théologien, que l'universalité de causation naturelle que suppose le savant. Les anges du *Paradis perdu* n'auraient pas trouvé la tâche d'éclairer Adam sur les mystères de « la destinée, la prescience, et le libre arbitre » le moins du monde plus difficile, si leur élève avait été élevé dans une *Real-Schule* et formé dans le laboratoire d'une université moderne. Quant aux grands problèmes de la Philosophie, la génération succédant à Darwin est, en un sens, exactement où en étaient les générations qui l'avaient précédé. Ils restent sans solution. Mais la génération actuelle a l'avantage d'être mieux pourvue des moyens de se libérer de la tyrannie de certaines fausses solutions.

Le connu est fini, l'inconnu est infini; nous sommes, intellectuellement, sur un ilot, au milieu d'un Océan illimité de choses inexplicables. L'affaire de chaque génération doit être de gagner un peu plus de terre, d'ajouter quelque chose à l'étendue et à la solidité de nos possessions. Et un coup d'œil, même superficiel, jeté sur l'histoire des sciences biologiques pendant le dernier quart de siècle, suffit à justifier l'assertion que l'instrument le plus puissant pour l'extension du royaume de la science naturelle, qui soit venu aux mains de l'homme, depuis la publication des *Principes* de Newton, est l'*Origine des Espèces* de Darwin.

Ce livre fut mal reçu par la génération à laquelle il s'adressait, et il est triste de songer à l'effusion de sottises aigres auquel il a donné lieu[1].

Mais la génération actuelle se conduirait, probablement, tout aussi mal, si un nouveau Darwin surgissait, et venait lui infliger ce que l'humanité, en général, déteste le plus, — la nécessité de réviser ses convictions.

Qu'ils soient donc charitables envers nous, leurs aînés; et s'ils ne sont pas meilleurs que les hommes de mon temps envers quelque nouveau bienfaiteur, qu'ils se souviennent qu'après tout notre colère n'allait pas bien loin, et s'exhalait principalement par les gros mots méchants de grognons dévots. Qu'ils fassent rapidement un mouvement stratégique de volte-face, et suivent la vérité partout où elle les conduira. Les adversaires du nouveau principe découvriront, comme le font ceux de Darwin, qu'après tout les théories ne changent pas les faits, et que l'univers demeure, bien que les textes s'écroulent. Ou bien, il se peut, comme l'histoire se répète, que leur heureuse ingéniosité découvre aussi que le vin nouveau est exactement du même cru que l'ancien, et que (à tout bien considérer) les vieilles bouteilles ont prouvé qu'elles ont été faites tout exprès pour le contenir.

[1] Voyez plus haut, p. 69.

TABLE DES MATIÈRES

Tours, imp. Deslis Frères, rue Gambetta, 6.

PHYSIQUE

LE MICROSCOPE

ET SES APPLICATIONS A L'ÉTUDE DES ANIMAUX ET DES VÉGÉTAUX

Par Ed. COUVREUR

Chef des Travaux de physiologie à la Faculté des Sciences de Lyon.

1 vol. in-16, avec 112 figures. . . . . 3 fr. 50

LA LUMIÈRE ET LES COULEURS

AU POINT DE VUE PHYSIOLOGIQUE

Par Aug. CHARPENTIER

Professeur à la Faculté de Nancy.

1 vol. in-16, avec 22 figures. . . . . 3 fr. 50

LES COULEURS

AU POINT DE VUE PHYSIQUE, PHYSIOLOGIQUE, ARTISTIQUE ET INDUSTRIEL

Par E. BRUCKE

Professeur à l'Université de Vienne.

1 vol. in-16 de 344 pages, avec 46 figures. . . . . 3 fr. 50

LES ANOMALIES DE LA VISION

Par IMBERT

Professeur à la Faculté de Montpellier

Introduction par E. JAVAL, membre de l'Académie de médecine.

1 vol. in-16 de 363 pages, avec 48 figures. . . . . . 3 fr. 50

ART MILITAIRE

L'ARTILLERIE ACTUELLE

EN FRANCE ET A L'ÉTRANGER,
CANONS, FUSILS, POUDRES ET PROJECTILES

Par le Colonel GUN

1 vol. in-16, avec 96 figures. . . . . 3 fr. 50

L'ÉLECTRICITÉ

APPLIQUÉE A L'ART MILITAIRE

Par le Colonel GUN

1 vol. in-16, avec figures. . . . . 3 fr. 50

ENVOI FRANCO CONTRE UN MANDAT POSTAL

CHIMIE

LE LAIT

ÉTUDES CHIMIQUES ET MICROBIOLOGIQUES

Par DUCLAUX

Professeur à la Faculté des sciences de Paris, membre de l'Institut

1 vol. in-16 de 336 pages, avec figures. . . . . . 3 fr. 50

LES THÉORIES ET LES NOTATIONS DE LA CHIMIE MODERNE

Par Antoine de SAPORTA

Introduction par C FRIEDEL, membre de l'Institut

1 vol. in-16. . . . . 3 fr. 50

LA COLORATION DES VINS

PAR LES COULEURS DE LA HOUILLE. MÉTHODES ANALYTIQUES ET MARCHE SYSTÉMATIQUE POUR RECONNAITRE LA NATURE DE LA COLORATION

Par P. CAZENEUVE

Professeur à la Faculté de Lyon.

1 vol. in-16, avec 1 planche. . . . . 3 fr. 50

FERMENTS ET FERMENTATIONS

ÉTUDE BIOLOGIQUE DES FERMENTS. ROLE DES FERMENTATIONS DANS LA NATURE ET DANS L'INDUSTRIE

Par Léon GARNIER

Professeur à la Faculté de Nancy.

1 vol. in-16, avec 65 figures. . . . . 3 fr. 50

L'ALCOOL

AU POINT DE VUE CHIMIQUE, AGRICOLE, INDUSTRIEL, HYGIÉNIQUE ET FISCAL

Par A. LARBALETRIER

Professeur à l'École d'agriculture du Pas-de-Calais

1 vol. in-16, avec 62 figures. . . . . 3 fr. 50

ENVOI FRANCO CONTRE UN MANDAT POSTAL

MINÉRALOGIE, GÉOLOGIE, PALÉONTOLOGIE

LES ANCÊTRES DE NOS ANIMAUX

DANS LES TEMPS GÉOLOGIQUES

Par Albert GAUDRY

Professeur au Muséum d'histoire naturelle, Membre de l'Institut

1 vol. in-16, avec 49 figures. . . . . 3 fr. 50

LES TREMBLEMENTS DE TERRE

Par FOUQUÉ

Professeur au Collège de France, membre de l'Académie des sciences.

1 vol. in-16, avec 50 figures. . . . . 3 fr. 50

LES PLANTES FOSSILES

Par B. RENAULT

Aide-naturaliste au Muséum d'histoire naturelle

1 vol. in-16 de 400 pages avec 53 figures. . . . . . 3 fr. 50

LES VOSGES

LE SOL ET LES HABITANTS

Par G. BLEICHER

Professeur d'histoire naturelle à l'École de Nancy.

1 vol. in-16, de 320 pages, avec 28 figures. . . . . 3 fr. 50

ORIGINE PALÉONTOLOGIQUE DES ARBRES CULTIVÉS

OU UTILISÉS PAR L'HOMME

Par le marquis G. de SAPORTA

Membre correspondant de l'Institut.

1 vol. in-16, avec 44 figures. . . . . 3 fr. 50

MINÉRAUX UTILES ET EXPLOITATION DES MINES

Par L. KNAB

Répétiteur à l'École centrale des Arts et manufactures.

1 vol. in-16, avec figures. . . . . 3 fr. 50

ENVOI FRANCO CONTRE UN MANDAT POSTAL

ANTHROPOLOGIE, ARCHÉOLOGIE

L'ÉGYPTE AU TEMPS DES PHARAONS

LA VIE, LA SCIENCE ET L'ART

Par Victor LORET

Maître de conférences à la Faculté des Lettres de Lyon.

1 vol. in-16, de 316 pages avec 18 planches. . . . . 3 fr. 50

LE PRÉHISTORIQUE EN EUROPE

CONGRÈS, MUSÉES, EXCURSIONS

Par G. COTTEAU

Correspondant de l'Institut.

1 vol. in-16, de 313 pages, avec 87 figures.. . . . . 3 fr. 50

L'ARCHÉOLOGIE PRÉHISTORIQUE

Par le baron J. de BAYE

Membre de la Société des antiquaires de France.

1 vol. in-16, avec 51 figures. . . . . 3 fr. 50

L'archéologie des temps primitifs est une science de date récente. Elle emprunte beaucoup à d'autres sciences presque aussi nouvelles. Elle est en effet intimement associée à la géologie, à la paléontologie, à la minéralogie et à l'anthropologie. C'est par l'heureux accord de ces diverses sciences que M. le baron de Baye a étudié successivement l'époque néolithique, la pierre polie, les grottes, les sépultures, la trépanation préhistorique, les flèches, les haches, les parures, la céramique. C'est là un ensemble plein d'intérêt, qui ne peut manquer d'attirer l'attention des collectionneurs.

LES PYGMÉES

LES PYGMÉES DES ANCIENS D'APRÈS LA SCIENCE MODERNE
LES NÉGRITOS OU PYGMÉES ASIATIQUES
LES NÉGRILLES OU PYGMÉES AFRICAINS
LES HOTTENTOTS ET LES BOSCHIMANS

Par A. de QUATREFAGES

Professeur au Muséum, Membre de l'Institut

1 vol. in-16, avec figures. . . . . 3 fr. 50

L'HOMME AVANT L'HISTOIRE

Par Charles DEBIERRE

Professeur à la Faculté de Lille.

1 vol. in-16, de 304 pages avec 84 figures.. . . . . 3 fr. 50

ENVOI FRANCO CONTRE UN MANDAT POSTAL

LIBRAIRIE J.-B. BAILLIÈRE ET FILS, PARIS

ZOOLOGIE, BOTANIQUE

LA GÉOGRAPHIE ZOOLOGIQUE

Par le Docteur E.-L. TROUESSART

1 vol. in-16 de 320 pages, avec 50 figures . . . . 3 fr. 50

LA LUTTE POUR L'EXISTENCE

CHEZ LES ANIMAUX MARINS

Par L. FREDERICQ

Professeur à l'Université de Liège

1 vol. in-16 de 303 pages, avec 37 figures. . . . . 3 fr. 50

LES FACULTÉS MENTALES DES ANIMAUX

Par le Docteur FOVEAU DE COURMELLES

1 vol. in-16 de 33) pages, avec fig. . . . . 3 fr. 50

LE TRANSFORMISME

Par Edmond PÉRIER

Professeur au Muséum.

1 vol. in-16, avec 80 figures. . . . . 3 fr. 50

L'auteur étudie la doctrine transformiste pour arriver à une explication du monde vivant. Il fait connaître les origines de la question, ce qu'elle était avec Lamarck, Geoffroy Saint-Hilaire, Ch. Darwin et Hæckel, ce qu'elle est devenue entre les mains des naturalistes de l'époque actuelle, et comment elle est arrivée à grouper en un même faisceau les données si longtemps éparses de la paléontologie, de l'anatomie comparée, des sciences descriptives, et de l'embryogénie. En laissant de côté les hypothèses, il résume ce que l'on a réussi à savoir de plus précis sur l'origine des formes actuelles du Règne animal et sur celle de l'Homme.

SOUS LES MERS

CAMPAGNES D'EXPLORATIONS DU TRAVAILLEUR ET DU TALISMAN

Par le marquis de FOLIN

Membre de la Commission scientifique d'exploration des grands fonds de la Méditerranée et de l'Atlantique.

1 vol. in-16, avec 46 figures. . . . . 3 fr. 50

LA BIOLOGIE VÉGÉTALE

Par P. VUILLEMIN

Chef des travaux d'histoire naturelle à la Faculté de Nancy.

1 vol. in-16, avec figures. . . . . 3 fr. 50

ENVOI FRANCO CONTRE UN MANDAT POSTAL

LES SCIENCES NATURELLES

ET LES PROBLÈMES QU'ELLES FONT SURGIR

Par Th. HUXLEY

Membre de la Société royale de Londres

1 vol. in-16 de 51 pages. . . . . 3 fr. 50

L'HUITRE

ET LES MOLLUSQUES COMESTIBLES

HISTOIRE NATURELLE, CULTURE INDUSTRIELLE, ET HYGIÈNE ALIMENTAIRE

Par A. LOCARD

1 vol. in-16 de 320 pages, avec 50 figures . . . . 3 fr. 50

LES PARASITES DE L'HOMME

ANIMAUX ET VÉGÉTAUX

Par R.-L. MONIEZ

Professeur à la Faculté de médecine de Lille.

1 vol. in-16 de 320 pages, avec figures. . . . . 3 fr. 50

LES INDUSTRIES DES ANIMAUX

Par F. HOUSSAY

Maître de conférences à l'École normale supérieure.

1 vol. in-16 de 312, avec 38 figures. . . . . 3 fr. 50

LES SENS CHEZ LES ANIMAUX INFÉRIEURS

Par E. JOURDAN

Professeur à la Faculté des sciences de Marseille.

1 vol. in-16 de 314 pages, avec 48 figures. . . . . . . 3 fr. 50

LA VIE DES OISEAUX

SCÈNES D'APRÈS NATURE

Par le baron d'HAMONVILLE

1 vol. in-16, avec 17 planches. . . . . 3 fr. 50

LES ANIMAUX ET LES VÉGÉTAUX LUMINEUX

Par H. GADEAU de KERVILLE

1 vol. in-16 de 327 pages, avec 49 figures. . . . . . 3 fr. 50

LES SOCIÉTÉS CHEZ LES ANIMAUX

Par Paul GIROD

Professeur à la Faculté des sciences de Clermont-Ferrand.

1 vol. in-16 avec 50 figures. . . . . 3 fr. 50

ENVOI FRANCO CONTRE UN MANDAT POSTAL

LIBRAIRIE J.-B. BAILLIÈRE ET FILS, PARIS

PHYSIOLOGIE

LA SCIENCE EXPÉRIMENTALE

Par le professeur Claude **BERNARD**, membre de l'Institut.

Nouvelle édition. 1 vol. in-16 de 450 pages, avec fig. 3 fr. 50

L'ÉVOLUTION DU SYSTÈME NERVEUX

Par **H. BEAUNIS**

Professeur à la Faculté de médecine de Nancy.

1 vol. in-16 de 320 pages avec 200 figures. . . . . . 3 fr. 50

LES POISONS DE L'AIR

L'ACIDE CARBONIQUE ET L'OXYDE DE CARBONE

EMPOISONNEMENT ET ASPHYXIE

PAR LES PUITS, LE GAZ DE L'ÉCLAIRAGE, LE TABAC A FUMER, LES POÊLES, LES VOITURES CHAUFFÉES, ETC.

Par **N. GRÉHANT**

Aide naturaliste au Muséum, Lauréat de l'Institut.

1 vol. in-16 de 320 pages, avec 21 figures . . . . 3 fr. 50

PSYCHOLOGIE PHYSIOLOGIQUE

HYPNOTISME. DOUBLE CONSCIENCE

ET ALTÉRATIONS DE LA PERSONNALITÉ

Par le docteur **AZAM**

Professeur à la Faculté de médecine de Bordeaux

Avec une préface par le professeur **CHARCOT**

1 vol. in-16, avec figures. . . . . 3 fr. 50

LE SOMNAMBULISME PROVOQUÉ

ÉTUDES PHYSIOLOGIQUES ET PSYCHOLOGIQUES

Par **H. BEAUNIS**

Professeur à la Faculté de médecine de Nancy

Deuxième édition. 1 vol. in-16, avec figures. . . . 3 fr. 50

MAGNÉTISME ET HYPNOTISME

EXPOSÉ DES PHÉNOMÈNES OBSERVÉS PENDANT LE SOMMEIL NERVEUX PROVOQUÉ AVEC UN RÉSUMÉ HISTORIQUE DU MAGNÉTISME ANIMAL

Par le docteur **A. CULLERRE**

Deuxième édition. 1 vol. in-16, avec 28 figures. . 3 fr. 50

ENVOI FRANCO CONTRE UN MANDAT POSTAL

HYPNOTISME EXPÉRIMENTAL

LES ÉMOTIONS DANS L'ÉTAT D'HYPNOTISME

ET L'ACTION A DISTANCE
DES SUBSTANCES MÉDICAMENTEUSES OU TOXIQUES

Par J. LUYS
Membre de l'Académie de médecine, Médecin de la Charité.

1 vol. in-16 de 320 pages, avec 28 planches . . . . . . 3 fr. 50

LA SUGGESTION MENTALE

ET L'ACTION A DISTANCE DES SUBSTANCES TOXIQUES ET MÉDICAMENTEUSES

Par les docteurs H. BOURRU et P. BUROT
Professeurs à l'École de médecine de Rochefort.

1 vol. in-16 de 311 pages, avec figures. . . . . 3 fr. 50

VARIATIONS DE LA PERSONNALITÉ

Par les docteurs H. BOURRU et P. BUROT
Professeurs à l'École de médecine de Rochefor

1 vol. in-16 de 315 pages, avec 15 photogravures. . . 3 fr. 50

LE CERVEAU ET L'ACTIVITÉ CÉRÉBRALE

AU POINT DE VUE PSYCHO-PHYSIOLOGIQUE

Par le docteur Al. HERZEN
Professeur à l'Académie de Lausanne.

1 vol. in-16, de 312 pages. . . . . 3 fr. 50

FOUS ET BOUFFONS

ÉTUDE PHYSIOLOGIQUE, PSYCHOLOGIQUE ET HISTORIQUE

Par le docteur Paul MOREAU (de Tours)

1 vol. in-16 de 288 pages. . . . . 3 fr. 50

LE GÉNIE, LA RAISON ET LA FOLIE

LE DÉMON DE SOCRATE,
APPLICATION DE LA SCIENCE PSYCHOLOGIQUE A L'HISTOIRE

Par L.-F. LELUT
Membre de l'Institut.

1 vol in-16, de 348 pages. . . . . 3 fr. 50

LE MONDE DES RÊVES

Par le docteur P. Max SIMON
Médecin en chef de l'Asile public des aliénés de Lyon

Deuxième édition. 1 vol. in-16. . . . . 3 fr. 50

ENVOI FRANCO CONTRE UN MANDAT POSTAL

BALFOUR. — *Traité d'embryologie et d'organogénie comparées*. 1885, 2 vol. in-8 de 1370 pages, avec 740 figures...... 30 fr.

BOUCHUT. — *La vie et ses attributs, dans leurs rapports avec la philosophie et la médecine*. 1 vol. in-16 de 444 pages (*Bibliothèque scientifique contemporaine*)........................... 3 fr. 50

CARUS (V.). — *Histoire de la zoologie*, depuis Aristote jusqu'à nos jours. 1880, 1 vol. in-8 de 800 pages.............. 10 fr.

DEBIERRE (Ch.), professeur à la Faculté de médecine de Lille. — *L'homme avant l'histoire*. 1 vol. in-16 de 304 pages, avec 84 figures (*Bibliothèque scientifique contemporaine*).............. 3 fr. 50

GAUDRY (Albert), professeur au Muséum, membre de l'Institut. — *Les ancêtres de nos animaux*, dans les temps géologiques. 1 vol. in-16 de 300 pages, avec 40 figures (*Bibliothèque scientifique contemporaine*).................................. 3 fr. 50

GODRON (D. A.). — *De l'espèce et des races dans les êtres organisés*, et spécialement de l'unité de l'espèce humaine. *Deuxième édition*. 2 vol. in-8.................................. 12 fr.

LYELL. — *L'ancienneté de l'homme*, prouvée par la géologie. *Troisième édition*. 1891. 1 vol. in-8 de 592 p., avec 02 fig. [illegible] fr.

PERRIER (Ed.), professeur au Muséum d'histoire naturelle. — *Le transformisme*. 1 vol. in-16 de 344 pages, avec 88 fig. (*Bibliothèque scientifique contemporaine*)....................... 3 fr. 50

PRICHARD (J.-C.). — *Histoire naturelle de l'homme*. 2 vol. in-8, avec 40 planches coloriées et 90 figures.............. 20 fr.

PRIEM (F.), agrégé des sciences naturelles. — *L'évolution des formes animales avant l'apparition de l'homme*. 1891, 1 vol. in-16 de 380 pages, avec 175 figures (*Bibliothèque scientifique contemporaine*)................................ 3 fr. 50

QUATREFAGES (A. de), membre de l'Institut, professeur au Muséum d'histoire naturelle. — *Hommes fossiles et hommes sauvages*, études d'anthropologie. 1884. 1 vol. gr. in-8 de 640 pages, avec 200 figures et une carte...................... 15 fr.
Relié en toile, fers spéciaux.............................. 18 fr.
— *Les Pygmées*. 1 vol. in-16 de 350 pages, avec 31 figures (*Bibliothèque scientifique contemporaine*).................... 3 fr. 50

QUATREFAGES (A. de) et HAMY. — *Les crânes des races humaines*, décrits et figurés d'après les collections du Muséum d'histoire naturelle de Paris, de la Société d'Anthropologie de Paris et les principales collections de la France et de l'Étranger. 1881, 1 vol. in-4 de 500 pages, avec fig. et 1 atlas de 100 planches lithographiées, cart............................ 160 fr.

SICARD (Henri). — *L'évolution sexuelle dans l'espèce humaine*. 1892, 1 vol. in-16, 320 pages, avec 94 figures (*Bibliothèque scientifique contemporaine*)........................... 3 fr. 50

VERNEAU (R.), aide naturaliste au Muséum d'histoire naturelle. — *Les races humaines*, Introduction par A. de Quatrefages (de l'Institut). 1891, 1 vol. gr. in-8 de 800 p., avec 500 fig. (*Merveilles de la nature* de A.-E. Brehm)................. 11 fr.

Tours, imp. Deslis Frères.

www.ingramcontent.com/pod-product-compliance
Ingram Content Group UK Ltd.
Pitfield, Milton Keynes, MK11 3LW, UK
UKHW020305230726
13925UKWH00001B/221